软件开发丛书

U0394453

Python
完全自学教程

明日科技 ◉ 编著

人民邮电出版社

北 京

图书在版编目（CIP）数据

Python完全自学教程 / 明日科技编著. -- 北京：人民邮电出版社，2023.8
ISBN 978-7-115-59586-7

Ⅰ．①P… Ⅱ．①明… Ⅲ．①软件工具－程序设计－教材 Ⅳ．①TP311.561

中国版本图书馆CIP数据核字（2022）第113271号

内 容 提 要

本书可作为 Python 自学手册。本书系统、全面地介绍了 Python 程序设计开发所涉及的各类知识。全书共 19 章，包括 Python 起步、Python 语言基础、Python 数据类型、运算符、条件控制语句、循环结构语句、序列、字符串、列表、字典与集合、文件与 I/O、函数、GUI 编程、异常处理及程序调试、Web 编程、Web 框架，以及 3 个实战案例即 51 商城、BBS 问答社区、甜橙音乐网。全书每章内容都与实例紧密结合，有助于读者理解知识、应用知识，达到学以致用的目的。

本书附有配套资源包，资源包中有本书所有实例的源码及教学视频。其中，源码全部经过精心测试，能够在 Windows 7、Windows 8、Windows 10 操作系统下编译和运行。

本书可作为计算机、软件等相关专业的教材，同时也适合数据库爱好者、初级数据库开发人员阅读参考。

◆ 编　　著　明日科技
　　责任编辑　张天怡
　　责任印制　陈　犇

◆ 人民邮电出版社出版发行　　北京市丰台区成寿寺路 11 号
　　邮编　100164　　电子邮件　315@ptpress.com.cn
　　网址　https://www.ptpress.com.cn
　　三河市祥达印刷包装有限公司印刷

◆ 开本：787×1092　1/16
　　印张：25　　　　　　　　　　2023 年 8 月第 1 版
　　字数：677 千字　　　　　　　2023 年 8 月河北第 1 次印刷

定价：89.90 元

读者服务热线：（010）81055410　印装质量热线：（010）81055316
反盗版热线：（010）81055315
广告经营许可证：京东市监广登字 20170147 号

前言
PREFACE

  Python 自问世以来，发展得越来越快，和 Python 相关的应用也越来越多。当前，实例教学是计算机程序语言教学最有效的方法之一。本书将 Python 知识和实用的实例有机结合起来：一方面，追踪 Python 的发展方向，适应市场需求，精心选择内容，突出重点，强调实用性，使知识讲解全面、系统；另一方面，将知识融入实例讲解，使知识与实例相辅相成，既有利于读者学习知识，又有利于指导读者实践。

  如果您在学习或使用本书的过程中遇到问题或疑惑，可以通过如下方式与我们联系，我们会尽快提供解答。

  服务网站：www.mingrisoft.com。

  服务电话：0431-84978981/84978982。

  企业 QQ：4006751066。

  服务信箱：mingrisoft@mingrisoft.com。

  书中案例使用的数据信息均属虚构，如有雷同，纯属巧合。

  由于编者水平有限，书中难免存在疏漏和不足之处，敬请广大读者批评指正，以便本书得以改进和完善。

明日科技

2023 年 6 月

目录

CONTENTS

第1章　Python 起步

1.1　初识 Python　001
1.1.1　Python 简介　001
1.1.2　Python 的应用领域　001

1.2　Python 的安装与问题处理　002
1.2.1　安装 Python　002
1.2.2　解决提示"'python'不是内部或
　　　　外部命令……"　003

1.3　Python 开发工具　005

1.4　基本输出函数 print()　007
1.4.1　使用连接符连接多个字符串　008
1.4.2　指定位数编号输出　009

1.5　输入函数 input()　009
1.5.1　常用输入　011
1.5.2　去除输入的非法字符　011
1.5.3　多数据输入　011
1.5.4　强制转换输入　012
1.5.5　对输入数据进行验证　013

第2章　Python 语言基础

2.1　注释　015
2.1.1　单行注释　015
2.1.2　多行注释　016

2.1.3　中文编码声明注释　017
2.1.4　注释程序进行调试　018

2.2　编码格式　019
2.2.1　代码缩进　019
2.2.2　编码规范　020

2.3　关键字与标识符　021
2.3.1　关键字　021
2.3.2　标识符　023

第3章　Python 数据类型

3.1　变量　025
3.1.1　理解 Python 中的变量　025
3.1.2　变量的定义与使用　025

3.2　基本数据类型　026
3.2.1　数字类型　027
3.2.2　字符串类型　029
3.2.3　布尔类型　031
3.2.4　数据类型转换　032

第4章　运算符

4.1　算术运算符　034
4.1.1　加运算符"+"　035
4.1.2　减运算符"-"　036

4.1.3　乘运算符 "*"　　　037

4.1.4　除运算符 "/"　　　037

4.1.5　除运算符 "//"　　　038

4.1.6　求余运算符 "%"　　　038

4.1.7　求幂运算符 "**"　　　040

4.2　赋值运算符　　　041

4.2.1　简单的赋值运算符 "="　　　041

4.2.2　加法赋值运算符 "+="　　　042

4.2.3　减法赋值运算符 "-="　　　042

4.2.4　乘法赋值运算符 "*="　　　043

4.2.5　除法赋值运算符 " /="　　　044

4.2.6　求余赋值运算符 " %="　　　044

4.2.7　幂赋值运算符 "**="　　　044

4.2.8　整除赋值运算符 "//="　　　045

4.3　比较运算符　　　045

4.3.1　等于运算符 "=="　　　045

4.3.2　不等于运算符 "!="　　　046

4.3.3　大于运算符 ">"　　　046

4.3.4　小于运算符 "<"　　　047

4.3.5　大于或等于运算符 ">= "　　　047

4.3.6　小于或等于运算符 "<="　　　048

4.4　逻辑运算符　　　048

4.4.1　成员运算符　　　050

4.4.2　身份运算符　　　051

4.5　运算符的优先级　　　052

第5章　条件控制语句

5.1　最简单的 if 语句　　　053

5.2　if...else 语句　　　056

5.3　if...elif...else 语句　　　060

5.4　if 语句的嵌套　　　063

5.5　使用 and 连接条件的 if 语句　　　066

5.6　使用 or 连接条件的 if 语句　　　068

5.7　使用 not 的 if 语句　　　068

第6章　循环结构语句

6.1　基础 for 循环　　　070

6.1.1　进行数值循环　　　071

6.1.2　利用 range() 函数强化循环　　　071

6.1.3　遍历字符串　　　073

6.2　for 循环嵌套　　　074

6.2.1　遍历嵌套列表　　　074

6.2.2　生成多少个互不相同且无重复数字的三位数　　　075

6.2.3　生成数字矩阵　　　075

6.3　for 表达式　　　076

6.3.1　利用 for 表达式生成数字、字母　　　077

6.3.2　双层 for 表达式　　　077

6.3.3　3 层 for 表达式　　　078

6.3.4　生成字典或者集合　　　079

6.4　for 循环使用 else 语句　　　079

6.5　while 循环　　　080

6.5.1　while 计数循环　　　081

6.5.2　在 while 循环语句中使用 none　　　081

6.6　循环嵌套　　　082

6.7　跳转语句　　　084

6.7.1　break 语句　　　084

6.7.2　continue 语句　　　085

第7章 序列

7.1 认识序列 088
7.1.1 索引 088
7.1.2 切片 089
7.1.3 序列相加 090
7.1.4 乘法 091

7.2 序列的常用方法 092
7.2.1 检查某个元素是否是序列的成员 092
7.2.2 计算序列的长度 092
7.2.3 计算序列的最大值 094
7.2.4 计算序列的最小值 096
7.2.5 计算序列中元素的和 098
7.2.6 对序列中的元素进行排序 099
7.2.7 计算序列中某元素出现的总次数 100
7.2.8 将序列转换为列表 100
7.2.9 将序列转换为字符串 101
7.2.10 返回序列的反向访问的迭代子 101
7.2.11 将序列组合为一个索引序列 102

7.3 元组 102
7.3.1 元组的创建和删除 103
7.3.2 访问元组元素 105
7.3.3 修改元组元素 106
7.3.4 元组推导式 107

第8章 字符串

8.1 字符串操作 109
8.1.1 字符串的定义 109
8.1.2 字符串的拼接 111
8.1.3 检索字符串 113

8.1.4 截取与更新字符串 115
8.1.5 字符串的分割 117
8.1.6 字符串中字母的大小写转换 120
8.1.7 去除字符串中的空格和特殊字符 121
8.1.8 格式化字符串 122

8.2 字符编码转换 126
8.2.1 encode() 方法编码 126
8.2.2 decode() 方法解码 127

8.3 转义字符与原始字符 128
8.3.1 转义字符 128
8.3.2 原始字符 130

8.4 字符串运算符 130
8.4.1 认识字符串运算符 130
8.4.2 应用字符串运算符 131

8.5 字符串的操作方法 134
8.5.1 center()、ljust()、rjust()、zfill() 这 4 个方法的应用 134
8.5.2 其他常用方法 137

第9章 列表

9.1 认识列表 140

9.2 创建列表 141
9.2.1 使用赋值运算符直接创建列表 141
9.2.2 使用 list() 函数创建列表 143
9.2.3 遍历列表 143

9.3 添加与删除列表 145
9.3.1 使用 append() 方法添加列表 145
9.3.2 使用 insert() 方法向列表的指定位 置插入元素 146

9.3.3 使用 extend() 方法将序列的全部
　　　 元素添加到另一列表中　147

9.3.4 使用 copy() 方法复制列表中所有
　　　 元素到新列表　147

9.3.5 使用 remove() 方法删除列表中的
　　　 指定元素　148

9.3.6 使用 pop() 方法删除列表中的
　　　 元素　149

9.3.7 使用 clear() 方法删除列表中的所
　　　 有元素　150

9.4　查询列表　151

9.4.1 获取指定元素首次出现的索引　151

9.4.2 获取指定元素出现的次数　151

9.4.3 查找列表元素是否存在　152

9.4.4 查找列表元素是否不存在　153

9.5　列表排序　153

9.5.1 使用 sort() 方法排序列表元素　153

9.5.2 使用 sorted() 函数排序列表元素　154

9.5.3 使用 reverse() 方法反转列表　155

9.6　列表推导式　156

第 10 章　**字典与集合**

10.1　字典　158

10.1.1 字典的创建和删除　158

10.1.2 通过键值对访问字典　161

10.1.3 遍历字典　163

10.1.4 添加、修改和删除字典元素　164

10.1.5 字典推导式　166

10.2　集合　166

10.2.1 集合的创建　167

10.2.2 集合元素的添加和删除　168

10.2.3 集合的交集、并集和差集运算　170

第 11 章　**文件与 I/O**

11.1　基本文件操作　171

11.1.1 创建和打开文件　171

11.1.2 关闭文件　174

11.1.3 打开文件时使用 with 语句　174

11.1.4 写入文件内容　175

11.1.5 读取文件　175

11.2　目录操作　179

11.2.1 os 和 os.path 模块　179

11.2.2 路径　181

11.2.3 判断目录是否存在　183

11.2.4 创建目录　184

11.2.5 删除目录　186

11.2.6 遍历目录　187

11.3　高级文件操作　188

11.3.1 删除文件　188

11.3.2 重命名文件和目录　189

11.3.3 获取文件基本信息　191

11.4　os.path 模块中的函数　192

11.4.1 isdir() 函数——判断路径是否为
　　　 目录　192

11.4.2 abspath() 函数——获取文件的
　　　 绝对路径　193

11.4.3 join() 函数——拼接路径　193

11.4.4 basename() 函数——提取
　　　 文件名　194

11.4.5 dirname() 函数——提取文件
路径 195

11.4.6 split() 函数——分离文件路径和文
件名 195

11.4.7 splitext( ) 函数——分离文件路径
和扩展名 196

第 12 章 函 数

12.1 函数的创建和调用 197

12.1.1 创建函数 198

12.1.2 调用函数 199

12.1.3 pass 空语句 200

12.2 参数传递 201

12.2.1 了解形式参数和实际参数 201

12.2.2 位置参数 202

12.2.3 关键字参数 204

12.2.4 为参数设置默认值 204

12.2.5 可变参数 205

12.3 返回值 207

12.4 变量的作用域 210

12.4.1 局部变量 210

12.4.2 全局变量 210

12.5 匿名函数 212

第 13 章 GUI 编程

13.1 初识 GUI 214

13.1.1 什么是 GUI 214

13.1.2 常用的 GUI 框架 215

13.1.3 安装 wxPython 215

13.2 创建应用程序 216

13.2.1 创建一个 wx.App 的子类 216

13.2.2 直接使用 wx.App 类 217

13.2.3 使用 wx.Frame 框架 217

13.3 常用控件 219

13.3.1 wx.StaticText 文本类 219

13.3.2 wx.TextCtrl 输入文本类 221

13.3.3 wx.Button 按钮类 223

13.4 布局 224

13.4.1 什么是 BoxSizer 225

13.4.2 使用 BoxSizer 225

13.5 事件处理 228

13.5.1 什么是事件 228

13.5.2 绑定事件 229

第 14 章 异常处理及程序调试

14.1 异常 231

14.2 try...except 语句 233

14.2.1 简单 try...except 语句 233

14.2.2 带有多个 except 语句块的 try 语
句块 234

14.2.3 处理多个异常的 except 语句块 234

14.2.4 捕获所有异常 235

14.3 try...except...else 语句 235

14.4 try...except...finally 语句 237

14.5 使用 raise 语句抛出异常 240

14.6 常见的异常 241

14.7 程序调试 242

14.7.1 使用自带的 IDLE 进行程序调试 242

14.7.2　使用 assert 语句调试程序　246

第 15 章　Web 编程

15.1　Web 基础　248

15.1.1　HTTP　248

15.1.2　Web 服务器　248

15.1.3　前端基础　251

15.1.4　静态服务器　253

15.2　WSGI　258

15.2.1　CGI 简介　258

15.2.2　WSGI 简介　259

15.2.3　定义 WSGI　259

15.2.4　运行 WSGI 服务　260

第 16 章　Web 框架

16.1　Web 框架简介　264

16.1.1　什么是 Web 框架　264

16.1.2　常用的 Web 框架　264

16.2　Flask 的使用　265

16.2.1　虚拟环境　265

16.2.2　安装 Flask　267

16.2.3　第一个 Flask 程序　268

16.2.4　开启调试模式　269

16.2.5　路由　269

16.2.6　静态文件　272

16.2.7　模板　272

16.3　Django 的使用　277

16.3.1　安装 Django　277

16.3.2　创建一个 Django 项目　278

16.3.3　创建一个 App　281

16.3.4　数据模型　282

16.3.5　管理后台　287

16.3.6　路由　288

16.3.7　表单　290

16.3.8　视图　292

16.3.9　Django 模板　294

第 17 章　51 商城——Flask+MySQL +virtualenv 实现

17.1　功能分析　296

17.2　系统功能设计　297

17.2.1　系统功能结构　297

17.2.2　系统业务流程　297

17.3　系统开发必备　298

17.3.1　系统开发环境　298

17.3.2　项目组织结构　298

17.4　数据库设计　299

17.4.1　数据库概要说明　299

17.4.2　数据表模型　300

17.4.3　数据表关系　303

17.5　会员注册模块设计　303

17.5.1　会员注册模块概述　303

17.5.2　会员注册页面　304

17.5.3　验证并保存注册信息　310

17.6　会员登录模块设计　311

17.6.1　会员登录模块概述　311

17.6.2　创建会员登录页面　312

17.6.3　保存会员登录状态　315

17.6.4　会员退出功能　316

17.7　首页模块设计　316

17.7.1　首页模块概述　316

17.7.2　实现显示最新上架商品功能　317

17.7.3　实现显示打折商品功能　319

17.7.4　实现显示热门商品功能　321

17.8　购物车模块　323

17.8.1　购物车模块概述　323

17.8.2　实现显示商品详细信息功能　324

17.8.3　实现添加购物车功能　326

17.8.4　实现查看购物车功能　327

17.8.5　实现保存订单功能　328

17.8.6　实现查看订单功能　329

17.9　后台功能模块设计　330

17.9.1　后台登录模块设计　330

17.9.2　商品管理模块设计　330

17.9.3　销量排行榜模块设计　332

17.9.4　会员管理模块设计　332

17.9.5　订单管理模块设计　333

第 18 章　**BBS问答社区——Tornado+ Redis+ Bootstrap 实现**

18.1　功能分析　334

18.2　系统功能设计　334

18.2.1　系统功能结构　334

18.2.2　系统业务流程　335

18.3　系统开发必备　336

18.3.1　系统开发环境　336

18.3.2　项目组织结构　336

18.4　数据库设计　337

18.4.1　数据库概要说明　337

18.4.2　数据表关系　337

18.5　用户系统设计　338

18.5.1　用户注册功能　338

18.5.2　用户登录功能　342

18.5.3　用户注销功能　344

18.6　问题模块设计　344

18.6.1　问题列表　344

18.6.2　问题详情　346

18.6.3　创建问题　348

18.7　答案长轮询设计　350

第 19 章　**甜橙音乐网——Flask+ MySQL+jPlayer 实现**

19.1　功能分析　353

19.2　系统功能设计　354

19.2.1　系统功能结构　354

19.2.2　系统业务流程　354

19.2.3　系统预览　355

19.3　系统开发必备　356

19.3.1　系统开发环境　356

19.3.2　项目组织结构　356

19.4　数据库设计　357

19.4.1　数据库概要说明　357

19.4.2　数据表模型　357

19.5　网站首页模块的设计　358

19.5.1　首页模块概述　358

19.5.2　实现热门歌手列表功能　359

19.5.3　实现热门音乐功能　361

19.5.4　实现播放音乐功能　363

19.6　排行榜模块的设计　365

19.6.1 排行榜模块概述	365	
19.6.2 实现音乐排行榜的功能	366	
19.6.3 实现播放音乐的功能	368	
19.7 曲风模块的设计	**369**	
19.7.1 曲风模块概述	369	
19.7.2 实现曲风模块数据的获取	370	
19.7.3 实现曲风模块页面的渲染	371	
19.7.4 实现曲风列表的分页功能	372	
19.8 发现音乐模块的设计	**373**	
19.8.1 发现音乐模块概述	373	

19.8.2 实现发现音乐的搜索功能	374	
19.8.3 实现发现音乐模块页面的渲染	375	
19.9 歌手模块的设计	**377**	
19.9.1 歌手模块概述	377	
19.9.2 实现歌手列表的功能	378	
19.9.3 实现歌手详情的功能	379	
19.10 我的音乐模块的设计	**380**	
19.10.1 我的音乐模块概述	380	
19.10.2 实现收藏音乐的功能	380	
19.10.3 实现我的音乐功能	383	

第 1 章

Python 起步

1.1　初识 Python

1.1.1　Python 简介

　　Python 是一种跨平台的、开源的、免费的、解释型的高级编程语言，它具有种类丰富和功能强大的库，能够把用其他语言（尤其是 C/C++）制作的各种模块很轻松地"联结"在一起，所以 Python 常被称为"胶水"语言，其标志如图 1.1 所示。Python 的应用领域也非常广泛，在 Web 编程、图形处理、大数据处理、网络爬虫和科学计算等领域都能找到 Python 的身影。在全球最大的编程问答社区 Stack Overflow 上，Python 已经成为受欢迎的编程语言之一，如图 1.2 所示。

图 1.1　Python 的标志

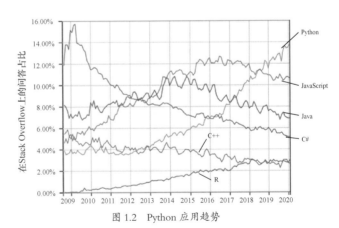

图 1.2　Python 应用趋势

1.1.2　Python 的应用领域

　　Python 作为一种功能强大且简单易学的编程语言，广受好评，那么 Python 的应用领域有哪些呢？

概括来说主要有以下几个领域。

- ☑ Web 开发。
- ☑ 大数据处理。
- ☑ 人工智能。
- ☑ 自动化运维开发。
- ☑ 云计算。
- ☑ 爬虫。
- ☑ 游戏开发。

1.2　Python 的安装与问题处理

1.2.1　安装 Python

1. 如何查看计算机操作系统的位数

编程软件为了提高开发效率，分别对 32 位操作系统和 64 位操作系统做了优化，推出了不同的开发工具包。Python 也不例外，所以在安装 Python 前，需要了解计算机操作系统的位数。下面介绍在 Windows 10 下如何查看操作系统的位数。

在桌面找到"此电脑"图标，用鼠标右键单击该图标，在弹出的快捷菜单中选择"属性"命令，如图 1.3 所示。选择"属性"命令后将弹出图 1.4 所示的"系统"窗口，在"系统类型"处标示着本机是 64 位操作系统还是 32 位操作系统。图 1.4 中所展示的计算机操作系统为 64 位。

图 1.3　选择"属性"命令

图 1.4　查看系统类型

2. 下载 Python 安装包

在 Python 的官方网站中，可以很方便地下载 Python 的开发环境，具体下载步骤可以查看本书相关视频。下载完成后，在下载位置可以看到已经下载的 Python 安装文件"python-3.8.2.exe"，如图 1.5 所示。

python-3.8.2	2020/4/28 20:43	应用程序		25,861 KB

图 1.5 下载后的 python-3.8.2.exe 文件

3. 在 Windows 64 位操作系统上安装 Python

在 Windows 64 位操作系统上安装 Python 3.x 的步骤可以查看安装视频。

4. 检测 Python 是否安装成功

按照步骤安装 Python 后，需要检测 Python 是否安装成功。例如，在 Windows 10 操作系统中检测 Python 是否成功安装，可以在 Windows 10 操作系统的"开始"菜单上单击鼠标右键，在弹出的快捷菜单中选择"搜索"，接下来在桌面左下角"搜索程序和文件"文本框中输入 cmd 命令，然后按 <Enter> 键，启动"命令提示符"窗口（又称命令行界面、命令行窗口），在当前的"命令提示符"窗口中输入 python，并且按 <Enter> 键，如果出现图 1.6 所示的信息，则说明 Python 安装成功，同时进入交互式 Python 解释器。

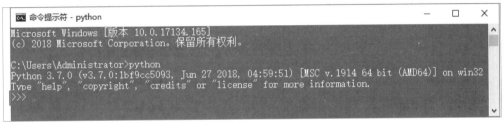

图 1.6 在"命令提示符"窗口中运行的 Python 解释器

1.2.2 解决提示"'python'不是内部或外部命令……"

在"命令提示符"窗口中输入 python 命令后，可能会显示"'python'不是内部或外部命令，也不是可运行的程序或批处理文件。"，如图 1.7 所示。

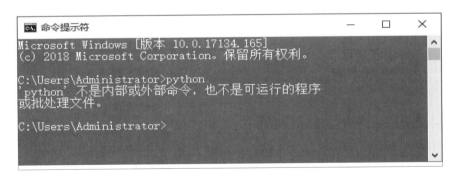

图 1.7 输入 python 命令后出错

出现该问题的原因是，在当前的路径中找不到 Python.exe 可执行程序，具体的解决方法是配置环境变量，这里以 Windows 10 操作系统为例介绍配置环境变量的方法，具体如下。

（1）在"此电脑"图标上单击鼠标右键，然后在弹出的快捷菜单中选择"属性"命令，并在弹出的"系统"窗口中单击"高级系统设置"超链接，将出现图 1.8 所示的"系统属性"对话框。

（2）单击"环境变量"按钮，将弹出"环境变量"对话框，如图 1.9 所示。

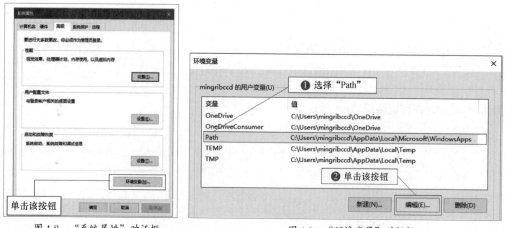

图 1.8　"系统属性"对话框　　　　　　　　图 1.9　"环境变量"对话框

（3）在"mingribccd 的用户变量"中，选择"Path"环境变量，单击"编辑"按钮，将弹出"编辑环境变量"对话框，单击"新建"按钮，在新建的编辑文本框中输入 G:\Python\Python38，再次单击"新建"按钮，在新建的编辑文本框中输入 G:\Python\Python38\Scripts\，最后单击"确定"按钮，如图 1.10 所示，回到"环境变量"对话框。（注意 G 盘为编者安装 Python 的路径，读者可以根据实际情况进行修改。）

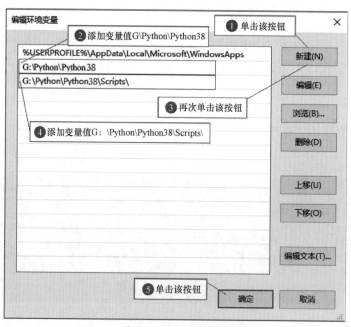

图 1.10　编辑环境变量

（4）单击"环境变量"中的"Path"环境变量，可以看到刚添加的变量值，如图 1.11 所示。单击"确定"按钮，完成环境变量的配置。

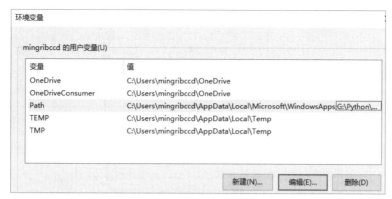

图 1.11　查看添加的变量值

（5）在"命令提示符"窗口中，输入 Python 命令，如果 Python 解释器可以成功运行，说明配置成功。如果已经正确配置了环境变量，仍无法启动 Python 解释器，建议重新安装 Python。

1.3　Python 开发工具

通常情况下，为了提高开发效率，需要使用相应的开发工具。进行 Python 开发也可以使用开发工具，下面将介绍利用 Python 自带的集成开发和学习环境（IDLE）进行编程。

在安装 Python 后，会自动安装 IDLE。它是 Python Shell（可以在打开的 IDLE 主窗口的标题栏上看到），也就是一个通过输入文本与程序进行交互的途径，程序开发人员可以利用它与 Python 交互。下面将详细介绍如何使用 IDLE 开发 Python 程序。

1. 打开 IDLE 并编写代码

打开 IDLE 时，可以单击 Windows 10 操作系统的"开始"菜单，然后依次选择"所有程序"→"Python 3.8"→"IDLE (Python 3.8 64-bit)"命令，即可打开 IDLE 主窗口，如图 1.12 所示。

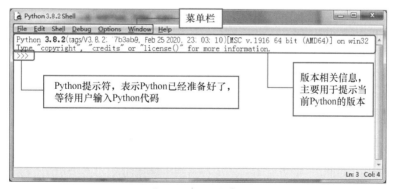

图 1.12　IDLE 主窗口

（1）在 IDLE 主窗口的菜单栏上，选择"File"→"New File"命令，将打开一个新窗口。在该新窗口中，可以直接编写 Python 代码，并且输入一行代码后再按〈Enter〉键，将自动换到下一行，等待继续输入，如图 1.13 所示。

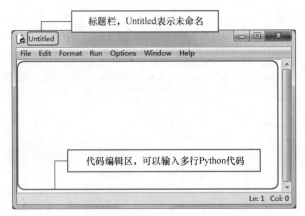

图 1.13　新创建的 Python 文件窗口

（2）在代码编辑区中，编写"hello world"程序，代码如下。

```
print("hello world")
```

（3）编写完成的代码效果如图 1.14 所示。按快捷键 <Ctrl +S> 保存文件，这里将其保存为 demo.py，其中 .py 是 Python 文件的扩展名。

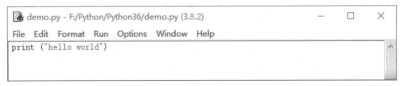

图 1.14　代码效果

（4）运行程序。在菜单栏中选择"Run"→"Run Module"命令（或按 <F5> 键），运行结果如图 1.15 所示。

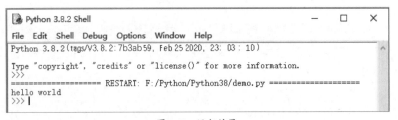

图 1.15　运行结果

💡 说明

　　程序运行结果会在 IDLE 中呈现，每运行一次程序，程序运行结果就会在 IDLE 中呈现一次。

2.IDLE 常用的快捷键

　　在程序开发过程中，合理地使用快捷键，不但可以降低代码的错误率，而且可以提高开发效率。因此，掌握一些 IDLE 常用的快捷键是必须的。在 IDLE 中，可通过选择"Options"→"Configure IDLE"命令，在打开的"Settings"对话框的"Keys"选项卡中查看快捷键，但该界面是英文的，不便于查看，所以编者将一些 IDLE 常用的快捷键通过表 1.1 列出。

表 1.1 IDLE 常用的快捷键

快捷键	说明	适用环境
F1	打开 Python 帮助文档	Python 文件窗口和 Python Shell 窗口均可用
Alt+P	浏览历史命令（上一条）	仅 Python Shell 窗口可用
Alt+N	浏览历史命令（下一条）	仅 Python Shell 窗口可用
Alt+/	自动补全前面曾经出现过的单词。如果之前有多个单词具有相同的前缀，可以连续按该快捷键，在多个单词中循环来选择	Python 文件窗口和 Python Shell 窗口均可用
Alt+3	注释代码块	仅 Python 文件窗口可用
Alt+4	取消代码块注释	仅 Python 文件窗口可用
Alt+G	转到某一行	仅 Python 文件窗口可用
Ctrl+Z	撤销操作	Python 文件窗口和 Python Shell 窗口均可用
Ctrl+Shift+Z	恢复上一次的撤销操作	Python 文件窗口和 Python Shell 窗口均可用
Ctrl+S	保存文件	Python 文件窗口和 Python Shell 窗口均可用
Ctrl+]	缩进代码块	仅 Python 文件窗口可用
Ctrl+[	取消代码块缩进	仅 Python 文件窗口可用
Ctrl+F6	重新启动 Python Shell	仅 Python Shell 窗口可用

💡 说明

　　由于 IDLE 使用起来简单、方便，很适合练习用，所以本书将 IDLE 作为开发工具。

1.4　基本输出函数 print()

　　在 Python 中，使用内置的 print() 函数可以将结果输出到 IDLE 或者标准控制台上。print() 函数的语法格式如下。

```
print(value, ..., sep=' ', end='\n', file=sys.stdout, flush=False)
```

参数说明如下。

- value：表示要输出的值；可以是数字、字符串、各种类型的变量等。
- …：值列表，表示可以一次性输出多个值；输出多个值时，需要使用"，"（英文逗号）分隔，输出的各个值之间默认用空格隔开。
- sep：表示输出的各个值之间的间隔符，默认是一个空格，也可以设置为其他的分隔符。
- end：表示输出完最后一个值后需要添加的字符串，用来设定输出语句以什么结尾，默认是换行符"\n"，即输出完会跳到新行；可以换成其他字符串，如 end='\t' 或 end=' ' 等。
- file：表示输出的目标对象，可以是文件，也可以是数据流，默认是 sys.stdout。也可以设置"file = 文件存储对象"，把内容存到该文件中。
- flush：表示是否立刻将输出语句输出到目标对象，flush 的值为 False 或者 True，默认 flush=False，表示输出值会存在缓存；当 flush=True 时，输出值会被强制写入文件。

其中，输出内容可以是数字和字符串（字符串需要使用引号括起来），此类内容将直接输出；输出内容也可以是包含运算符的表达式，此类内容将计算结果输出。例如：

```
a = 100                          # 变量a，值为100
b = 5                            # 变量b，值为5
print(9)                         # 输出数字9
print(a)                         # 输出变量a的值100
print(a*b)                       # 输出a*b的结果500
print("go big or go home")       # 输出"go big or go home"（要么出众，要么出局）
```

！多学两招

在 Python 中，默认情况下，使用 print() 语句输出结果后会自动换行，如果想要一次输出多个内容，而且不换行，可以将要输出的内容使用英文逗号分隔。下面的代码将在一行上输出变量 a 和 b 的值，以及字符串。

```
print(a,b,'要么出众，要么出局')          # 输出结果：100 5 要么出众，要么出局
```

⚡注意

sep、end、file、flush 都必须以命名参数方式传参，否则会被当作需要输出的对象。

❓提示

如果 print() 函数不传递任何参数，将会输出 end 参数的默认值，即输出空行。

1.4.1 使用连接符连接多个字符串

数值可以直接输出，但使用"+"连接数值和其他类型数据时，系统会默认为加法计算，会报错。

可以使用"，"连接，或者将数值作为字符串来处理，即在两端加英文单引号或英文双引号。

```
print(1314)                     # 直接输出整数，可不带英文双引号或英文单引号
1314
print(12.22)                    # 直接输出浮点数
12.22
print(10 / 3)                   # 可以包含运算表达式，输出运算结果
3.3333333333333335
print(100 * 3.13 + 60)          # 可以包含运算表达式，输出运算结果
373
print(2, 0, 2, 0)               # 使用"，"连接要输出的数值，输出结果中间用空格分隔
2 0 2 0
print(192, 168, 1, 1, sep='.')  # 使用"."连接输出数值，数值间用"."分隔
192.168.1.1
print("广州恒大" + 43)          # 不能直接使用"+"连接字符串和数值，会报错
TypeError: can only concatenate str (not "int") to str
print("广州恒大" + str(43))     # 使用"+"连接字符串和数值时，数值要转换为字符串
广州恒大 43
print("广州恒大", 43)           # 使用"，"连接字符串和数值，输出的字符串和数值用
空格分隔
广州恒大 43
print("%e" % 120563332111098)   # 使用操作符""%e"%"格式化数值为科学记数法
1.205633e+14
```

1.4.2　指定位数编号输出

　　zfill() 函数可按指定位数输出编号，如将输入的数字格式化为 5 位编号输出，代码如下。

```
instr=input('请输入一个数字：')
print (instr.zfill(5))          # 输出 5 位编号
```

　　运行程序，输入一个数字，会将其格式化为 5 位编号，如图 1.16 所示。

请输入一个数字：26
00026

图 1.16　输出 5 位编号

1.5　输入函数 input()

　　在 Python 中，使用内置函数 input() 可以接收用户用键盘输入的信息。input() 函数的基本用法如下。

```
variable = input("提示文字")
```

　　其中，variable 为保存输入结果的变量，双引号内的提示文字表示用于提示要输入的内容。例如，想要接收用户输入的内容，并保存到变量 tip 中，可以使用下面的代码实现。

```
tip = input("请输入文字：")
```

在 Python 3.x 中，无论输入的是数字还是字符，都将被当作字符串读取。如果想要接收数值，需要把接收到的字符串进行类型转换。例如，想要接收整型的数字并保存到变量 num 中，可以使用下面的代码。

```
num = int(input("请输入您的幸运数字："))
```

想要获得字符对应的 ASCII 值该如何实现呢？通过 ord() 函数可以将字符的 ASCII 值转换为数字。下面的代码用于实现根据输入字符，输出相应的 ASCII 值。

```
name=input("输入字符：")                        # 输入字母或数字，不能输入汉字
print(name+" 的 ASCII 值为：",ord(name))         # 显示字符对应的 ASCII 值
```

如输入字符"A"，则结果输出为"A 的 ASCII 值为 65"；输入数字 5，则结果输出为"5 的 ASCII 值为 53"。

示例 根据输入的年份，计算年龄大小。

实现根据输入的年份（4 位数字，如 1981），计算目前的年龄。程序中使用 input() 函数输入年份，使用 datetime 模块获取当前年份，然后用当前年份减去输入的年份，就是计算的年龄，代码如下。

```
import datetime                               # 调入时间模块
imyear = input("请输入您的出生年份：")           # 输入的出生年份必须是 4 位数字
的，如 1981
nowyear= datetime.datetime.now().year          # 计算当前年份
age = nowyear- int(imyear)                     # 用于计算实际年龄
print("您的年龄为："+str(age ) +" 岁")          # 输出年龄
# 根据计算的年龄判断所处的年龄阶段
if age<18:                                     # 如果年龄小于 18 岁
    print("您现在为未成年人 ~@_@~")             # 输出为"您现在为未成年人 ~@_@~"
if age>=18 and age<66:                         # 如果 18 ≤ age<66
    print("您现在为青年人 (-_-)")              # 输出为"您现在为青年人 (-_-)"
if age>=66 and age<80:                         # 如果 66 ≤ age<80
    print("您现在为中年人 ~@_@~")              # 输出为"您现在为中年人 ~@_@~"
if age>=80:                                    # 如果 age ≥ 80
    print("您现在为老年人 *-_-* ")             # 输出为"您现在为老年人 *-_-*"
```

运行程序，会提示输入出生年份，如图 1.17 所示。输入出生年份，出生年份必须是 4 位数字，如 1981。

输入出生年份，如输入 2007，按 <Enter> 键，运行结果如图 1.18 所示。

```
请输入您的出生年份:
```

图 1.17　提示输入出生年份

```
请输入您的出生年份: 2007
您的年龄为: 15岁
您现在为未成年人 ~@_@~
```

图 1.18　根据输入的年份计算年龄

1.5.1　常用输入

使用 input() 输入信息时，提示信息参数可以为空（不提示任何信息），也可以和转义字符结合（如在提示信息后加 \n，表示在提示信息后换行）。常见应用代码如下。

```
name = input("")                        # 无提示型输入，不换行
name1 = input("name:")                  # 简洁型输入，不换行
name2 = input(" 请输入您的姓名: ")       # 提示型输入，不换行
name3 = input(" 姓名 :\n")              # 提示型输入，换行
```

运行结果如下。

```
张三丰
name: 李铁
请输入您的姓名: 理想
姓名 :
李世民
```

1.5.2　去除输入的非法字符

输入数据时，可能会输入空格等非法字符，这时可以使用字符串的 strip()、lstrip() 或 rstrip() 等方法去除输入的非法字符。例如下面的代码。

```
name = input(" 请输入您的姓名 :").strip(' ')     # 去除输入数据两端的空格
age = input(" 请输入您的年龄 :").lstrip(' ')     # 去除输入数据左侧的空格
print(name)
print(age)
```

运行结果如下。

```
请输入您的姓名 : joy
请输入您的年龄 : 12
joy   12
```

1.5.3　多数据输入

input() 函数支持多个数据的输入，输入的时候通常使用字符串的 split() 方法进行分割，如同时输入某一地点的坐标值等。示例代码如下。

```
# 一行输入两个不限定类型的值
x,y=input("请输入出发地点的横、纵坐标值，用英文逗号分隔:").split(',')
name,age,height=input(' 请输入你的姓名、年龄和身高，用英文逗号分隔: \n').split(',')
# 一行输入两个限定类型为整型的值
a,b=map(int,input(' 请输入两个数，用空格分隔: \n').split())
print(x,y)
print(age)
print(a,b)
```

运行结果如下。

```
请输入出发地点的横、纵坐标值，用英文逗号分隔:123,210
请输入你的姓名、年龄和身高，用英文逗号分隔:
joy,22,1.68
请输入两个数，用空格分隔:
27 89
123 210
22
27 89
```

💡 说明

　　如果不按指定规则输入，将输出"ValueError: not enough values to unpack"异常。

　　通过循环语句也可以实现多个数据的输入，也需要使用字符串的 split() 方法对输入的数据进行分割。代码如下。

```
sum = 0
for x in input(' 请输入多个加数，中间用空格分隔: ').split(' '):
    sum = sum+int(x)
print(sum)
```

运行结果如下。

```
请输入多个加数，中间用空格分隔:
1 2 3 4 5 6 7 8
36
```

1.5.4 强制转换输入

　　用户通过input()函数输入的数据都是字符串类型的，有时程序要求输入的数据为某种特定数据类型，如整型、浮点型或日期型等，这时就需要在输入后进行强制转换。例如，使用 int() 函数将用户输入的字符串类型的数据转换为整型数据。代码如下。

```
age = int(input('age: '))
print(age)
print(type(age))
```

运行结果如下。

```
age: 30
30
<class 'int'>
```

有时对输入的数据是有一定要求的，如首字母大写、全部为小写等，这时可以使用字符串的
lower()、upper()、capitalize() 或 title() 等方法对输入的数据进行强制转换。代码如下。

```
password = input('请输入您的密码: ').upper()      # 将输入的数据转换为全部大写
name = input('请输入您的姓名: ').capitalize()     # 将输入的数据转换为首字母大写
school = input('请输入您的学校: ').title()        # 将输入的数据全部转换为首字母大写
print(password,name,school)                      # 输出以上转换后的内容
```

运行结果如下。

```
请输入您的密码: abcdefg
请输入您的姓名: joy
请输入您的学校: harvard university
ABCDEFG Joy Harvard University
```

1.5.5 对输入数据进行验证

Python 提供了一些对输入数据进行验证的方法，通过这些方法可以非常方便地判断输入内容是大
写字母、小写字母、数字或空白字符等。主要方法如下。

- ☑ isalnum()：用于验证所有字符都是数字或者字母。
- ☑ isalnum()：用于验证所有字符都是字母。
- ☑ isdigit()：用于验证所有字符都是数字。
- ☑ islower()：用于验证所有数据都是小写。
- ☑ isupper()：用于验证所有数据都是大写。
- ☑ istitle()：用于验证所有数据都是首字母大写，类似标题。
- ☑ isspace()：用于验证所有数据都是空白字符，如 \t、\n、\r。

使用字符串的 isdigit() 方法可以验证输入数据是否为数字。例如，需要输入纯数字方可进入系统，
否则将退出系统，代码如下。

```
if input('请输入数字验证码: ').isdigit():
    print('正在登录草根之家商务系统！')
```

```
else:
    print(' 输入非法，将退出系统！ ')
```

输入纯数字的运行结果如下。

请输入数字验证码: 1314
正在登录草根之家商务系统!

输入非纯数字的运行结果如下。

请输入数字验证码: q1e2
输入非法，将退出系统!

第 2 章

Python 语言基础

2.1 注释

注释，是指在代码中对代码功能进行解释说明的标注性文字，可以提高代码的可读性，让代码更容易理解和维护。程序运行时，注释的内容将被 Python 解释器忽略，并且不会在执行结果中体现出来。

编写程序时，及时添加注释不但可以记录程序的作用和功能，还可以通过注释对程序进行调试，这是一些有经验的编程人员经常使用的调试手段。

Python 通常包括 3 种类型的注释，分别是单行注释、多行注释和中文编码声明注释。

2.1.1 单行注释

在 Python 中，可使用"#"作为单行注释的符号。从"#"开始直到换行为止，其中的所有内容都作为注释而被 Python 解释器忽略。语法格式如下。

```
# 注释内容
```

单行注释可以放在要注释代码的前一行，也可以放在要注释代码的右侧。例如，下面的两种注释形式都是正确的。

当行注释（注释直接占一行）：

```
# 数字竞猜小游戏程序
# 预设竞猜数字给变量 instr
instr = input("请输入预设的竞猜数字：")
```

行末注释（在代码的右侧添加注释）：

```
guess = -1                              # 设置默认输入的竞猜数字为 -1
print("====== 数字猜谜小游戏 ======")     # 输出游戏名称
while guess != number:                  # 如果竞猜错误,重新竞猜
```

使用当行注释还是行末注释,需要根据编写程序的实际情况进行选择,当需要解释、说明的内容较多时,推荐使用当行注释。当行注释和行末注释的综合应用代码如下。

```
# 用户登录判断程序
# 只要输入 user 列表中的用户,就可以模拟登录系统
user=['like','ming','sun','xiaobei','star']  # 用户名称列表
while True:                              # 要求重复输入,直到输入正确的用户名称
    instr = input('用户名称: ')          # 要求输入用户名称
    if instr in user:                   # 如果输入的用户在列表中
        print('正在进入系统,请稍后! ')
        break                           # 退出程序
    else:
        print('密码不正确,请重新输入! ')
        continue                        # 继续执行程序
```

⚡注意

在任何代码行前面加上"#"符号,该行代码就可以变成注释。利用这个方法,在遇到程序中暂时无法调试的代码时,可以先将其变成注释的形式,进行部分程序的优先调试。

2.1.2 多行注释

在 Python 中,并没有单独的多行注释标记,而是将包含在一对三引号('''……''')或者(" " "……" " ")之间的内容都称为多行注释。这样的内容将被解释器忽略。由于这样的内容可以分为多行编写,所以也作为多行注释。语法格式如下。

```
'''
注释内容 1
注释内容 2
……
'''
```

或者

```
"""
注释内容 1
注释内容 2
……
"""
```

多行注释通常用来为 Python 文件、模块、类或者函数等添加版权、功能等信息，例如，下面的代码将使用多行注释为程序添加功能、开发者、版权所有、开发日期等信息。

```
'''
信息加密模块
开发者：天星
版权所有：明日科技
2018 年 9 月
'''
```

多行注释也经常被用来解释代码中重要的函数、参数等信息，便于后续开发者维护代码，例如：

```
'''
库存类主要的函数
update 改 / 更新
find 查找
delete 删除
create 添加
'''
```

多行注释其实可以采用单行注释多行书写的方式实现，如上面的多行注释可以写成如下形式。

```
# 库存类主要的函数
# update 改 / 更新
# find 查找
# delete 删除
# create 添加
```

2.1.3　中文编码声明注释

在 Python 中编写代码的时候，如果用到指定字符编码类型的中文编码，需要在文件开头加上中文编码声明注释，这样可以在程序中指定字符编码类型的中文编码，不至于出现代码错误。所以说，中文编码声明注释很重要。Python 3.x 提供的中文编码声明注释语法格式如下。

```
# -*- coding: 编码 -*-
```

或者

```
# coding= 编码
```

例如，保存文件编码格式为 UTF-8，可以使用下面的中文编码声明注释。

```
# -*- coding:utf-8 -*-
```

为代码添加注释，是一个优秀的程序员必须要做的工作。但要确保注释的内容都是重要的，看一眼就知道代码的作用，而有些代码是不需要加注释的。

> 💡 说明
>
> 在上面的代码中，"–*–"没有特殊的作用，只是为了美观才加上的，所以上面的代码也可以使用"# coding:utf-8"代替。

为了便于读者理解程序中的代码，本书对大多数代码都进行了注释。在实际开发中，读者只要对关键代码进行注释就可以了，不必像本书一样。

2.1.4 注释程序进行调试

在编码时，有些代码可能会出现编码错误，无法编译；或者我们不希望编译、运行程序中的某些代码，这时可以将这些代码注释掉。这种调试方式简单、实用，有经验的程序员经常采用这种方式进行程序调试。下面以计算长方形的对角线长、周长和面积为例来演示如何通过注释调试程序。计算长方形的对角线长、周长和面积的代码如下。

```python
a,b=map(float,input('请输入长方形两个边的边长，用英文逗号间隔：').split(','))
s=a*b
l=(a+b)*2
d=(a**2+b**2)**(1/2)
print('长方形的对角线长为：',d)     # 输出长方形的对角线长
print('长方形周长为：',l)          # 输出长方形周长
print('长方形面积为：',s)          # 输出长方形面积
```

在上面的代码中，如果只想计算长方形面积，但要保留计算对角线长和周长的代码，则只需将计算对角线长和周长的代码注释即可，代码如下。

```python
a,b=map(float,input('请输入长方形两个边的边长，用英文逗号间隔：').split(','))
s=a*b
# l=(a+b)*2
# d=(a**2+b**2)**(1/2)
# print('长方形的对角线长为：',d)     # 输出长方形的对角线长
# print('长方形周长为：',l)          # 输出长方形周长
print('长方形面积为：',s)           # 输出长方形面积
```

在上面的代码中，如果想计算长方形的面积和周长，则只需将计算周长的代码恢复即可，代码如下。

```python
a,b=map(float,input('请输入长方形两个边的边长，用英文逗号间隔：').split(','))
s=a*b
l=(a+b)*2
# d=(a**2+b**2)**(1/2)
# print('长方形的对角线长为：',d)     # 输出长方形的对角线长
print('长方形周长为：',l)           # 输出长方形周长
print('长方形面积为：',s)           # 输出长方形面积
```

2.2 编码格式

2.2.1 代码缩进

Python 采用代码缩进和冒号 ":" 区分代码之间的层次。缩进可以使用 <Space> 键或者 <Tab> 键实现。使用 <Space> 键时,通常情况下采用 4 个空格作为缩进量;而使用 <Tab> 键时,则将按一次 <Tab> 键产生的缩进作为缩进量。通常情况下建议使用 <Space> 键进行缩进。

在 Python 中,对于类定义、函数定义、流程控制语句,以及异常处理语句等,行尾的冒号和下一行的缩进表示一个代码块的开始,而缩进结束,则表示一个代码块的结束。

例如,下面代码中的缩进为正确的缩进。

```
pwd = input(" 输入密码: ").strip()          # 要求输入密码,strip() 方法用于去除空格
repwd = input(" 确认密码: ").strip()         # 要求输入确认密码,strip() 方法用于去除空格


if pwd == repwd :                          # 判断密码是否一致
    print(" 密码输入正确! ")                  #  输出 " 密码输入正确! "
else:
    print(" 确认密码与输入密码不一致! ")        # 输出 " 确认密码与输入密码不一致! "
```

Python 对代码的缩进要求非常严格,同一个级别的代码块的缩进量必须相同。如果不进行合理的代码缩进,将抛出 SyntaxError 异常。例如,代码中有的缩进量是 4 个空格,还有的是 3 个空格,就会出现 SyntaxError 异常,如图 2.1 所示。

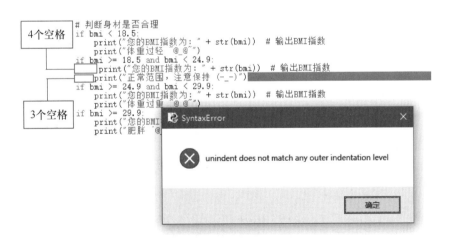

图 2.1 缩进量不同导致的 SyntaxError 异常

在 IDLE 中,一般以 4 个空格作为基本缩进量。不过也可以选择 "Options" → "Configure IDLE" 命令,在打开的 "Settings" 对话框(如图 2.2 所示)的 "Fonts/Tabs" 选项卡中修改基本缩进量。

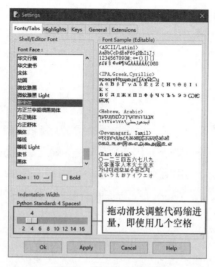

图 2.2　修改基本缩进量

　　在 IDLE 的文件窗口中，可以通过选择主菜单中的"Format"→"Indent Region"命令（或按快捷键 <Ctrl+]>），将选中的代码进行缩进（向右移动指定的缩进量），也可通过选择主菜单中的"Format"→"Dedent Region"命令（或按快捷键 <Ctrl+[>），对代码进行反缩进（向左移动指定的缩进量）。

2.2.2　编码规范

　　Python 采用 PEP 8 作为编码规范，其中 PEP 是 Python Enhancement Proposal 的缩写，翻译成中文是 Python 增强建议书，而 8 表示版本号。PEP 8 是 Python 代码的样式指南。下面给出 PEP 8 编码规范中的一些应该严格遵守的条目。

　　✓ 每个 import 语句只导入一个模块，尽量避免一次导入多个模块。图 2.3 所示为推荐写法，而图 2.4 所示为不推荐写法。

```
import os
import sys
```

```
import os, sys
```

图 2.3　推荐写法　　　　　　　　图 2.4　不推荐写法

　　✓ 不要在行尾添加分号";"，也不要用分号将两条命令放在同一行。例如，图 2.5 所示的代码为不规范写法。

```
height = float(input("请输入您的身高："));
weight = float(input("请输入您的体重："));
```

图 2.5　不规范写法

　　✓ 建议每行不超过 80 个字符，如果超过，建议使用圆括号"()"将多行内容隐式地连接起来，而不推荐使用反斜线"\"进行连接。例如，某个字符串文本在一行上显示不完全，那么可以使用圆括号将其分行显示，代码如下。

```
print("虽然我是一只蜗牛，我一直在爬，也许还没有爬到金字塔的顶端，"
      "但是只要我在爬，就足以给自己带来令生命感动的瞬间。")
```

例如，以下通过反斜线进行连接的做法是不推荐使用的。

```
print("虽然我是一只蜗牛，我一直在爬，也许还没有爬到金字塔的顶端，\
但是只要我在爬，就足以给自己带来令生命感动的瞬间。")
```

不过以下两种情况除外。

导入模块的语句过长。

注释里的 URL。

- ☑ 使用必要的空行可以增加代码的可读性。一般在顶级定义（如函数或者类的定义）之间空两行，而在方法定义之间空一行。另外，在用于分隔某些功能的位置也可以空一行。
- ☑ 通常情况下，在运算符两侧、函数参数之间、逗号","两侧建议使用空格进行分隔。
- ☑ 应该避免在循环中使用"+"和"+="运算符累加字符串。这是因为字符串是不可变的，这样做会创建不必要的临时对象。推荐将每个子字符串加入列表，然后在循环结束后使用 join() 方法连接列表。
- ☑ 适当使用异常处理结构可提高程序的容错性，但不能过分依赖异常处理结构，适当的显式判断还是必要的。

2.3　关键字与标识符

2.3.1　关键字

关键字是 Python 中被赋予了特定意义的一些单词，开发程序时，不可以把关键字作为变量、函数、类、模块和其他对象的名称来使用。Python 的常用关键字如表 2.1 所示。

表 2.1　Python 的常用关键字

关键字					
def	del	elif	else	except	finally
for	from	False	global	if	import
in	is	lambda	nonlocal	not	None
or	pass	raise	return	try	True
while	with	yield			

在 Python 的关键字中，True、False、None 这 3 个关键字的首字母需要大写，其他关键字全部小写，如果写错，将会影响程序执行或者导致报错。代码如下。

```
password=['123456','888888','666666']
while True:                            # True 首字母大写
    passin = input('请输入您的密码：')
    if passin in password:             # 如果输入的密码在列表中
        print('正在进入系统，请稍后！')
        break                          # 退出系统
    else:
        print('您输入的密码不正确，请重新输入')
        continue                       # 继续输入密码
```

运行程序，分别输入密码 123000 和 888888，运行结果如下。

```
请输入您的密码：123000
您输入的密码不正确，请重新输入
请输入您的密码：888888
正在进入系统，请稍后！
```

如果将关键字 True 写成 true，则程序会把 true 当成没有定义的变量，报出如下错误。

```
NameError: name 'true' is not defined
```

大部分关键字在程序代码中起着重要的作用，如循环语句中的 if、elif、else、while、for 等，逻辑判断中经常用到的 True、False，逻辑运算符 and、or、not 等。关键字通常在开发环境中以特殊颜色显示。

关键字、内置对象、字符串等通过不同颜色进行区分，以便于代码输入和阅读。

如果在代码中使用这些关键字定义变量、函数、类，将会造成语法冲突，所以一定不要使用关键字定义变量、函数等。如把关键字 while 作为变量使用，运行程序，将会弹出图 2.6 所示的错误（语法错误）。代码如下。

```
while=5
```

错误所在位置将会以红色高亮显示，如图 2.7 所示。所以遇到语法错误时，可以看看是否出现了关键字非法使用的情况。

图 2.6 while 定义变量错误

while 5

图 2.7 高亮显示错误处

Python 中所有的关键字是区分字母大小写的。例如，and、as、if、True、False 是关键字，但是 And、AS、IF、false、ture 就不是关键字，如图 2.8 和图 2.9 所示。

```
>>> true="真"
>>> True="真"
SyntaxError: can't assign to keyword
>>>
```

图 2.8 True 是关键字，但 true 不是关键字

```
>>> if ▌"守得云开见月明"
SyntaxError: invalid syntax
>>> IF = "守得云开见月明"
>>>
```

图 2.9 if 是关键字，但 IF 不是关键字

Python 中的关键字可以在 IDLE 中输入以下两行代码查看。

```
import keyword
keyword.kwlist
```

运行结果如图 2.10 所示。

```
File  Edit  Shell  Debug  Options  Window  Help
Python 3.8.2 (tags/V3.8.2: 7b3ab59, Feb 25 2020, 23:03:10)[MSC v.1916 64 bit (AMD6
4)] on win32
Type "copyright", "credits" or "license()" for more information.
>>> import keyword
>>> keyword.kwlist
['False', 'None', 'True', 'and', 'as', 'assert', 'async', 'await', 'break', 'cla
ss', 'continue', 'def', 'del', 'elif', 'else', 'except', 'finally', 'for', 'from
', 'global', 'if', 'import', 'in', 'is', 'lambda', 'nonlocal', 'not', 'or', 'pas
s', 'raise', 'return', 'try', 'while', 'with', 'yield']
>>> |
                                                                    Ln: 6  Col: 4
```

图 2.10 查看 Python 中的关键字

2.3.2 标识符

标识符可以简单地理解为名字，它主要用来标识变量、函数、类、模块和其他对象。

Python 标识符命名规则如下。

- ☑ 由字母 A~Z 和 a~z、下画线 "_" 和数字组成，并且第一个字符不能是数字。
- ☑ 不能使用 Python 中的关键字。
- ☑ 不能包含空格、"@"、"%" 以及 "$" 等特殊字符。

例如，下面是合法的标识符。

```
USERID
book
user_id
myclass                    # 关键字和其他字符组合是合法的标识符
book01                     # 数字在标识符的后面是可以的
```

下面是非法的标识符。

```
4word                        # 以数字开头
class                        # class 是 Python 中的关键字
@book                        # 不能使用特殊字符 "@"
book name                    # book 和 name 之间包含了特殊字符空格
```

⚡ 注意

　　在 Python 中，标识符的字母是严格区分大小写的。两个同样的单词，如果大小写不一样，所代表的意义是完全不同的。例如，下面 3 个变量是完全独立、毫无关系的，就像相貌相似的"三胞胎"，彼此都是独立的个体。

```
book = 0                     # 全部小写
Book = 1                     # 部分大写
BOOK = 2                     # 全部大写
```

Python 中以下画线开头的标识符有特殊意义，一般应避免使用相似的标识符。

以单下画线开头的标识符（如 _width）表示不能直接访问的类属性，也不能通过 "from xxx import *" 导入。

以双下画线开头的标识符（如 __add）表示类的私有成员。

以双下画线开头和结尾的是 Python 里专用的标识符，如 "__init__()" 表示构造函数。

💡 说明

　　在 Python 中允许使用汉字作为标识符，如 "我的名字 =" 明日科技""，在程序运行时并不会出现错误（如图 2.11 所示），但建议读者尽量不要使用汉字作为标识符。

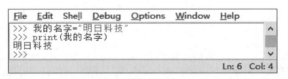

图 2.11　使用汉字作为标识符

标识符的命名，除了要遵守以上这几条规则外，不同场景中的标识符，其名称也有一定的规范可循。

☑ 当标识符用作模块名时，应尽量短小，并且全部使用小写字母，可以使用下画线分割多个字母，如 game_main、game_register 等。

☑ 当标识符用作包的名称时，应尽量短小，也全部使用小写字母，不推荐使用下画线，如 com.mr、com.mr.book 等。

☑ 当标识符用作类名时，应采用单词首字母大写的形式。例如，定义一个图书类，可以命名为 Book。

☑ 模块内部的类名，可以采用"下画线 + 首字母大写"的形式，如 _Book。

☑ 函数名、类中的属性名和方法名，应全部使用小写字母，多个单词之间可以用下画线分割。

☑ 常量命名应全部使用大写字母，单词之间可以用下画线分割。

第3章

Python 数据类型

3.1 变量

3.1.1 理解 Python 中的变量

在 Python 中，变量严格意义上应该称为"名字"，也可以将其理解为标签。当把值赋给名字时，如把值"学会 Python 还可以飞"赋给 python，python 就称为变量。在大多数编程语言中，这被称为"把值存储在变量中"，意思是在计算机内存中的某个位置，字符串"学会 Python 还可以飞"已经存在。你不需要准确地知道它们到底在哪里，只需要告诉 Python 这个字符串的名字是 python，然后就可以通过这个名字来引用这个字符串了。

这个过程就像快递员取快递一样，内存就像一个巨大的货物架，在 Python 中定义变量就如同给快递盒子贴标签。快递存放在货物架上，上面附着写有客户名字的标签。当客户来取快递时，并不需要知道它们存放在这个大型货物架的具体位置，只需要客户提供自己的名字，快递员就会把快递交给客户。变量也一样，你不需要准确地知道信息存储在内存中的位置，只需要记住存储变量时所用的名字，再使用这个名字就可以了。

3.1.2 变量的定义与使用

在 Python 中，不需要先声明变量名及其类型，直接赋值即可创建各种类型的变量。但是变量的命名并不是任意的，应遵循以下几条规则。

✇ 变量名必须是一个有效的标识符。

✇ 变量名不能是 Python 中的关键字。

✇ 慎用小写字母 l 和大写字母 O。

✇ 应选择有具体含义的单词作为变量名。

为变量赋值可以通过等号"="来实现，其语法格式如下。

```
变量名 = value
```

例如，创建一个整型变量，并赋值为 505，可以使用下面的语句。

```
number = 505                          # 创建变量 number 并赋值为 505
```

这样创建的变量就是数值型的变量。如果直接为变量赋一个字符串值，那么该变量为字符串类型的变量。例如下面的语句。

```
myname = " 生化危机 "                    # 字符串类型的变量
```

另外，Python 是一种动态类型的语言，也就是说，变量的类型可以随时变化。例如，在 IDLE 中，创建变量 myname，并赋值为字符串"生化危机"，然后输出该变量的类型，可以看到该变量的类型为字符串类型。再将变量赋值为 505，并输出该变量的类型，可以看到该变量的类型为整型。执行过程如下。

```
>>> myname = " 生化危机 "              # 字符串类型的变量
>>> print(type(myname))
<class 'str'>
>>> myname = 505                     # 整型的变量
>>> print(type(myname))
<class 'int'>
```

> 💡 说明
>
> 在 Python 中，使用内置函数 type() 可以返回变量类型。

在 Python 中，允许多个变量指向同一个值。例如，将两个变量都赋值为 2048，再分别应用内置函数 id() 获取变量的内存地址，将得到相同的结果。执行过程如下。

```
>>> no = number=2048
>>> id(no)
49364880
>>> id(number)
49364880
```

> 💡 说明
>
> 在 Python 中，使用内置函数 id() 可以返回变量的内存地址。

3.2　基本数据类型

在内存中存储的数据可以有多种类型。例如，一个人的姓名可以使用字符类型存储、年龄可以使用数字类型存储，而婚否可以使用布尔类型存储。这些都是 Python 提供的基本数据类型。下面将对这些基本数据类型进行详细介绍。

3.2.1 数字类型

在程序开发时，经常使用数字记录游戏的得分、网站的销售数据和网站的访问量等信息。Python 提供了数字类型用于存储这些数值，并且它们是不可改变的。如果要修改数字类型变量的值，那么需先把该值存放到内存中，然后修改变量让其指向新的内存地址。

在 Python 中，数字类型主要包括整数、浮点数和复数。

1. 整数

整数用来表示整数数值，即没有小数部分的数值。在 Python 中，整数包括正整数、负整数和 0，并且它的位数是任意的（当超过计算机自身的计算能力时，会自动转用高精度计算）。如果要指定一个非常大的整数，只需要写出其所有位数即可。

整数类型包括二进制整数、八进制整数、十进制整数和十六进制整数。

☑ 二进制整数。

二进制整数只有 0 和 1 两个基数，进位规则是"逢二进一"，如 101（转换为十进制整数为 5）、1010（转换为十进制整数为 10）。

☑ 八进制整数。

八进制整数由 0~7 组成，进位规则是"逢八进一"，并且以 0o10O 开头，如 0o123（转换成十进制整数为 83）、-0o123（转换成十进制整数为 -83）。

> **⚡注意**
>
> 在 Python 3.x 中，八进制整数必须以 0o/0O 开头。这与 Python 2.x 不同，在 Python 2.x 中，八进制整数可以以 0 开头。

☑ 十进制整数。

十进制整数的表现形式大家都很熟悉。例如，下面的数值都是有效的十进制整数。

```
31415926535897932384626
6666666666666666666666666666666666666666666666666666666666666666666666
666
-2018
0
```

在 IDLE 中运行的结果如图 3.1 所示。

图 3.1 有效的十进制整数

> **⚡ 注意**
>
> 十进制整数不能以 0 作为开头（0 除外）。

✅ 十六进制整数。

十六进制整数由 0~9、A~F 组成，进位规则是"逢十六进一"，并且以 0x/0X 开头，如 0x25（转换成十进制整数为 37）、0Xb01e（转换成十进制整数为 45086）。

> **⚡ 注意**
>
> 十六进制整数必须以 0x/0X 开头。

2. 浮点数

浮点数由整数部分和小数部分组成，主要用于处理包括小数的数，如 1.414、0.5、-1.732、3.1415926535897932384626 等。浮点数也可以使用科学记数法表示，如 2.7e2、-3.14e5 和 6.16e-2 等。

> **⚡ 注意**
>
> 在使用浮点数进行计算时，可能会出现小数位数不确定的情况。例如，计算 0.1+0.1 时，可以得到想要的结果 0.2，而计算 0.1+0.2 时，却会得到 0.30000000000000004（想要的结果为 0.3）。执行过程如下。

```
>>> 0.1+0.1
0.2
>>> 0.1+0.2
0.30000000000000004
```

所有语言都存在这种情况，暂时忽略多余的小数位数即可。

示例 根据身高、体重计算体质指数（BMI）。

在 IDLE 中创建一个名称为 bmiexponent.py 的文件，然后在该文件中定义两个变量，一个用于记录身高（单位为米），另一个用于记录体重（单位为千克），根据公式"BMI= 体重 /（身高 × 身高）"计算 BMI，代码如下。

```
height = 1.70                          # 记录身高的变量，单位：米
print("您的身高: " + str(height))
weight = 48.5                          # 记录体重的变量，单位：千克
print("您的体重: " + str(weight))
bmi=weight/(height*height)             # 用于计算 BMI，公式为"体重 /（身高 ×
身高）"
print("您的 BMI 为: "+str(bmi))        # 输出 BMI
# 判断身材是否合理
if bmi<18.5:
```

```
        print(" 您的体重过轻  ~@_@~")
if bmi>=18.5 and bmi<24.9:
        print(" 正常范围，注意保持  (-_-)")
if bmi>=24.9 and bmi<29.9:
        print(" 您的体重过重  ~@_@~")
if bmi>=29.9:
        print(" 肥胖  ^@_@^")
```

> 💡 说明
>
> 　　上面的代码只是为了展示浮点数的实际应用，涉及的源码按原样输出即可，其中，str() 函数用
> 于将数值转换为字符串，if 语句用于进行条件判断。如需了解更多关于函数和条件判断的知识，请
> 查阅后面的内容。

运行结果如图 3.2 所示。

图 3.2　根据身高、体重计算 BMI

3. 复数

　　Python 中的复数与数学中的复数的形式完全一致，都由实部和虚部组成，并且使用 j 或 J 表示虚部。
当表示一个复数时，可以将其实部和虚部相加，例如，一个复数的实部为 3.14，虚部为 12.5j，则这个复
数为 3.14+12.5j。

3.2.2　字符串类型

　　字符串就是连续的字符序列，可以是计算机所能表示的一切字符的集合。在 Python 中，字符串属
于不可变序列，通常使用英文单引号 "'"、双引号 """"，以及三引号 "''' '''" 或 """" """"" 括起
来。这 3 种引号形式在语义上没有差别，只是在形式上有些差别。其中单引号和双引号中的字符串必须
在一行上，而三引号中的字符串可以分布在连续的多行上。

示例　输出名言警句。

　　定义 3 个字符串类型的变量，并且应用 print() 函数输出，代码如下。

```
title = '我喜欢的名言警句'                           # 使用单引号，字符串必须在一行上
mot_cn = "命运给予我们的不是失望之酒，而是机会之杯。"   # 使用双引号，字符串必须在一行上
```

```
# 使用三引号，字符串可以分布在多行上
mot_en = '''Our destiny offers not the cup of despair,
but the chance of opportunity.'''
print(title)
print(mot_cn)
print(mot_en)
```

运行结果如图 3.3 所示。

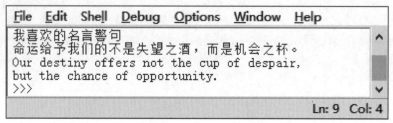

图 3.3　使用 3 种形式定义字符串类型的变量

> **⚡注意**
>
> 　　字符串开始和结尾使用的引号形式必须一致。另外，当需要表示复杂的字符串时，还可以进行引号的嵌套。例如，下面的字符串也都是合法的。

```
# 在 Python 中也可以使用双引号（" "）定义字符串
"'(··)nnn' 也是字符串 "
"""'___' " "***"""
```

示例 输出 101 号坦克。

在 IDLE 中创建一个名称为 tank.py 的文件，然后在该文件中，输出一个表示字符画的字符串，由于该字符画有多行，所以需要使用三引号作为定界符。具体代码如下。

```
print('''
                   ▶ 学编程，你不是一个人在战斗 ~~
                   |
              _ _\--_ _|_
II=======00000[/ ★ 101_ _ _|
     _ _ _ _ _\_ _ _ _ _ _|/-----.
       /_ _ _mingrisoft.com_ _ _|
        \ ◎◎◎◎◎◎◎◎◎ /
         ~~~~~~~~~~~~~~~
''')
```

运行结果如图 3.4 所示。

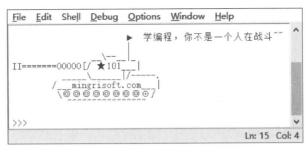

图 3.4　输出 101 号坦克

> 💡 说明
>
> 输出该字符画时，可以借助搜狗输入法的字符画进行输出。

Python 中的字符串还支持转义字符。所谓转义字符，是指使用反斜线 "\" 对一些特殊字符进行转义。常用的转义字符如表 3.1 所示。

表 3.1　常用的转义字符

转 义 字 符	说　　明
\	续行符
\n	换行符
\0	空
\t	水平制表符，用于横向跳到下一制表位
\"	双引号
\'	单引号
\\	一个反斜线
\f	换页符
\0dd	八进制数，dd 代表字符，如 \012 代表换行
\xhh	十六进制数，hh 代表字符，如 \x0a 代表换行

3.2.3　布尔类型

布尔类型的值（简称布尔值）主要用来表示真或假。在 Python 中，标识符 True 和 False 被解释为布尔值。另外，Python 中的布尔值可以表示为数值，其中 True 表示 1，而 False 表示 0。

> 💡 说明
>
> Python 中的布尔值可以进行数值运算，例如，"False + 1" 的结果为 1。但是不建议对布尔值进行数值运算。

在 Python 中，所有的对象都可以进行真值测试。其中，只有下面列出的几种对象表现为假，其他对象在 if 或者 while 语句中都表现为真。

   ☑ False 或 None。

   ☑ 数值中的零，包括 0、0.0、虚数 0。

   ☑ 空序列，包括空字符串、空元组、空列表、空字典。

   ☑ 自定义对象的实例，该对象的 _ bool _ () 方法返回 False，或 _ len _ () 方法返回 0。

3.2.4　数据类型转换

Python 是动态类型的语言（也称为弱类型语言），虽然不需要先声明变量的类型，但有时仍然需要用到类型转换。例如，在"根据身高、体重计算 BMI"这一示例中，要想通过 print() 函数输出提示文字"您的身高："和浮点型变量 height 的值，就需要将浮点型变量 height 转换为字符串，否则将显示图 3.5 所示的错误。

```
Traceback (most recent call last):
  File "E:\program\Python\Code\datatype_test.py", line 2, in <module>
    print("您的身高: " + height)
TypeError: must be str, not float
```

图 3.5　字符串和浮点型变量连接时出错

Python 提供了表 3.2 所示的函数进行各数据类型间的转换。

表 3.2　常用类型转换函数

函　　数	作　　用
int(x)	将 x 转换成整数
float(x)	将 x 转换成浮点数
complex(real [,imag])	创建一个复数
str(x)	将 x 转换为字符串
repr(x)	将 x 转换为表达式字符串
eval(str)	计算在字符串中的有效 Python 表达式，并返回一个对象
chr(x)	将 x 转换为一个字符
ord(x)	将一个 x 转换为它对应的整数
hex(x)	将一个 x 转换为一个十六进制的字符串
oct(x)	将一个 x 转换为一个八进制的字符串

示例 模拟超市抹零结账行为。

在 IDLE 中创建一个名称为 erase_zero.py 的文件，在该文件中首先将各个商品的金额累加，计算出商品总金额，并转换为字符串输出，然后应用 int() 函数将浮点型的变量转换为整型变量，从而实现抹零，并转换为字符串输出。关键代码如下。

```
money_all = 56.75 + 72.91 + 88.50 + 26.37 + 68.51      # 累加总计金额
money_all_str = str(money_all)                          # 转换为字符串
print("商品总金额为：" + money_all_str)
money_real = int(money_all)                             # 进行抹零处理
money_real_str = str(money_real)                        # 转换为字符串
print("实收金额为：" + money_real_str)
```

运行结果如图 3.6 所示。

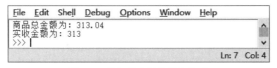

File Edit Shell Debug Options Window Help
商品总金额为：313.04
实收金额为：313
>>>
Ln: 7 Col: 4

图 3.6　模拟超市抹零结账行为

常见错误

在进行数据类型转换时，如果把非数字字符串转换为整型变量，将产生图 3.7 所示的错误。

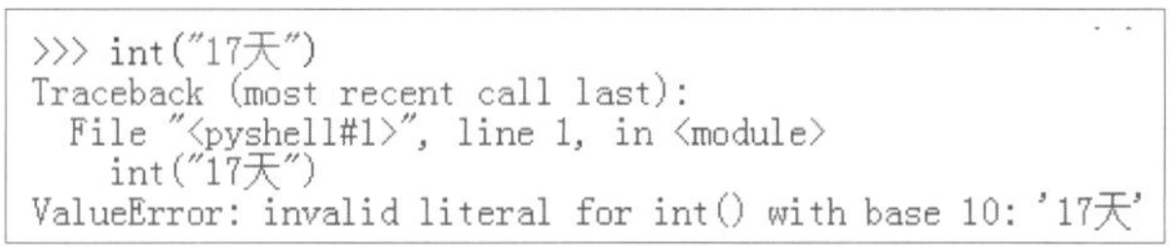

>>> int("17天")
Traceback (most recent call last):
File "<pyshell#1>", line 1, in <module>
int("17天")
ValueError: invalid literal for int() with base 10: '17天'

图 3.7　将非数字字符串转换为整型变量产生的错误

运算符

运算符是一类特殊的符号，主要用于值运算、连接、大小比较和逻辑运算等。本章会介绍算数运算符、赋值运算符、比较运算符、逻辑运算符及运算符的优先级。

4.1　算术运算符

算术运算符是处理四则运算的符号，在数字处理中应用得较多。常用的算术运算符如表 4.1 所示。

表 4.1　常用的算术运算符

运 算 符	说 明	实 例	结 果
+	加	12.45+15	27.45
−	减	4.56-0.26	4.3
*	乘	5*3.6	18.0
/	除	7/2	3.5
//	取整除，即返回商的整数部分	7//2	3
%	求余，即返回除法的余数	7%2	1
**	幂，即返回 x 的 y 次方	2**4	16，即 2^4

4.1.1 加运算符 "+"

加运算是人类最早掌握的数学运算之一，加运算符 "+" 用于实现 2 个对象的相加。对于数字来说，使用 "+" 是进行数值的相加，相当于数学中的加法，常用应用如下。

```
add1=35
add2=int(input('请输入一个数字：'))
add3=27.53
num = input('请输入一个数字：')
print(add1+add2)
print(add2+add3)
print(add3+add3)
print(add1+float(num))
```

运行程序，输入数字 56 和 23.87，运行结果如下。

```
请输入一个数字：56
请输入一个数字：23.87
91
83.53
55.06
58.870000000000005
```

对于字符串来说，"+" 可以将两个字符串拼接成一个字符串，字符串拼接的主要应用如下。

```
chart1 = 'www'
chart2 = 'mingrisoft'
chart3 = 'com'
chart4='.'
net = input('请输入一个你喜欢的英文名称：')
print(chart1+chart4+chart2+chart4+chart3)        # 字符串拼接
print(chart1+chart4+net+chart4+chart3)           # 字符串拼接
print('zyk'+chart4+chart2+chart4+chart3)         # 在 2 个字符串间添加点号
print(net+'\n1000 朵玫瑰')  # 在 2 个字符串间添加换行符
```

运行程序，输入英文字符 nanshan，运行结果如下。

```
请输入一个你喜欢的英文名称：nanshan
www.mingrisoft.com
www.nanshan.com
zyk.mingrisoft.com
nanshan
1000 朵玫瑰
```

> ⚡ 注意
>
> 若将字符串与数字直接相加，如运行代码"print(3000+"米长跑")"，程序将会显示
> "TypeError: can only concatenate str (not "int") to str"，即运行错误，需要使用 str() 函数
> 将 3000 转为字符串。

4.1.2 减运算符 "-"

"-"运算符在 Python 中有两个作用：一个是作为负号使用，在数字前表示负数；另一个是作为减号，表示前一个数字减去后一个数字。

☑ "-"运算符作为负号使用。

"-"运算符作为负号使用时，在正数前面加"-"，可将正数变为负数，在负数前面加"-"，可将负数变为正数。示例代码如下。

```
digit1 = 12
digit2 = -20.15
digit3 = float(input('请输入一个数字，正负均可：'))
print(-digit1)
print(-digit2)
print(-digit3)
```

运行程序，运行结果如下。

```
请输入一个数字，正负均可：217.19
-12
20.15
-217.19
```

☑ "-"运算符作为减号使用。

"-"运算符作为减号使用时，被减数和减数只能为数字，不能为字符、列表或元组。示例代码如下。

```
digit1 = float(input('请输入一个数字，正负均可：'))
digit2 = float(input('请输入一个数字，正负均可：'))
print(digit1-digit2)
print(digit2-digit1)
# 使用 format() 函数格式化浮点数为整数时，设置参数为 '.0f'
print(format(digit1-digit2,'.0f'))
# 使用 format() 函数格式化浮点数并保留两位小数时，设置参数为 '.2f'
print(format(digit2-digit1,'.2f'))
```

运行结果如下。

```
请输入一个数字，正负均可：123
请输入一个数字，正负均可：-89
```

```
212.0
-212.0
212
-212.00
```

4.1.3 乘运算符 "*"

"*" 运算符在 Python 中有两个作用：一个是在两个数相乘时作为乘号；另一个是作为字符串、列表、元组等的连接运算符，表示将 *N* 个字符串连接起来。

"*" 运算符作为乘号使用。

"*" 运算符作为乘号使用时，示例代码如下。

```
digit1 = float(input('请输入一个数字，正负均可：'))
digit2 = float(input('请输入一个数字，正负均可：'))
print(digit1*digit2)
print(digit2*digit1)
print(format(digit1*digit2,'.2f'))
print(format(digit2*digit1,'.6f'))
```

运行结果如下。

```
请输入一个数字，正负均可：12.3
请输入一个数字，正负均可：32.15
395.445
395.445
395.44
395.445000
```

4.1.4 除运算符 "/"

对于 Python 3.x 而言，除运算符有两种。"/" 表示普通除法，使用 "/" 运算的结果在除不尽时，会产生小数（如果能除尽，结果也有可能是小数）。在 Python 3.x 中，除法运算的结果都是浮点数，如果需要转为整数，可以使用 int() 函数或 format() 函数。"//" 表示整除，使用它运算的结果只保留整数部分，小数部分将会被舍弃。要注意，无论使用 "/"，还是 "//"，除数都不能为 0，否则程序会报出 ZeroDivisionError 异常。示例代码如下。

```
print(120/40)
print(10/3)
print(format(111/3,'.0f'))
print(format(100/9,'.2f'))
print(format(len('mingrisoft')/3,'.6f'))
```

```
digit1 = float(input('请输入一个数字，正负均可：'))
digit2 = float(input('请输入一个数字，正负均可：'))
print(format(digit1/digit2,'.2f'))
print(format(digit2/digit1,'.6f'))
```

运行结果如下。

```
3.0
3.3333333333333335
37
11.11
3.333333
请输入一个数字，正负均可：28
请输入一个数字，正负均可：9
3.11
0.321429
```

4.1.5　除运算符"//"

"//"表示整除，其运算结果只保留整数部分，小数部分将会被舍弃，即向下取整除。注意，"//"不会对运算结果进行四舍五入的计算，如 10//3 = 3、11//3 = 3。示例代码如下。

```
digit1 = 800
digit2 = 3
print(8//5)
print(-8//5)
print(8//(-5))
print(150//3)
```

运行结果如下。

```
1
-2
-2
50
```

4.1.6　求余运算符"%"

"%"运算符用于取余，即返回除法的余数，例如，1%3的结果为1，2%3结果为2，3%3结果为0。Python 不要求进行求余运算的两个操作数都是整数，因为 Python 的求余运算符支持对浮点数求余。求余运算的结果不一定总是整数，它是使用第一个操作数除以第二个操作数得到整除的结果后剩下的值。在使用"%"运算符求余时，如果除数（第二个操作数）是负数，那么结果也是一个负值。示例代码如下。

```
print(4%5)
print(8%3)
print(1.5%5)
print(10.8%3)
print(20%5.5)
print(1%3.2)
print(8%5)
print(-8%5)
print((-8)%5)
print(21%(-6))
print(-21%(-6))
digit1 = float(input('请输入一个数字，正负均可：'))
digit2 = float(input('请输入一个数字，正负均可：'))
print( digit1%digit2 )
print( digit2%digit1 )
```

运行结果如下。

```
4
2
1.5
1.8000000000000007
3.5
1.0
3
2
2
-3
-3
请输入一个数字，正负均可：5
请输入一个数字，正负均可：-7
-2.0
3.0
```

上面的结果可能与很多人的预期不符，这个结果是由 Python 的机制决定的。在 Python 中取余数遵循下面的格式。

```
r=a-n*[a//n]
```

对于 8%5，其中 a=8，n=5。r=8-5*(8//5)=8-5=3，所以结果为 3；对于 -8%5，r = -8 -5*(-8//5)=-8-5*(-2)=2，结果为 2；对于 8 % -5，r= 8-(-5)*(8//-5)=8-(-5)*(-2)=-2，结果为 -2。

> ⚡ 注意
>
>   若除运算结果为负数时，向下取整，取小于原数的整数，如 −8/5 的结果为 −1.6，向下取整为 −2，不是 −1。

4.1.7　求幂运算符 "**"

"**" 运算符用于求幂，即 x**y，相当于 y 个 x 相乘，如 2 ** 3 =2*2*2=8 ，3 ** 2=3*3=9。示例代码如下。

```
print(2**6)
print(5**3)
print(2.3**5)
print(-6**7)
print(0.5**(-3))
print(-2.3**4)
print(-6**7)
print(20.56**(-3.3))
```

运行结果如下。

```
64
125
64.36342999999998
-279936
8.0
-27.98409999999999
-279936
4.645406635372702e-05
```

如果 y 是小数，就相当于开方。例如：y 为 1/2，相当于开二次方；y 为 1/3，相当于开三次方。示例代码如下。

```
print(2**6)
print(5**3)
print(2.3**5)
print(-6**7)
print(0.5**(-3))
print(-2.3**4)
print(-6**7)
print(20.56**(-3.3))
```

运行结果如下。

```
64
125
64.36342999999998
-279936
8.0
-27.98409999999999
-279936
4.645406635372702e-05
```

4.2　赋值运算符

赋值运算符主要用来为变量等赋值，使用时，可以直接把基本赋值运算符"="右边的值赋给左边的变量，也可以对其进行某些运算后再赋值给左边的变量。在 Python 中常用的赋值运算符如表 4.2 所示。

表 4.2　常用的赋值运算符

运 算 符	说 明	举 例	展 开 形 式
=	简单的赋值运算	x=y	x=y
+=	加法赋值	x+=y	x=x+y
-=	减法赋值	x-=y	x=x-y
*=	乘法赋值	x*=y	x=x*y
/=	除法赋值	x/=y	x=x/y
%=	求余数赋值	x%=y	x=x%y
**=	幂赋值	x**=y	x=x**y
//=	整除赋值	x//=y	x=x//y

⚡ 注意

混淆"="和"=="是编程中最常见的错误之一。很多语言（不只是 Python）都使用这两个符号，另外很多程序员也经常会用错这两个符号。

4.2.1　简单的赋值运算符"="

"="是简单的赋值运算符，赋值时将右操作数的值赋给左操作数，如 num=5，表示将数值 5 赋给变量 num。"="也可以将变量、表达式赋给另一个变量。示例代码如下。

```
r=5
net='hao123'
num="abc"
book=[]
pi = p = 3.14
visited  = True
mingri="www.mingrisoft.com"
east = ['鹿','凯尔','热心','77']
dict1 = {1:'鹿',2:'凯尔',3:'热心',4:'77'}
ciy = ('昆明','杭州','深圳','上海','南京','合肥')
name=num
s=pi*r**2
new=r/2+89
leng=len(east)
```

4.2.2 加法赋值运算符 "+="

"+="是加法赋值运算符，赋值时先将左操作数的值加到右操作数，再将其赋给左操作数。如 a +=1，计算结果等价于 a=a+1。在程序编译时，a += b 比 a =a + b 执行得更有效率，所以使用 a += b 有利于编译处理，能提高编译效率并产生质量较高的目标代码。示例代码如下。

```
x=5
a=5
b=8
x+=6                        # 值为 11
a+=b                        # 值为 13
b+=(x+1)                    # 值为 20
```

4.2.3 减法赋值运算符 "-="

"-="是减法赋值运算符，赋值时先将左操作数的值减去右操作数，再将其赋给左操作数，如 a-=1，等价于 a=a-1。示例代码如下。

```
i=8
a=100
b=25

a-=b                        # 值为 75
b-=(i+10)                   # 值为 7
i-=5                        # 值为 3
print(a)
print(i)
```

```
print(b)
b-=b                                    # 值为 0
i-=(b+5)                                # 值为 -2
```

4.2.4 乘法赋值运算符 "*="

"*="为乘法赋值运算符，赋值时先将左操作数的值乘右操作数，再将结果赋给左操作数，如 a *=3，等价于 a = a*3。示例代码如下。

```
x=2
a=8
b=5
char='mingri'
nba=['1队','2队','3队','4队']
europe = ('europe',('x国','y国','z国'))
x*=4             # 值为 8
b*=a             # 值为 40
a*=(a+5)         # 值为 104
char*=4          # 值为 mingrimingrimingrimingri
nba*=2           # 值为 ['1队', '2队', '3队', '4队', '1队', '2队', '3
队', '4队']
europe*=2        # 值为 ('europe', ('x国', 'y国', 'z国'), 'europe', ('x
国', 'y国', 'z国'))
```

一个正整数的阶乘是所有小于及等于该数的正整数的积，并且0的阶乘为1。自然数n的阶乘写作$n!$，$n!=1×2×3×...×(n-1)n$。编写阶乘的代码如下。

```
num = int(input("请输入阶乘数字:"))
if num == 0:
    all = 1              # 0 的阶乘为 1
else:
    all = 1             # 阶乘初始值为 1
    for i in range(1,num+1):   # 循环累加
        all *= i
print(all)
```

运行程序，输入阶乘数字。
运行结果如下。

```
请输入阶乘数字:5
120
```

4.2.5　除法赋值运算符"/="

"/="是除法赋值运算符，赋值时先将左操作数的值除以右操作数，再将结果赋给左操作数，如 a /=3，等价于 a = a/3。示例代码如下。

```
x=81
a=50
b=4
x/=9              # 值为 9.0
a/=b              # 值为 12.5
b/=2              # 值为 2.0
x/=(b-3)          # 值为 -9.0
```

4.2.6　求余赋值运算符"%="

"%="是求余赋值运算符，赋值时先对左操作数与右操作数求余，再将结果赋给左操作数，如 a %= 3，等价于 a = a%3。示例代码如下。

```
x=100
y=-100
a=50
b=-50
c=32
x%=9              # 值为 1
y%=9              # 值为 -1
a%=3              # 值为 2
b%=-3             # 值为 -2
c%=(a+5)          # 值为 4
```

4.2.7　幂赋值运算符"**="

"**="是幂赋值运算符，赋值时先将左操作数与右操作数进行幂计算，再将结果赋给左操作数，如 a **= 3，等价于 a = a**3。示例代码如下。

```
x=5
y=-5
a=3
b=6
x**=5             # 值为 3125
y**=5             # 值为 -3125
b**=(a+1)         # 值为 1296
a**=7             # 值为 2187
```

4.2.8　整除赋值运算符"//="

"//="是整除赋值运算符，赋值时先将左操作数与右操作数进行整除，再将结果赋给左操作数，如 a //= 3，等价于 a = a//3。示例代码如下。

```
x=90
y=-90
a=56
b=18
x//=5              # 值为 18
y//=5              # 值为 -18
a//=b              # 值为 3
b//=7              # 值为 2
```

4.3　比较运算符

比较运算符，也称关系运算符，用于对变量或表达式的结果进行大小等比较，如果比较结果为真，则返回 True，否则返回 False。比较运算符通常用在条件语句中作为判断的依据。

Python 的比较运算符如表 4.3 所示。

表 4.3　Python 的比较运算符

运 算 符	作用	举例	结果
= =	等于	'c' = = 'c'	True
!=	不等于	'y' != 't'	True
>	大于	'a' > 'b'	False
<	小于	156 < 456	True
>=	大于或等于	479 >= 426	True
<=	小于或等于	62.45 <= 45.5	False

！多学两招

在 Python 中，当需要判断一个变量是否介于两个值之间时，可以采用"值 1 < 变量 < 值 2"的形式，如"0 < a < 100"。

4.3.1　等于运算符"=="

"=="是等于运算符，用于比较两个对象是否相等。如果相等，则返回 True，否则返回 False。等于运算符主要用在条件语句中，可判断条件是否相等或者变量值是否相等。如计算 100 以内被 5 和 7整除的数的和，代码如下。

```
sum = 0
result = []                     # 定义一个空列表
for i in range(100):
    if i % 5 == 0 and i % 7==0:  # i同时满足可整除 5 和 7
        sum += i                 # 累加赋值
        result.append(str(i))    # 将整数 i 转为字符串后加到列表
print('100 以内能被 5 和 7 整除的数为：', ' '.join(result)) # 用 join() 将列表转换
为字符串
print('100 以内能被 5 和 7 整除的数和为：',sum)
```

运行结果如下。

```
100 以内能被 5 和 7 整除的数为：  0 35 70
100 以内能被 5 和 7 整除的数和为：  105
```

4.3.2 不等于运算符 "!="

"!=" 是不等于运算符，用于比较对象是否不相等。如果不相等，则返回 True, 否则返回 False。

示例 遍历列表输出不等于某值的信息。

获取公司列表中，英文名不是"mrsoft"的所有公司的中文名，代码如下。

```
list_val = [['mrsoft','明日科技有限公司 '],
            ['moudu','某度在线网络技术有限公司 '],
            ['mouxun','深圳市某讯计算机系统有限公司 '],
            ['mouli','某里网络技术有限公司 ']]
list_new = []
for (name, val) in list_val:    # 遍历列表
    if name != "mrsoft":        # 判断不等于
        list_new.append(val)    # 添加到新列表
print(list_new)
```

运行结果如下。

```
['某度在线网络技术有限公司 ', '深圳市某讯计算机系统有限公司 ', '某里网络技术有限公司 ']
```

4.3.3 大于运算符 ">"

">" 运算符用于比较对象大小。如果 a 的值大于 b, 则 a >b 返回 True, 否则返回 False。比较
数字、字符串、元组、列表和集合等类型数据的大小，代码如下。

```
print(2 > 1)                    # True
print(2.3 > 1.4)                # True
print('b' > 'a')                # True
```

```
print('abc' > 'abb')    # True
print((1,2,3) > (1,2,2)) # True
print([1,2,3] > [1,2,2]) # True
print({1,2,3} > {1,2,2}) # True
```

4.3.4 小于运算符 "<"

"<"运算符用于比较对象大小。如果 a 的值小于 b，则 a ＜ b 返回 True，否则返回 False。在对序列进行切片操作时，既可以正序切片，也可以倒序切片。编写一个程序，用于计算倒序的索引在正序的位置，代码如下。

```
def fixIndex(object, index):
    if index < 0:
        # 如果 index 在右侧，则将其转化为左侧
        index += len(object) + 1
    return index
list_val = [1,2,3,4,5]
index1 = fixIndex(list_val,-1)
index2 = fixIndex(list_val,-2)
index3 = fixIndex(list_val,-3)
index4 = fixIndex(list_val,-4)
index5 = fixIndex(list_val,-5)
print(f' 倒数第 1 个是正数第 {index1} 个 ')
print(f' 倒数第 2 个是正数第 {index2} 个 ')
print(f' 倒数第 3 个是正数第 {index3} 个 ')
print(f' 倒数第 4 个是正数第 {index4} 个 ')
print(f' 倒数第 5 个是正数第 {index5} 个 ')
```

运行结果如下。

```
倒数第 1 个是正数第 5 个
倒数第 2 个是正数第 4 个
倒数第 3 个是正数第 3 个
倒数第 4 个是正数第 2 个
倒数第 5 个是正数第 1 个
```

4.3.5 大于或等于运算符 ">="

">="为大于或等于运算符，如果左侧对象大于或等于右侧对象，则返回 True，否则返回 False。如果 a 的值大于或者等于 b，则 a >=b 返回 True，否则返回 False。语文考试及格成绩为 60 分，如果成绩大于或者等于 60 分，则成绩及格，否则成绩不及格。实现该功能的代码如下。

```
score = float(input('请输入你的分数 :'))
if score >= 60:
    print('恭喜你，考试通过！')
else:
    print('很遗憾，没有通过考试')
```

运行结果如下。

```
请输入你的分数 :60
恭喜你，考试通过！
```

4.3.6　小于或等于运算符 "<="

"<="运算符用于比较对象大小。如果 a 的值小于或者等于 b，则 a <=b 返回 True，否则返回 False。使用两种方式获取 20 以内的偶数，代码如下。

```
# 方式 1：使用列表解析式
list_val = [i for i in range(21) if i % 2 == 0]
print(list_val)
# 方式 2：使用循环遍历
list_val = []
num = 0
while num <= 20:
    if num % 2 == 0:            # 判断能否被 2 整除
        list_val.append(num)    # 将偶数追加到列表
    num += 1                    # 变量自增
print(list_val)
```

运行结果如下。

```
[0, 2, 4, 6, 8, 10, 12, 14, 16, 18, 20]
[0, 2, 4, 6, 8, 10, 12, 14, 16, 18, 20]
```

4.4　逻辑运算符

某手机店在每周二的上午 10 点至 11 点和每周五的下午 2 点至 3 点，举办某系列手机的折扣让利活动，那么想参加折扣让利活动的顾客，就要在时间上满足两个条件：周二 10:00 a.m. ~ 11:00 a.m.，周五 2:00 p.m. ~ 3:00 p.m.。这里用到了逻辑关系，Python 提供了相关的逻辑运算符来进行逻辑运算。

逻辑运算符用于对 True 和 False 两种布尔值进行运算，运算后的结果仍是一个布尔值。Python 的逻辑运算符主要包括 and（逻辑与）、or（逻辑或）、not（逻辑非）。表 4.4 所示为逻辑运算符的用法和说明。

表 4.4 逻辑运算符的用法和说明

运 算 符	含义	用法	结 合 方 向
and	逻辑与	op1 and op2	从左到右
or	逻辑或	op1 or op2	从左到右
not	逻辑非	not op	从右到左

使用逻辑运算符进行逻辑运算时，其运算结果如表 4.5 所示。

表 4.5 使用逻辑运算符进行逻辑运算的结果

表达式 1	表达式 2	表达式 1 and 表达式 2	表达式 1 or 表达式 2	not 表达式 1
True	True	True	True	False
True	False	False	True	False
False	False	False	False	True
False	True	False	True	True

例如，通过逻辑运算符模拟实现"参加手机店的折扣让利活动"，具体的实现方式如下。

在 IDLE 中创建一个名称为 sale.py 的文件，然后在该文件中，使用代码实现 4.4 节一开始描述的场景，代码如下。

```
print("\n手机店正在打折，活动进行中……")                    # 输出提示信息
strWeek = input("请输入中文星期（如星期一）：")              # 输入星期
intTime = int(input("请输入时间中的小时（范围：0~23）："))    # 输入时间
# 判断是否满足活动参与条件（使用了if条件语句）
if (strWeek == "星期二" and  (intTime >= 10 and intTime <= 11)) or (strWee
k == "星期五"
and (intTime >= 14 and intTime <= 15)):
        print("恭喜您，获得了折扣活动参与资格，快快选购吧！")     # 输出提示信息
    else:
        print("对不起，您来晚一步，期待下次活动……")              # 输出提示信息
```

代码说明如下。

（1）第 2 行代码中，input() 函数用于接收用户输入的字符串。

（2）第 3 行代码中，由于 input() 函数返回的结果为字符串类型，所以需要进行类型转换。

（3）第 5 行和第 7 行代码使用了 if...else 条件判断语句，该语句主要用来判断程序是否满足某种条件。该语句将在第 5 章进行详细讲解，这里只需要了解即可。

（4）第 5 行代码对条件进行了判断，使用了逻辑运算符 and、or 和比较运算符 ==、>=、<=。

按快捷键 <F5> 运行实例，首先输入星期为星期五，然后输入时间为 19，将显示图 4.1 所示的结果。

再次运行实例，首先输入星期为星期二，然后输入时间为 10，将显示图 4.2 所示的结果。

图 4.1　不符合条件的运行结果

图 4.2　符合条件的运行结果

> 💡 说明
>
> 　　本实例未对输入错误信息进行校验，所以为保证程序的正确性，请输入合法的星期和时间。另外，有兴趣的读者可以自行添加校验功能。

4.4.1　成员运算符

　　Python 中的成员运算符可判断一个指定的值是否为序列中的成员，如字符串、列表以及元组等。Python 有两个成员运算符，如表 4.6 所示。

表 4.6　Python 的成员运算符

运 算 符	含 义
in	如果在指定的序列中找到变量的值，则返回 True，否则返回 False
not in	如果在指定的序列中找不到变量的值，则返回 True，否则返回 False

　　例如，设置 a 的变量值为 1、b 的变量值为 10，然后创建名称为 list 的列表，最后通过成员运算符判断 list 列表中是否存在变量 a 与变量 b 所对应的值。代码如下。

```
a = 1    # 定义变量 a
b = 10   # 定义变量 b
list = [1, 2, 3, 4, 5]  # 创建 list 列表
# 变量 a 对应的值在 list 列表中
if a in list:
    print("变量 a 对应的值在 list 列表中！")
else:
    print("变量 a 对应的值不在 list 列表中！")
# 变量 b 对应的值不在 list 列表中
if b not in list:
    print("变量 b 对应的值不在 list 列表中！")
else:
    print("变量 b 对应的值在 list 列表中！")
```

　　运行结果如图 4.3 所示。

图 4.3　运行结果

4.4.2 身份运算符

身份运算符用于比较两个对象的内存地址是否一致。在 Python 中遇到 None 值比较时，建议使用 is 判断。Python 的身份运算符如表 4.7 所示。

表 4.7 Python 的身份运算符

运 算 符	含 义
is	判断两个标识符是不是引用同一个对象，x is y，类似 id(x) == id(y)
is not	判断两个标识符是不是引用不同对象，x is not y，类似 id(a) != id(b)

is 与 == 的区别在于，is 用于判断两个变量引用的对象是否为同一个，== 用于判断引用变量的值是否相等。代码如下。

```
stra = 100
strb = 100

if (stra  is stra):
   print ("stra 和 stra 相同 ")
else:
   print ("stra 和 stra 不相同 ")

if ( id(stra) == id(strb) ):
   print ("stra 和 stra 相同 ")
else:
   print ("stra 和 stra 不相同 ")
```

运行结果如下。

```
stra 和 strb 相同
stra 和 strb 相同
```

修改上面代码中 stra 的值为 31200，然后减去 100，看看变量是否相同。代码如下。

```
stra = 31200
strb = 31100
stra = 31200-100
if (stra  is strb):
   print ("stra 和 strb 相同 ")
else:
   print ("stra 和 strb 不相同 ")
if ( id(stra) == id(strb) ):
   print ("stra 和 strb 相同 ")
else:
   print ("stra 和 strb 不相同 ")
```

运行结果如下。

```
stra 和 strb 相同
stra 和 strb 相同
```

4.5　运算符的优先级

所谓运算符的优先级，是指在程序中哪一个运算符先计算，哪一个后计算，与数学的四则运算应遵循的"先乘除，后加减"是一个道理。

Python 的运算符的运算规则是：优先级高的运算符先执行运算，优先级低的运算符后执行运算，同一优先级的运算符按照从左到右的顺序进行运算。也可以像四则运算那样使用圆括号，括号内的运算最先执行。表 4.8 按从高到低的顺序列出了运算符的优先级。同一行中的运算符具有相同优先级，此时它们的结合方向决定求值顺序。

表 4.8　运算符的优先级

类　型	说　明
**	幂
~、+、-	取反、正号和负号
*、/、%、//	算术运算符
+、-	算术运算符
<<、>>	位运算符中的左移和右移
&	位运算符中的位与
^	位运算符中的位异或
|	位运算符中的位或
<、<=、>、>=、!=、==	比较运算符

! 多学两招

在编写程序时尽量使用圆括号"()"来限定运算次序，避免运算次序发生错误。

第 5 章

条件控制语句

程序中的选择语句，也称为条件语句，即按照条件选择执行不同的代码片段。Python 中的选择语句主要有 3 种形式，分别为 if 语句、if...else 语句和 if...elif...else 多分支语句。

5.1 最简单的 if 语句

Python 中使用 if 关键字来组成条件语句，其最简单的语法形式如下。

```
if 表达式：
    语句块
```

其中，表达式可以是单纯的布尔值或变量，也可以是比较表达式或逻辑表达式（如 a > b and a != c）。如果表达式为 True，则执行"语句块"；如果表达式为 False，则跳过"语句块"，继续执行后面的语句。这种形式的 if 语句相当于汉语里的关联词语"如果……就……"，其执行流程图如图 5.1 所示。

在条件语句的表达式中，经常需要进行逻辑判断、比较操作和布尔运算，它们是条件语句的基础，掌握了它们才能够更好地运用条件语句。条件语句中经常用到比较运算符。

1. 条件相等判断（彩票中奖判断）

如果你购买了一张彩票，现在中奖号码公布出来了，是号码"432678"，那么用 if 语句可以判断是否中奖。用 if 语句实现方法如下。

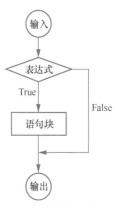

图 5.1 最简单的 if 语句的执行流程图

```
number = int(input(" 请输入您的 6 位彩票号码：" ))        # 输入彩票号码
if number  == 432678 :                          # 判断是否符合条件，即判断输入的彩票号码
是否等于 432678
    print(number," 你中了本期大奖，请速来领奖！！")     # 等于中奖号码，输出中奖信息
if number  != 432678 :                          # 判断是否符合条件，即判断输入的彩票号码
是否等于 432678
    print(number," 你未中本期大奖！！")            # 不等于中奖号码，输出未中奖信息
```

2. 条件大于或等于判断（按商品销量分类判断）

在实际商品销售中，经常需要对商品价格、销量进行分类，如日销量大于或等于 100 的商品，可以用 A 来表示。用 if 语句实现方法如下。

```
data = 105                          # 商品日销量为 105
if data >=100 :                     # 判断是否符合条件，即判断日销量是否大于
或等于 100
    print(data," 此商品为 A 类商品！！")    # 大于或等于 100 时，输出 A 类商品信息
```

如果商品日销量小于 100，可以用 B 来表示。用 if 语句实现方法如下：

```
data =65                          # 商品日销量为 65
if data < 100 :                   # 判断是否符合条件，即判断日销量是否小于
100
    print(data," 此商品为 B 类商品！！")    # 小于 100，输出 B 类商品信息
```

3. 条件是否包含判断（成员资格判断）

开发程序时，有时需要判断某些元素是否在一定范围内，可以使用 in 或者 not in。如在判断用户输入时，经常需要判断用户输入的是数字还是字符，即对输入进行验证。如要求用户输入一个小写字母，如果输入正确，则提示用户"输入正确，将进入下一步操作"。用 if 语句实现方法如下。

```
number = input(" 请输入一个小写字母：")       # 要求输入小写字母
if number  in range(97,123) :              # 如果输入符合条件，即输入小写字母
    print(" 输入正确，将进入下一步操作！！")    # 输出"输入正确，将进入下一步操作！！"
```

如果要求用户输入的是数字（0 ~ 9 的数字），输入非法字符则提示用户重新输入。用 if 语句实现方法如下。

```
Number=[0,9]
if ord(input(" 请输入一个数字：")) not in range(48,58):
 print(" 您输入错误，请重新输入！！")
```

4. 逻辑判断查询（中奖电话尾数查询）

有时可以直接利用相应方法的真值进行逻辑判断。如果条件为真，就执行后续代码块；如果条件为假，就不执行。例如，要求用户输入自己电话号码的 3 位尾数，如果尾数输入为 301，则提示用户"祝贺您获得特等奖"。用 if 语句实现方法如下。

```
phone = input("请输入您的手机号码: ")        # 要求输入数字
if phone.endswith('301'):                    # endswith() 方法 用于判断电话号码是否
以指定尾数结尾
    print("祝贺您获得特等奖！！")              # 输出"祝贺您获得特等奖！！"
```

如果要求用户输入的是数字（0 ~ 9 的数字），输入非法字符则提示用户重新输入。用 if 语句实现方法如下。

```
Number=[0,9]
While true:
    number = int(input("请输入一个数字: "))      # 要求输入 0 ~ 9 中的一个数字
    if number not in range(0,9) :                # 如果不符合条件，即输入非数字
    print("您输入错误，请重新输入！！")            # 输出"您输入错误，请重新输入！！"
```

💡 **说明**

使用 if 语句时，如果只有一条语句，语句块可以直接写到"："的右侧，如下面的代码。

```
if a > b:max = a
```

但是，为了程序代码的可读性，建议不要这么做。

🔍 **常见错误**

if 语句后面未加冒号，如下面的代码。

```
number = 5
if number == 5
    print("number 的值为 5")
```

运行后，将产生图 5.2 所示的语法错误。

解决的方法是在第 2 行代码的结尾处添加英文半角的冒号。正确的代码如下。

```
number = 5
if number == 5:
    print("number 的值为 5")
```

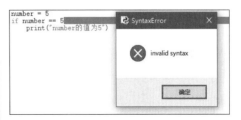

图 5.2　语法错误

使用 if 语句时，可能在符合条件时，需要执行多条语句，如以下语句。

```
if bmi<18.5:
    print(" 您的 BMI 为: "+str(bmi))            # 输出 BMI
    print(" 您的体重过轻 ~@_@~")
```

但是，第 2 条输出语句没有缩进，代码如下。

```
if bmi<18.5:
    print(" 您的 BMI 为: "+str(bmi))            # 输出 BMI
print(" 您的体重过轻 ~@_@~")
```

运行程序时，无论 BMI 的值是否小于 18.5，都会输出您的体重过轻 ~@_@~。这显然与程序的本意是不符的，但程序并不会报告异常，因此这种漏洞（bug）很难被发现。

5.2　if...else 语句

生活中经常遇到二选一的问题，例如：明天如果下雨，就去看电影，否则就去踢足球；如果密码输入正确，就进入网站，否则需要重新输入密码；如果购物超过 200 元，就可以返 100 元购物券，否则就只能参加加钱换购活动。

Python 提供了 if...else 语句解决类似问题，其语法格式如下。

```
if 表达式:
    语句块 1
else:
    语句块 2
```

使用 if...else 语句时，表达式可以是单纯的布尔值或变量，也可以是比较表达式或逻辑表达式。如果满足条件，则执行 if 后面的语句块，否则执行 else 后面的语句块。这种形式的条件语句相当于汉语里的关联词语"如果……否则……"，其执行流程图如图 5.3 所示。

图 5.3　if...else 语句的执行流程图

1. 条件是否相等判断（网站登录用户名称判断）

在登录网站时，通常需要输入用户名称和密码，然后验证是否为网站注册用户。现在使用 if...else 语句来判断用户输入的用户名称是否正确。假设用户名称为 mingri，用户输入正确时输出"正在登录网站，请稍候！"，如果输入不正确，则输出"输入用户名称有误！"。

```
user = int(input("用户名称: "))                 # 输入用户名称
 # 判断是否正确, 即判断输入用户名称是否等于 mingri
if user== "mingri" :
    print("正在登录网站, 请稍候! ")               # 输入等于 mingri, 输出"正在登录网站,
请稍候! "
else:
    print("输入用户名称有误! ")                  # 输入错误, 输出"输入用户名称有误! "
```

2. 多条件逻辑与判断（网站登录用户名称和登录密码判断）

上面的代码只对用户名称进行了验证, 下面同时对用户名称和登录密码进行验证, 这时需要使用 and 运算符, 代码如下。

```
myuser="mingri"                              # 网站注册用户名称
mypwd="888888"                               # 网站注册登录密码
user = input("用户名称:")
pwd = input("登录密码:")
# 判断用户名称和用户密码正确, 即判断输入用户名称是否等于 mingri
if user == myuser and pwd == mypwd:
    print ("恭喜你, 登录成功! ")
else:
    print ("登录失败! ")
```

3. 分类条件判断（商品销量类别判断）

若商品月销量大于或等于 2000, 用 A 来表示, 否则用 B 来表示。用 if...else 语句实现方法如下。

```
data = 3000                      # 商品月销量为 3000
if data >= 2000 :                # 判断是否符合条件, 即判断月销量是否大于或等于
2000
    print(data,"此商品为 A 类商品!! ")    # 大于或等于 2000 时, 输出 A 类商品信息
else:                            # 判断是否符合条件, 即判断月销量是否小于 2000
    print(data,"此商品为 B 类商品!! ")    # 小于 2000 时, 输出 B 类商品信息
```

4. 成员资格判断（判断输入是否为数字）

如果进行一定范围内的数据判断, 如何实现呢? 例如, 要求用户智能输入 0 ~ 9 的一个数字, 输入正确提示"输入正确, 你真棒! ", 否则提示"输入不正确, 请重新输入! "。实现代码如下。

```
Number=[0,9]
if ord(input("请输入一个数字: ")) in range(48,58):
    print("输入正确, 你真棒! ")
else:
    print("输入不正确, 请重新输入! ")
```

5. 两次输入是否相等判断（输入密码与确认密码判断）

在注册某个网站时，不但需要输入密码，还需要判断确认密码与输入密码是否一致，如图 5.4 所示。实现代码如下。

```
pwd = input("输入密码：").strip()          # 要求输入密码，strip()方法用于去除空格
repwd = input("确认密码：").strip()        # 要求输入确认密码，strip()方法用于去除空格
if pwd == repwd :                          # 判断是否一致
    print("密码输入正确！")               # 输出"密码输入正确！"
else:
    print("确认密码与输入密码不一致！")    # 输出"确认密码与输入密码不一致！"
```

运行程序，输入一致的运行结果如图 5.5 所示，输入不一致的运行结果如图 5.6 所示。

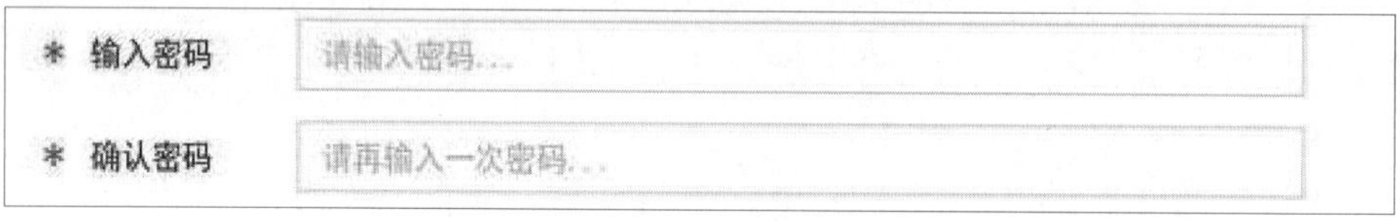

图 5.4　某网站注册时的输入密码与确认密码界面

图 5.5　输入一致时提示密码输入正确

图 5.6　输入不一致时提示确认密码与输入密码不一致

6. 多条件逻辑或判断（编程语言成绩是否通过查询）

假设有两个条件，只要满足一个条件就为真，否则为假。例如，某大学大二上学期编程语言考试成绩查询，只要 C 语言课程考试成绩大于或等于 60，就输出"你通过本学期编程语言课程考试！"，否则输出"你没有通过本学期编程语言课程考试！"。如图 5.7、图 5.8 所示。实现代码如下。

```
# 要求输入C语言考试成绩，并用int()函数转换成整数
python=int(input("输入C语言考试成绩："))
# 要求输入Python考试成绩，并用int()函数转换成整数
  c=int(input("输入Python考试成绩："))
if c>= 60 or python >= 60:
    print("你通过本学期编程语言课程考试！")
else:
    print("你没有通过本学期编程语言课程考试！")
```

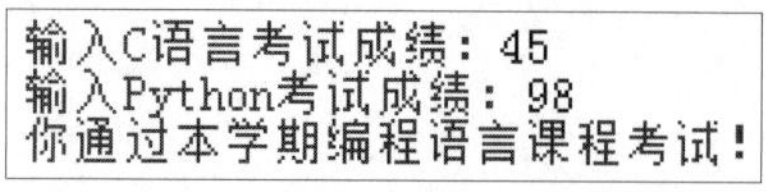

图 5.7　通过编程语言学期考试

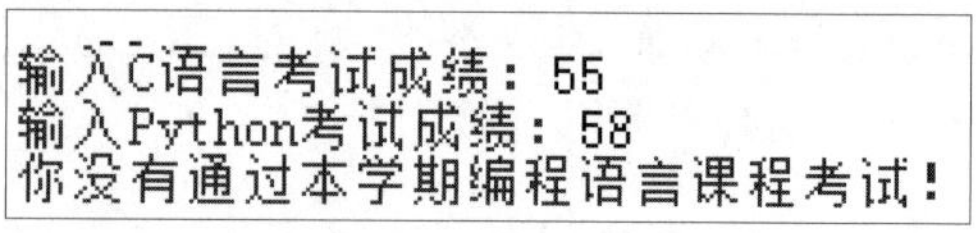

图 5.8　没有通过编程语言学期考试

7. 逻辑判断查询（判断列表是否为空）

规范用户输入数据时使用空格进行分隔，可以使用 strip() 方法将用户输入数据转换为列表，如果列表不为空，则纵向输出用户输入的数据，否则输出"你的输入为空"。判断列表是否为空，可以直接将列表放到 if 语句后进行逻辑判断，若为真，则为非空列表，否则为空列表。实现代码如下。

```
num=input("请输入几个字符，用空格分隔: ")       # 要求输入总成绩，并用 int() 函数将其
转换成整数
if num.strip("")=="":
    list=[]
else:
    list=num.split(" ")
if list:
    print("你的输入为: \n" +("\n").join(list))
else:
    print("你的输入为空")
```

运行程序，列表不为空的运行结果如图 5.9 所示，列表为空的运行结果如图 5.10 所示。

```
请输入几个字符，用空格分隔: facebook oracle microsoft google
你的输入为:
facebook
oracle
microsoft
google
```

图 5.9　列表不为空的运行结果

```
请输入几个字符，用空格分隔:
你的输入为空
```

图 5.10　列表为空的运行结果

✎ 技巧

if...else 语句可以使用条件表达式进行简化，如下面的代码。

```
a = -9
if a > 0:
    b = a
else:
    b = -a
print(b)
```

可以简写成:

```
a = -9
b = a if a>0 else -a
print(b)
```

上段代码主要用于实现求绝对值的功能，如果 a > 0，就把 a 的值赋给变量 b，否则将 -a 的值赋给变量 b。使用条件表达式的好处是可以使代码简洁，并且有一个返回值。

5.3　if...elif...else 语句

前面讲了商品月销量大于或等于 2000 时，判断类别为 A 类商品，否则为 B 类商品。但在实际的商品销售中，仅仅判断出类别往往是不够的。例如，某公司的图书在京东商城的销量 7 天 band、点击 7 天 band 的部分数据如图 5.11 所示。

商品编号	商品名称	销量7天band	点击7天band
12353915	零基础学Python（全彩版）	A	A
12250414	零基础学C语言（全彩版 附光盘小白手册）	A	B
12185501	零基础学Java（全彩版）（附光盘小白手册）	B	B
12163145	C语言项目开发实战入门（全彩版）	B	B
12163091	Java项目开发实战入门（全彩版）	B	B
12271986	零基础学C#（全彩版 附光盘 小白实战手册）	B	B
12163105	Android项目开发实战入门（全彩版）	B	C
12163129	C#项目开发实战入门（全彩版）	C	B
12163151	JavaWeb项目开发实战入门（全彩版）	C	B

图 5.11　销量和点击数据

商品 7 天的销量达到多少是 A，达到多少是 B，达到多少是 C，这是京东的商业秘密，我们无法知晓。为了实现类似的销量分类，我们可以这样规定，销量大于或等于 1000，为 A；销量小于 1000、大于或等于 500，为 B；销量小于 500、大于或等于 200，为 C；销量小于 200 为 D。这样是不是有点复杂？这时候可以使用 if...elif...else 语句，该语句是一个多分支选择语句，通常表现为"如果满足某种条件，进行某种处理；如果满足另一种条件，则执行另一种处理"。if...elif...else 语句的语法格式如下。

```
if 表达式 1:
    语句块 1
elif 表达式 2:
    语句块 2
elif 表达式 3:
    语句块 3
...
else:
    语句块 n
```

使用 if...elif...else 语句时，表达式可以是单纯的布尔值或变量，也可以是比较表达式或逻辑表达式。如果表达式为真，执行语句；如果表达式为假，则跳过该语句，进行下一个 elif 的判断。只有在所有表达式都为假的情况下，才会执行 else 中的语句。if...elif...else 语句的执行流程图如图 5.12 所示。

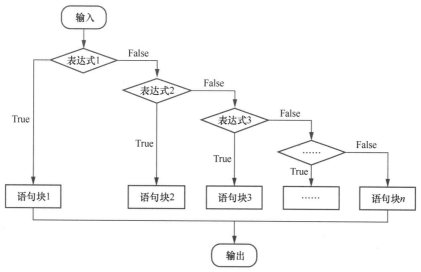

图 5.12 if…elif…else 语句的执行流程图

1. 四级选择条件判断（商品销售等级分类）

下面用代码实现将某公司的图书根据在京东商城的 7 天销量进行分类，即根据输入商品 7 天的销量，输出该商品销量属于 A、B、C、D 哪一个级别。

```
number = int(input("请输入商品 7 天销量："))  # 输入某个商品 7 天的销量
if number >= 1000:                           # 判断是否符合条件，即判断输入销量是否大于或
等于 1000
    print("本商品 7 天销量为 A！！")             # 大于或等于 1000，输出销量评价
elif number >= 500:                          # 判断是否符合条件，即判断输入销量是否大于或
等于 500
    print("本商品 7 天销量为 B！！")             # 大于或等于 500，输出销量评价


elif number >=300:                           # 判断是否符合条件，即判断输入销量是否大于或
等于 300
    print("本商品 7 天销量为 C！！")             # 大于或等于 300，输出销量评价
else:                                        # 判断是否符合条件，即判断输入销量是否小于 300
    print("本商品 7 天销量为 D！！")             # 小于 300，输出销量评价
```

如果输入商品的销量大于或等于 1000，则输出"本商品 7 天销量为 A！！"；如果低于 300，则输出"本商品 7 天销量为 D！！"。

> ⚡注意
>
> if 和 elif 都需要判断表达式的真假，而 else 不需要判断。另外，elif 和 else 都必须和 if 一起使用，不能单独使用。

2. 五级复合选择条件判断（根据输入判断年龄阶层）

当大家还在谈论 00 后、10 后的时候，20 后已经出生了。要求根据输入的出生年份，判断属于哪个年龄阶层。例如：输入 1985，输出"您属于 80 后，任重道远！"；输入 1978，输出"您属于 70 后，老骥伏枥！"；输入 1997，输出"您属于 90 后，劈波斩浪！"；输入 2000，输出"您属于 00 后，柳暗花明！"；输入 2012，输出"您属于 10 后，前程似锦！"。实现代码如下。

```python
year = int(input('请输入您的出生年份：\n '))
if year >= 2010:
    print('您属于 10 后，前程似锦！ ')
elif 2010>year>=2000:
    print('您属于 00 后，柳暗花明！ ')
elif 2000>year >=1990:
    print('您属于 90 后，劈波斩浪！ ')
elif 1990>year >=1980:
    print('您属于 80 后，任重道远！ ')
elif 1980>year >=1970:
    print('您属于 70 后，老骥伏枥！ ')
```

上面代码需要注意的是年份范围的控制，如 00 后的年份范围写成 2010>year > =2000，边界不能包括 2010，但必须包括 2000。选择条件 2010>year > =2000 也可以写成 year > =2000 and year <2010。另外 elif 语句也可以用 else...if 语句替代，只是代码会变得比较复杂，可读性会变差。用 else...if 语句实现代码如下。

```python
year = int(input('请输入您的出生年份：\n '))
if year>=2010:
    print('您属于 10 后，前程似锦！ ')
else:
    if 2010>year>=2000:
        print('您属于 00 后，柳暗花明！ ')
    else:
        if 2000>year>=1990:
            print('您属于 90 后，劈波斩浪！ ')
        else:
            if 1990>year>=1980:
                print('您属于 80 后，任重道远！ ')
            else:
                if 1980>year>=1970:
                    print('您属于 70 后，老骥伏枥！ ')
```

3. 循环条件判断（数字猜谜游戏）

编写一个数字猜谜游戏，如果用户输入的数字小于指定数字，则提示"猜的数字小了……"；如果用户输入的数字大于指定数字，则提示"猜的数字大了……"；如果输入的数字等于指定数字，则提示"恭喜，你猜对了！"。为实现循环，可使用 while 循环语句和 if 语句进行配合。实现代码如下。

```
number = 15
guess = -1
print("数字猜谜游戏！")
while guess != number:
    guess = int(input("请输入你猜的数字："))
    if guess == number:
        print("恭喜，你猜对了！")
    elif guess < number:
        print("猜的数字小了。")
    elif guess > number:
        print("猜的数字大了。")
```

5.4　if 语句的嵌套

前面介绍了 3 种形式的 if 语句，这 3 种形式的 if 语句之间都可以进行互相嵌套。

在简单的 if 语句中嵌套 if...else 语句，形式如下。

```
if 表达式 1:
    if 表达式 2:
        语句块 1
    else:
        语句块 2
```

在 if...else 语句中嵌套 if...else 语句，形式如下。

```
if 表达式 1:
    if 表达式 2:
        语句块 1
    else:
        语句块 2
else:
    if 表达式 3:
        语句块 3
    else:
        语句块 4
```

1. 两级嵌套选择语句（坐标象限判断）

平面直角坐标系中 x 轴和 y 轴将坐标系划分出 4 个区域，每一个区域都是一个象限。象限以原点为中心，以 x、y 轴为分界线。右上的区域称为第一象限（$x>0$，$y>0$），左上的区域称为第二象限（$x<0$，$y>0$），左下的区域称为第三象限（$x<0$，$y<0$），右下的区域称为第四象限（$x>0$，$y<0$）。坐标轴上的点不属于任何象限，象限关系如图 5.13 所示。如果要编写一个程序，根据用户输入的坐标，判断其属于第几象限，可以使用 if 嵌套语句来对输入的 x 值、y 值进行判断，从而实现对输入坐标所属象限的判定。设计坐标象限判断算法如图 5.14 所示，根据算法，编写代码如下。

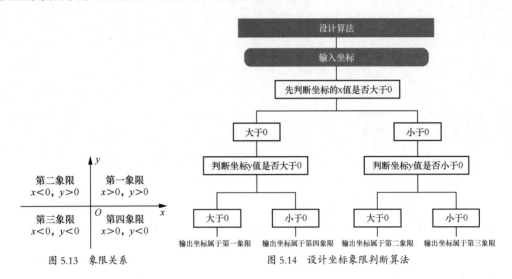

图 5.13 象限关系　　　　　　　　图 5.14 设计坐标象限判断算法

```python
x = int(input("请输入 x 坐标: "))    # 输入坐标的 x 值
y = int(input("请输入 y 坐标: "))    # 输入坐标的 y 值
if x > 0:
    if y>0:                         # 如果 x>0, y>0, 则坐标属于第一象限
        print("坐标属于第一象限! ")
    else:                           # 如果 x>0, y<0, 则坐标属于第四象限
        print("坐标属于第四象限! ")
else:
    if y>0:                         # 如果 x<0, y>0, 则坐标属于第二象限
        print("坐标属于第二象限! ")
    else:                           # 如果 x<0, y<0, 则坐标属于第三象限
        print("坐标属于第三象限! ")
```

运行程序，输入坐标，运行结果如图 5.15、图 5.16 所示。

```
请输入x坐标: -200
请输入y坐标: 600
坐标属于第二象限!
```

```
请输入x坐标: 300
请输入y坐标: -700
坐标属于第四象限!
```

图 5.15　$x<0$，$y>0$，坐标属于第二象限　　　图 5.16　$x>0$，$y<0$，坐标属于第四象限

2. 多级嵌套选择语句（产品销售类别判断）

下面使用 if 嵌套语句实现根据商品 7 天的销量数据输出销量分类，即根据输入商品 7 天的销量数据，输出该商品 7 天销售 band 属于 A、B、C、D 哪一个类别。代码如下。

```
number = int(input("请输入商品 7 天销量: "))   # 输入某个商品 7 天的销量
if number >= 1000:                           #  判断是否符合条件, 即判断输入销量是
否大于或等于1000
    print("本商品 7 天销量为 A！！ ")          # 大于或等于1000, 输出销量评价
else:
    if number >= 500:                        #  判断是否符合条件, 即判断输入销量是
否大于或等于 500
        print("本商品 7 天销量为 B！！ ")      # 大于或等于 500, 输出销量评价
    else :
        if number >= 300:                    #  判断是否符合条件, 即判断输入销量是
否大于或等于 300
            print("本商品 7 天销量为 C！！ ")  # 大于或等于 300, 输出销量评价
        else:                                #  判断是否符合条件, 即判断输入销量是
否小于 300
            print("本商品 7 天销量为 D！！ ")  # 小于 300, 输出销量评价
```

如果输入商品的销量大于或等于1000,则输出"本商品7天销量为A！！";如果低于300,则输出"本商品7天销量为D！！"。

3."循环 +if"嵌套选择语句（出租车运营里程计费的实现）

某城市出租车计费方式为: 出租车起步价 8 元, 包含 2 千米; 超过 2 千米的部分, 每千米收取 1.5 元; 超过 12 千米的部分, 每千米收取 2 元。利用 if 嵌套语句实现输入行驶里程, 计算出需要支付的费用。设计算法如图 5.17 所示, 根据算法编写代码如下。

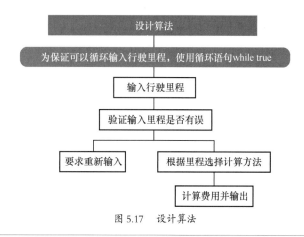

图 5.17 设计算法

```
while True:
    mileage = float(input('请输入行驶的千米数: '))
    if mileage <= 0:
        print('行驶千米数输入错误，请重新输入: ')
    else:
        if mileage <= 2 and mileage > 0:
            print('行驶里程为: '+ str(mileage) +' 千米，您需要支付 8 元车费！ ')
        if mileage >2 and mileage <= 12:
            cost = 8 + (mileage - 2) * 1.5
```

```
        print(' 行驶里程为: '+str(mileage) + ' 千米，您需要支付 %s'%cost,' 元
车费！ ')
    if mileage > 12:
        cost = 8 +(12 - 2) * 1.5 + (mileage -12)*2
        print(' 行驶里程为: '+str(mileage) + ' 千米，您需要支付 %s'%cost,' 元车
费！')
```

运行程序，输入行驶的里程，运行结果如图 5.18 所示。

```
请输入行驶的千米数: 3
行驶里程为: 3.0千米，您需要支付 9.5 元车费！
请输入行驶的千米数: 12
行驶里程为: 12.0千米，您需要支付 23.0 元车费！
请输入行驶的千米数: 2
行驶里程为: 2.0千米，您需要支付8元车费！
请输入行驶的千米数:
```

图 5.18　出租车车费计算

> 💡 说明
>
> if 语句可以有多种嵌套方式，开发程序时可以根据自身需要选择合适的嵌套方式，但一定要严格控制好不同级别代码块的缩进量。

5.5　使用 and 连接条件的 if 语句

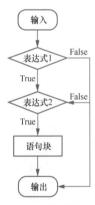

在实际工作中，经常会遇到需要同时满足两个或两个以上条件才能执行 if 后面的语句块的情况，其流程图如图 5.19 所示。

and 是 Python 的逻辑运算符，可以使用 and 进行多个条件的判断。只有同时满足多个条件，才能执行 if 后面的语句块。例如，年龄在 18 周岁以上 70 周岁以下的人，可以申请小型汽车驾驶证。上述内容可以分解为如下两个条件。

① 年龄在 18 周岁以上，即"年龄 >=18"。

② 年龄在 70 周岁以下，即"年龄 <=70"。

使用 and 来实现这两个条件的判断，输入满足条件的年龄，使用 print() 函数输出"您可以申请小型汽车驾驶证！"，代码如下。

图 5.19　满足两个条件的流程图

```
age = int(input("请输入您的年龄: "))              # 输入年龄
if age >= 18  and age <= 70:                      # 输入年龄是否为 18 ~ 70
    print("您可以申请小型汽车驾驶证！ ")          # 输出 "您可以申请小型汽车驾驶证！ "
```

其实，不用 and，只用 if 嵌套语句，也可以实现上面的效果，代码如下。

```
age = int(input("请输入您的年龄："))          # 输入年龄
if age  >= 18 :                                           # 输入年龄是否为 18~70
    if age  <= 70:
        print("您可以申请小型汽车驾驶证！")     # 输出 "您可以申请小型汽车驾驶证！"
```

求除以三余二、除以五余三、除以七余二的（最小）数，可利用 and 连接多个条件语句实现，代码如下。

```
print("今有物不知其数，三三数之剩二，五五数之剩三，七七数之剩二，问物几何？ \n")
number = int(input("请输入您认为符合条件的数："))          # 输入一个数
if number%3 == 2 and number%5 == 3 and number%7 == 2: # 判断是否符合条件
    print(number,"符合条件：三三数之剩二，五五数之剩三，七七数之剩二")
```

运行程序，当输入 23 时，结果如图 5.20 所示。

当输入 17 时，结果如图 5.21 所示。

图 5.20　输入的是符合条件的数

图 5.21　输入的是不符合条件的数

💡 说明

当输入的是不符合条件的数时，程序没有任何反应，读者可以自己编写相关代码解决该问题。

and 和 if 语句的应用（计算游艇的车船使用税）

我国的车船使用税实行定额税率。定额税率，也称固定税额，是税率的一种特殊形式。定额税率计算简便，是适宜从量计征的税种。由于船舶与车辆的行驶情况不同，它们的使用税的税额计算方式也有所不同。例如，游艇是按照艇长计算车船税的，具体税额计算方式如下：

（1）艇身长度不超过 10 米的游艇，每米 600 元；

（2）艇身长度超过 10 米但不超过 18 米的游艇，每米 900 元；

（3）艇身长度超过 18 米但不超过 30 米的游艇，每米 1300 元；

（4）艇身长度超过 30 米的游艇，每米 2000 元 。

编写程序，根据输入游艇的长度，计算该游艇的车船使用税。

```
tax=0
long = float(input('请输入游艇的长度：\n '))
if long<=10 :
    tax=format(long * 600,'.2f')
elif long>10 and long<=18:
    tax=format(long * 900,'.2f')
elif long>18 and long<=30:
    tax=format(long * 1300,'.2f')
```

```
elif long>30:
    tax=format(long * 2000,'.2f')
print('该游艇的车船使用税为: '+tax+' 元 ')
```

运行程序，当输入 20 和 58 时，结果如图 5.22、图 5.23 所示。

请输入游艇的长度：
　20
该游艇的车船使用税为：26000.00元

图 5.22　20 米游艇的车船使用税

请输入游艇的长度：
　58
该游艇的车船使用税为：116000.00元

图 5.23　58 米游艇的车船使用税

5.6　使用 or 连接条件的 if 语句

有时，会遇到只要满足两个或两个以上条件之一，就能执行 if 后面的语句块的情况，如图 5.24 所示。

or 是 Python 的逻辑运算符，可以使用 or 进行多个条件的判断。只要满足一个条件，就可以执行 if 后面的语句块。例如，将日销量低于 10 的商品、高于 100 的商品，列为重点关注商品。可使用 or 来实现两个条件的判断，输入满足条件的日销量，使用 print() 函数输出"该商品为重点关注商品"，代码如下。

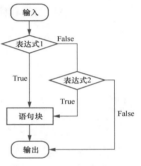

图 5.24　满足两个条件之一的流程图

```
sales = int(input("请输入商品日销量 "))      # 输入商品日销量
if sales < 10 or sales > 100:              # 判断条件
    print("该商品为重点关注商品 ")          # 输出"该商品为重点关注商品"
```

不用 or 语句，只用两个简单的 if 语句，也可以实现上面的效果，代码如下。

```
sales = int(input("请输入商品日销量 "))      # 输入商品日销量
if sales < 10 :                           # 判断条件
    print("该商品为重点关注商品 ")          # 输出"该商品为重点关注商品"
if sales > 100:                           # 判断条件
    print("该商品为重点关注商品 ")          # 输出"该商品为重点关注商品"
```

5.7　使用 not 的 if 语句

在实际开发中，可能面临如下情况。

✅ 如果变量值不为空值，则输出"You win！"（你赢了！），否则输出"You lost！"（你输了！）。

✅ 密码输入中，输入的非数字均被视为非法输入。

开发中可使用 not 来进行判断。not 为逻辑运算符，与 if 连用时，若 not 后面的表达式为 False，执行第一个冒号后面的语句。例如下面的代码。

```
data = None
if not data:                        # 代码并没有为 data 赋值，所以 data 是空值，即
data 为 False
    print("You lost!")              # 输出结果为 "You lost!"
else:
    print("You win!")               # 输出结果为 "You win!"
```

本程序的输出结果为"You lost！"。特别注意：not 后面的表达式为 False 的时候，执行第一个冒号后面的语句，所以 not 后面的表达式的值尤为关键。如果在代码前加入：

```
data ="a"
```

则输出结果为"You win！"。

💡 **说明**

在 Python 中，False、None、空字符串、空列表、空字典、空元组都相当于 False。

第 6 章

循环结构语句

日常生活中有很多问题都无法一次解决，如盖楼，所有高楼都是一层一层地垒起来的，还有一些事物必须要周而复始地运转才能保证其存在的意义，如公交车、地铁等交通工具必须每天往返于始发站和终点站。类似这样反复做同一件事的情况，称为循环。循环主要有以下两种类型。

（1）重复一定次数的循环，称为计次循环，如 for 循环。

（2）一直重复，直到条件不满足时才结束的循环，称为条件循环。只要条件为真，这种循环会一直持续下去，如 while 循环。

6.1 基础 for 循环

for 循环是计次循环，通常适用于枚举或遍历序列，以及迭代对象中的元素，一般应用在循环次数已知的情况下。其语法格式如下。

```
for 迭代变量 in 对象：
    循环体
```

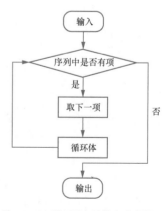

其中，迭代变量用于保存读取出的值；对象为要遍历或迭代的目标，该对象可以是任何有序序列，如字符串、列表和元组等；循环体为一组被重复执行的语句。

for 循环语句的执行流程图如图 6.1 所示。

我们用现实生活中的例子来理解 for 循环语句的执行流程。在体育课上，体育老师要求同学们排队进行踢毽球测试，每个同学只有一次机会，毽球落地则换另一个同学测试，直到全部同学都测试完毕，

图 6.1　for 循环语句的执行流程图

即循环结束。

6.1.1　进行数值循环

for 循环最基本的应用之一就是进行数值循环，数值循环可以帮助我们解决很多重复的输入或计算问题。例如，可以利用数值循环按顺序批量输出带 3 位数字的档案编号，代码如下。

```
for num in "12345":                    # for 语句循环从"12345"取值给 num
    print('档案编号 DS'+num.zfill(3))   # zfill(3) 方法设置生成 3 位编号的字符串
```

运行结果如图 6.2 所示。

上面的代码中 for 循环语句从"12345"中取字符串"1""2""3""4""5"给变量 num，要生成指定位数编号，最简单的方式之一是使用 zfill() 方法。zfill() 方法可返回指定长度的字符串，并使原字符串右对齐，即前面填充 0，如 '1'.zfill(3) 的值为 001、'1'.zfill(4) 的值为 0001。

档案编号DS001
档案编号DS002
档案编号DS003
档案编号DS004
档案编号DS005

图 6.2　运行结果

在上面的代码中，把字符串"12345"换成元组（"1"，"2"，"3"，"4"，"5"），运行程序。发现程序正常运行。把"12345"换成元组 (1,2,3,4,5) 呢？运行程序会出现图 6.3 所示的错误。分析原因：因为元组 (1,2,3,4,5) 内的元素是数字元素，所以变量 num 每次的取值也是数字，需要使用 str() 函数将其转为字符串，然后使用 zfill() 方法生成 3 位编号的字符串。

```
AttributeError: 'int' object has no attribute 'zfill'
```

图 6.3　运行结果

利用数值循环输出列表的值，如输出 ["自强不息"，"厚德载物"] 中的值，代码如下。

```
for i in ["自强不息","厚德载物"]:
    print(i)                           # 输出"自强不息""厚德载物"
```

运行结果如下。

```
自强不息
厚德载物
```

6.1.2　利用 range( ) 函数强化循环

利用列表可以输出一些简单重复的内容，但如果循环次数过多，例如从 1 到 20 的累乘该如何实现呢？这时就需要使用 range() 函数了。利用 range() 函数实现的代码如下。

```
result=1
for i in range(1,21):
    result *=(i+1)                              # 实现累乘功能
print("计算 1*2*3*...*21 的结果为："+str(result))   # 在循环结束时输出结果
```

运行结果如下。

输出计算 1*2*3*…*21 的结果为：51090942171709440000

在上面的代码中，使用了range()函数，该函数是 Python 内置的函数，可用于生成一系列连续的整数，且多用于 for 循环语句中。其语法格式如下。

```
range(start,end,step)
```

参数说明如下。

- ✅ start：用于指定计数的起始值，可以省略，如果省略则从 0 开始。
- ✅ end：用于指定计数的结束值（但不包括该值，如 range(7) 得到的值为 0 ~ 6，不包括 7），不能省略。当 range() 函数中只有一个参数时，表示指定计数的结束值。
- ✅ step：用于指定步长，即两个数之间的间隔，可以省略，如果省略则表示步长为 1。例如，rang(1,7) 将得到 1、2、3、4、5、6。

> **⚡ 注意**
>
> 在使用 range() 函数时，如果只有一个参数，那么表示的是 end；如果有两个参数，则表示的是 start 和 end；只有 3 个参数都存在时，最后一个才表示步长。

例如，使用下面的 for 循环语句，将输出 10 以内的所有奇数。

```
for i in range(1,10,2):
    print(i,end = ' ')
```

运行结果如下。

```
1 3 5 7 9
```

> **！多学两招**
>
> 在 Python 2.x 中，如果想让输出的内容在一行上显示，可以在后面加上逗号（如 print i,）；但是在 Python 3.x 中，使用 print() 函数时不能直接加逗号，需要加上 ",end = '分隔符'"，在上面的代码中使用的分隔符为一个空格。

> **💡 说明**
>
> 在 Python 2.x 中，除提供了 range() 函数外，还提供了一个 xrange() 函数，用于解决 range() 函数会不经意间消耗掉所有可用内存的问题，而在 Python 3.x 中删除了 xrange() 函数。

使用 range() 函数，计算 1 ~ 100 的累加。设置起始值为 1，结束值为 101（不包含 101，所以范围是 1 ~ 100），编写代码如下。

```
result=0
for i in range(1,101):
    result+=i                                   # 实现累加功能
print("计算 1+2+3+...+100 的结果为: "+str(result))   # 在循环结束时输出结果
```

运行结果如下。

输出计算 1+2+3+…+100 的结果为：5050

上面代码的 range(1,101) 也可以省略起始值 1，即 range(101)，代码如下。

```
result=0
for i in range(101):
    result+=i                                    # 实现累加功能
print(" 计算 1+2+3+...+100 的结果为: "+str(result))   # 在循环结束时输出结果
```

使用 range() 函数，计算 1 到 500 中 5 的倍数的累加。设置起始值为 0，结束值为 501，步长为 5（不包含 501，所以范围是 0 ~ 500），编写代码如下。

```
result=0
for i in range(0,501,5):
    result+=i                                        # 实现累加功能
print(" 计算 1 到 500 中所有 5 的倍数的和为: "+str(result))   # 在循环结束时输出结果
```

运行结果如下。

输出计算 1 到 500 中所有 5 的倍数的和为：25250

使用 range() 函数，如果步长为负值，那么起始值要设置得大于结束值。例如，计算 50 到 10 的累加，步长为 -2，编写代码如下。

```
result=0
for i in range(50,10,-2):
    result+=i                                         # 实现累加功能
print(" 计算 10（不包括 10）到 50 的累加结果为: "+str(result))   # 在循环结束时输出结果
```

运行结果如下。

输出计算 10（不包括 10）到 50 的累加结果为：620

6.1.3 遍历字符串

for 循环语句除了可以循环数值，还可以逐个遍历字符串。例如，下面的代码可以将横向显示的字符串转换为纵向显示。

```
string = '千秋功业'
print(string)                # 横向显示
for ch in string:
    print(ch)                # 纵向显示
```

运行结果如下。

```
千秋功业
千
秋
```

功
业

6.2　for 循环嵌套

在 Python 中，允许在一个循环体中嵌入另一个循环，这称为循环嵌套。例如，进电影院时，需要知道自己在第几排、第几列才能准确找到自己的座位号。假如寻找图 6.4 所示的第二排、第三列的座位号，首先需要寻找第二排，然后在第二排寻找第三列，这个寻找座位的过程类似于循环嵌套。

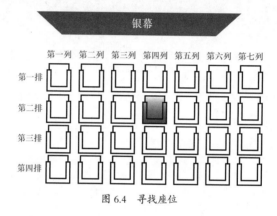

图 6.4　寻找座位

在 Python 中，在 for 循环中套用 for 循环的格式如下。

```
for 迭代变量 1 in 对象 1:
    for 迭代变量 2 in 对象 2:
        循环体 2
    循环体 1
```

6.2.1　遍历嵌套列表

可通过 for 循环遍历列表。对于嵌套列表，如果要把嵌套列表内的元素遍历出来，就需要使用 for 循环嵌套。例如，遍历 province 列表，分别输出两个嵌套列表的省份，代码如下。

```
province= [['江苏','浙江','安徽','江西','福建'],['四川','云南','贵州']]
for item in province :
    print('\n该区域有: ',len(item),'省份')
    for it in item :
        print(it,end=',')
```

运行结果如下。

```
该区域有： 5 省份
江苏，浙江，安徽，江西，福建，
该区域有： 3 省份
四川，云南，贵州，
```

如果只想输出嵌套列表的元素，可以使用 for 列表推导式，代码如下。

```
new=[j for i in province  for j in i]
print(new)
```

运行结果如下。

```
['江苏','浙江','安徽','江西','福建','四川','云南','贵州']
```

6.2.2 生成多少个互不相同且无重复数字的三位数

for 循环嵌套与 if 语句配合，可以实现复杂的数据处理。例如，计算 3 个数字能生成多少个互不相同且无重复数字的三位数，代码如下。

```
count=0
for i in range(1,4):
    for j in range(1,4):
        if i == j:
            continue
        for k in range(1,4):
            if k != i and k != j:
                print("%d%d%d" % (j,i,k), end=",")
                count += 1
            else:
                continue
print("\n 无重复数字的三位数有 :",count)
```

运行结果如下。

```
213,312,123,321,132,231,
无重复数字的三位数有 : 6
```

6.2.3 生成数字矩阵

for 循环嵌套可以组成数字矩阵或图形矩阵，如按输入数据生成指定长度与宽度的数字矩阵，w 表示矩阵的长度，h 表示矩阵的高度，实现代码如下。

```
h=int(input('请输入高度 '))
w=int(input('请输入长度 '))
for m in range(1,1+h):
```

```
for n in range(m,m+w):
    print('%2d'%n,end=' ')
print()
```

运行结果如下。

```
请输入高度 6
请输入长度 9
 1   2   3   4   5   6   7   8   9
 2   3   4   5   6   7   8   9  10
 3   4   5   6   7   8   9  10  11
 4   5   6   7   8   9  10  11  12
 5   6   7   8   9  10  11  12  13
 6   7   8   9  10  11  12  13  14
```

6.3　for 表达式

for 表达式能利用可迭代对象创建新的序列，所以 for 表达式也称为序列推导式，具体语法格式如下。

```
[ 表达式 for 迭代变量 in 可迭代对象 if 条件表达式 ]
```

可迭代对象是可从中提取元素的对象，迭代变量是新生成的序列。if 条件表达式用于控制生成条件，可对迭代变量进行控制，但它不是必须的，可以省略，如生成 0 ~ 9 的幂，实现代码如下。

```
num = range(10)
new = [i*i for i in num]
print(new)
```

运行结果如下。

```
[0, 1, 4, 9, 16, 25, 36, 49, 64, 81]
```

如要生成 0 ~ 9 中偶数的幂，就需要使用 if 条件表达式控制生成条件，控制 i 为偶数时生成幂，实现代码如下。

```
num = range(10)
new = [i*i for i in num if i %2==0]
print(new)
```

运行结果如下。

```
[0, 4, 16, 36, 64]
```

上面实现 0 ~ 9 中偶数的幂的 for 表达式对应关系如图 6.5 所示。

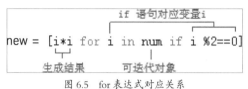

图 6.5　for 表达式对应关系

for 表达式与普通 for 循环的区别如下。

（1）新生成的序列是通过 for 关键字前面的表达式建立的，与 for 关键字后的迭代变量直接关联。

（2）for 表达式生成的序列类型，与外侧的序列标志有关，外侧为 []，则生成列表；外侧为 ()，则生成元组；外侧为 {}，则生成字典。

（3）for 表达式只有一行，返回的是一个序列，也称为序列推导式。

6.3.1　利用 for 表达式生成数字、字母

在编写程序时，有时需要使用数字，有时需要使用英文字母。利用 for 表达式可以快速生成数字 0~9、英文小写字母 a~z、大写字母 A~Z，代码如下。

```
digit=[chr(i) for i in range(48, 58)]    # 生成数字 0 ~ 9
numu=[chr(i) for i in range(97, 123)]    # 英文小写字母 a ~ z
numl=[chr(i) for i in range(65, 91)]     # 英文大写字母 A ~ Z
print(digit)
print(numu)
print(numl)
```

运行结果如下。

```
['0', '1', '2', '3', '4', '5', '6', '7', '8', '9']
['a', 'b', 'c', 'd', 'e', 'f', 'g', 'h', 'i', 'j', 'k', 'l', 'm', 'n', 'o
', 'p', 'q', 'r', 's', 't', 'u', 'v', 'w', 'x', 'y', 'z']
['A', 'B', 'C', 'D', 'E', 'F', 'G', 'H', 'I', 'J', 'K', 'L', 'M', 'N', 'O
', 'P', 'Q', 'R', 'S', 'T', 'U', 'V', 'W', 'X', 'Y', 'Z']
```

6.3.2　双层 for 表达式

另外，上述列表推导式都只有一个循环，实际上 for 表达式也可以使用多个循环，就像循环嵌套一样。代码如下。

```
d_list = [(x, y) for x in range(5) for y in range(4)]
print(d_list)
```

上面代码中，x 是遍历 range(5) 的迭代变量，该 x 可迭代 5 次；y 是遍历 range(4) 的迭代变量，该 y 可迭代 4 次。因此，该（x,y）表达式一共会迭代 20 次。上面的 for 表达式相当于如下循环嵌套。

```
dd_list = []
for x in range(5):
    for y in range(4):
        dd_list.append((x, y))
```

运行结果如下。

```
[(0, 0), (0, 1), (0, 2), (0, 3), (1, 0), (1, 1), (1, 2), (1, 3), (2, 0),
(2, 1), (2, 2), (2, 3), (3, 0), (3, 1), (3, 2), (3, 3), (4, 0), (4, 1),
(4, 2), (4, 3)]
```

在嵌套的 for 表达式中，也可以添加 if 条件，如：

```
a = [[i,j] for i in range(5) for j in range(5) if j == i]
print(a)
```

上面的例子中，只有当 i 和 j 相等时，才会进行迭代。

6.3.3　3 层 for 表达式

for 表达式也支持 3 层嵌套的 for 表达式，代码如下。

```
e_list = [[x, y, z] for x in range(5) for y in range(4) for z in range(6)]
print(e_list)
```

对于包含多个循环的 for 表达式，同样可指定 if 条件。假如我们有一个需求：程序要将两个列表中的数值按"能否整除"的关系配对。比如 src_a 列表中包含 30，src_b 列表中包含 5，其中 30 可以整除 5，那么将 30 和 5 配对。对于上面的需求，使用 for 表达式来实现非常简单，代码如下。

```
src_a = [30, 12, 66, 34, 39, 78, 36, 57, 121]
src_b = [3, 5, 7, 11]
# 只要 y 能整除 x，就将它们配对
result = [(x, y) for x in src_b for y in src_a if y % x == 0]
print(result)
```

运行结果如下。

```
[(3, 30), (3, 12), (3, 66), (3, 39), (3, 78), (3, 36), (3, 57), (5, 30),
(11, 66), (11, 121)]
```

6.3.4 生成字典或者集合

可以利用 for 表达式生成字典或者集合，如生成键是值 2 倍的字典，实现代码如下。

```
d = {i:2*i for i in range(10)}
print(d)
```

运行结果如下。

```
{0: 0, 1: 2, 2: 4, 3: 6, 4: 8, 5: 10, 6: 12, 7: 14, 8: 16, 9: 18}
```

6.4 for 循环使用 else 语句

Python 中的 for 循环可以添加一个可选的 else 语句。只有当 for 循环语句正常执行后，才会执行 else 语句。如果 for 循环语句遇到 break 或 return，同时又符合跳出去的条件，则不会执行 else 语句。其语法格式如下。

```
for <循环变量> in <遍历结构> :
            <语句块 1>
        else:
            <语句块 2>
```

其实，for...else 语句可以这样理解，for 循环语句和普通的语句没有区别，else 语句会在循环正常执行完毕（for 不是通过 break 跳出而中断的）的情况下执行，while...else 语句也是一样。例如，判断 10 到 20 之间的数字是否为素数，代码如下。

```
for num in range(10,20):  # 迭代 10 到 20 之间的数字
    for i in range(2,num):  # 根据因数迭代
        if num%i == 0:       # 确定第一个因数
            j=num/i           # 确定第二个因数
            print ('%d 等于 %d * %d' % (num,i,j))
            break            # 跳出当前循环
    else:                   # 循环的 else 语句部分
        print (num, '是一个素数 ')
```

运行结果如下。

```
10 等于 2 * 5
11 是一个素数
12 等于 2 * 6
13 是一个素数
```

```
14 等于 2 * 7
15 等于 3 * 5
16 等于 2 * 8
17 是一个素数
18 等于 2 * 9
19 是一个素数
```

6.5　while 循环

while 循环是通过条件来控制是否要继续反复执行循环体。其语法格式如下。

```
while 条件表达式：
    循环体
```

💡 说明

循环体是指一组被重复执行的语句。

当条件表达式的返回值为 True 时，执行循环体，执行完毕后，重新判断条件表达式的返回值，直到表达式返回的结果为 False 时，退出循环。while 循环语句的执行流程图如图 6.6 所示。

下面我们通过现实生活中的例子来理解 while 循环的执行流程。在体育课上，体育老师要求同学们沿着环形操场跑圈，要求当同学们听到老师吹的哨子声时就停下来。同学们每跑一圈，可能会请求一次老师吹哨子。如果老师吹哨子，同学们就停下来，即循环结束；否则继续跑步，即执行循环。

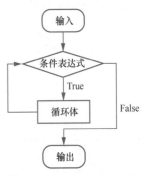

图 6.6　while 循环语句的执行流程图

下面利用 while 循环输出 3 遍"笑傲江湖"，代码如下。

```
i=1
while i<=3:
    print(" 笑傲江湖 ")        # 输出 " 笑傲江湖 "
    i=i+1
```

上面代码的运行结果如图 6.7 所示。

笑傲江湖
笑傲江湖
笑傲江湖

图 6.7　利用 while 循环输出 3 遍"笑傲江湖"

6.5.1　while 计数循环

在取款机上取款时需要输入 6 位数字的银行卡密码。下面我们模拟一个简单的取款机（只有 1 位数字密码），每次要求用户输入 1 位数字密码，密码正确则输出"密码正确，正进入系统！"；如果密码输入错误，输出"密码错误，已经输错 * 次"，密码连续输入错误 6 次后输出"密码错误 6 次，请与发卡行联系！！"。代码如下。

```
password = 0
i = 1
while i < 7:
    num = input("请输入一位数字密码！")
        num = int(num)                    # 记录用户输入
    if  num == password  :                # 判断密码是否正确
        print("密码正确，正进入系统！" )
        i =7
    else:
        print("密码错误，已经输错" , i ,"次")
    i+=1                                  # 次数加 1
if i== 7:
    print("密码错误 6 次，请与发卡行联系！！")
```

上面代码中用了 int() 内置函数，目的是将输入的数字或进制数转化为整型，如：

```
int(3.61) = 3
int(3) = 3
```

运行程序，根据提示输入密码，输错 1 次还可以继续输入，如图 6.8 所示。

如果密码输入正确，则提示"密码正确，正进入系统！"，如图 6.9 所示。

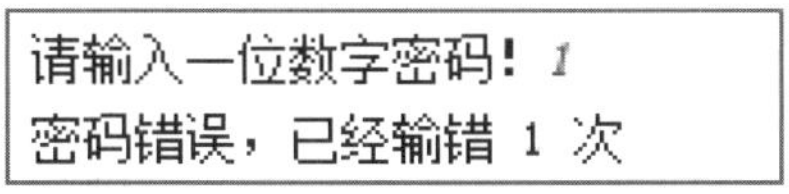

请输入一位数字密码！ 1
密码错误，已经输错 1 次

图 6.8　输入错误密码，进行提示

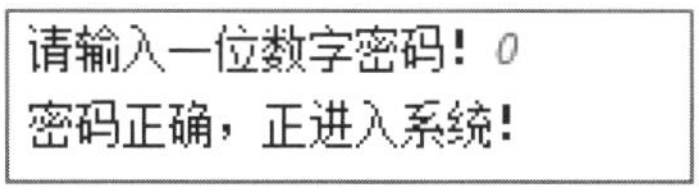

请输入一位数字密码！ 0
密码正确，正进入系统！

图 6.9　输入正确密码，进行提示

如果输入密码错误 6 次，将提示用户"密码错误 6 次，请与发卡行联系！！"。运行结果如图 6.10 所示。

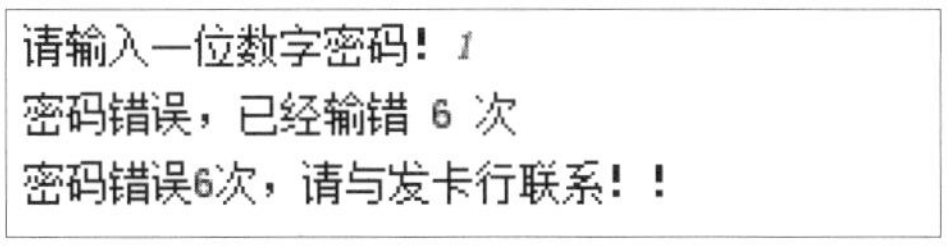

请输入一位数字密码！ 1
密码错误，已经输错 6 次
密码错误6次，请与发卡行联系！！

图 6.10　输入错误密码 6 次，进行提示

6.5.2　在 while 循环语句中使用 none

使用 while 循环语句实现从 1 开始依次尝试符合条件的数，只有找到符合条件的数时，才退出循环。具体的实现方法是：首先定义一个用于计数的变量 number 和一个作为循环条件的变量 none（默认值

为 True），然后编写 while 循环语句；在循环体中，将变量 number 的值加 1，并且判断 number 的值是否符合条件；当符合条件时，将变量 none 设置为 False，从而退出循环。具体代码如下。

```python
print("今有物不知其数，三三数之剩二，五五数之剩三，七七数之剩二，问物几何？ \n")
none = True                                        # 作为循环条件的变量
number = 0                                         # 计数的变量
while none:
    number += 1                                    # 计数加 1
    if number%3 ==2 and number%5 ==3 and number%7 ==2:  # 判断是否符合条件
        print("答曰：这个数是 ",number)             # 输出符合条件的数
        none = False                               # 将循环条件的变量设置为 False
```

运行程序，将显示图 6.11 所示的结果。从图 6.10 中可以看出第一个符合条件的数是 23，这就是想要的答案。

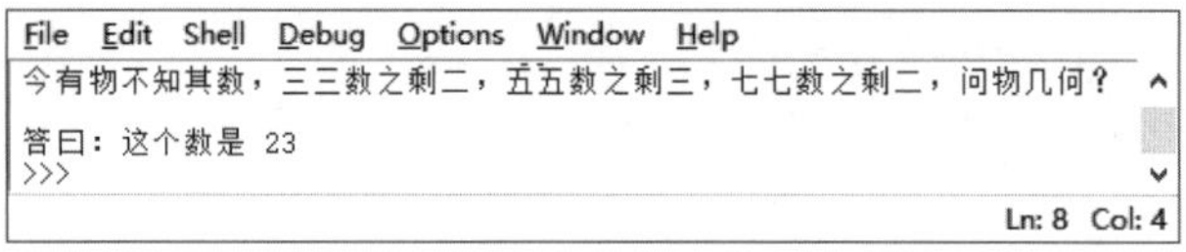

图 6.11　while 循环版解题法

⚡注意

在使用 while 循环语句时，一定不要忘记添加将循环条件改变为 False 的代码（例如，以上实例的最后一行代码一定不能少），否则将产生死循环。

6.6　循环嵌套

在 Python 中，while 循环可以进行循环嵌套。在 while 循环中套用 while 循环的语法格式如下。

```
while 条件表达式 1:
    while 条件表达式 2:
        循环体 2
    循环体 1
```

在 while 循环中套用 for 循环的语法格式如下。

```
while 条件表达式:
    for 迭代变量 in 对象:
        循环体 2
    循环体 1
```

在 for 循环中套用 while 循环的语法格式如下。

```
for 迭代变量 in 对象:
    while 条件表达式:
        循环体 2
    循环体 1
```

除了上面介绍的 3 种嵌套格式外，还有更多的嵌套方法，因为其语法格式与上面的类似，所以这里就不再一一列出了。下面介绍如何使用在 while 循环中套用 while 循环的方法实现九九乘法表。实现代码如下。

```
i = 1
while i<=9:
    j = 1
    while j<=i:
        print("{}*{}={:<2}".format(i,j,i * j),end = " ")
        j += 1
    i += 1
    print("")
```

运行结果如下。

```
1*1=1
2*1=2   2*2=4
3*1=3   3*2=6   3*3=9
4*1=4   4*2=8   4*3=12  4*4=16
5*1=5   5*2=10  5*3=15  5*4=20  5*5=25
6*1=6   6*2=12  6*3=18  6*4=24  6*5=30  6*6=36
7*1=7   7*2=14  7*3=21  7*4=28  7*5=35  7*6=42  7*7=49
8*1=8   8*2=16  8*3=24  8*4=32  8*5=40  8*6=48  8*7=56  8*8=64
9*1=9   9*2=18  9*3=27  9*4=36  9*5=45  9*6=54  9*7=63  9*8=72  9*9=81
```

上面的九九乘法表是从左侧开始输出的，也可以实现从右侧开始输出，实现代码如下。

```
i = 1
while i<=9:
    k = 1
    while k<=9-i:
        print(end="        ")
        k += 1
    j = i
    while (j>=1):
        print("{}*{}={:<2}".format(i,j,i*j),end = " ")
        j -= 1
    i += 1
    print("")
```

运行结果如下。

```
                                                              1*1=1
                                                    2*2=4    2*1=2
                                          3*3=9    3*2=6    3*1=3
                                4*4=16   4*3=12   4*2=8    4*1=4
                      5*5=25   5*4=20   5*3=15   5*2=10   5*1=5
            6*6=36   6*5=30   6*4=24   6*3=18   6*2=12   6*1=6
   7*7=49  7*6=42   7*5=35   7*4=28   7*3=21   7*2=14   7*1=7
8*8=64  8*7=56   8*6=48   8*5=40   8*4=32   8*3=24   8*2=16   8*1=8
9*9=81  9*8=72  9*7=63   9*6=54   9*5=45   9*4=36   9*3=27   9*2=18   9*1=9
```

6.7　跳转语句

当循环条件一直满足时，程序将会一直执行下去，就像一辆迷路的车，在某个地方不停地转圈。如果希望在中途，也就是在 for 循环结束计数之前，或者在 while 循环找到结束条件之前离开循环，有两种方法可以做到。

- ✅ 使用 break 语句完全终止循环。
- ✅ 使用 continue 语句直接跳到下一次循环。

6.7.1　break 语句

break 语句可以终止当前的循环，包括 while 循环和 for 循环在内的所有控制语句。以独自一人沿着操场跑步为例，原计划跑 10 圈，可是在跑到第 2 圈的时候，遇到了自己的"女神"或者"男神"，于是果断停下来，终止跑步，这就相当于使用 break 语句提前终止了循环。break 语句的语法比较简单，只需要在相应的 while 循环或 for 循环语句中加入即可。

> 💡 说明
>
> break 语句一般会结合 if 语句搭配使用，表示在某种条件下，跳出循环。如果使用循环嵌套，break 语句将跳出最内层的循环。

在 while 语句中使用 break 语句的语法格式如下。

```
while 条件表达式 1:
    执行代码
    if 条件表达式 2:
        break
```

其中，条件表达式 2 用于判断何时调用 break 语句跳出循环。在 while 循环语句中使用 break 语句的执行流程图如图 6.12 所示。

在 for 循环语句中使用 break 语句的语法格式如下。

```
for 迭代变量 in 对象：
    if 条件表达式：
        break
```

其中，条件表达式用于判断何时调用 break 语句跳出循环。在 for 循环语句中使用 break 语句的执行流程图如图 6.13 所示。

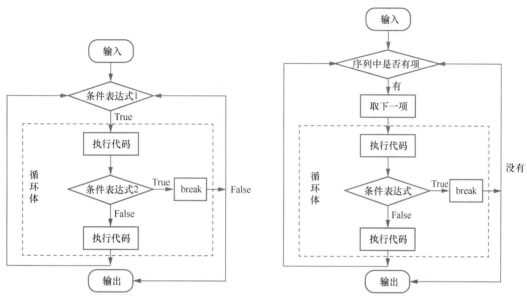

图 6.12　在 while 循环语句中使用 break 语句的执行流程图　　图 6.13　在 for 循环语句中使用 break 语句的执行流程图

6.7.2　continue 语句

continue 语句的作用没有 break 语句强大，它只能终止本次循环以提前进入下一次循环。仍然以独自一人沿着操场跑步为例，原计划跑 10 圈，当跑到第 2 圈的时候，遇到自己的"女神"或者"男神"也在跑步，于是果断停下来，跑回起点等待，制造一次完美邂逅，然后从第 3 圈开始继续跑步。continue 语句的语法比较简单，只需要在相应的 while 循环或 for 循环语句中加入即可。

> 💡 说明
>
> continue 语句一般会结合 if 语句进行搭配使用，表示在某种条件下，跳过当前循环的剩余语句，继续进行下一轮循环。如果使用循环嵌套，continue 语句将只跳过最内层循环中的剩余语句。

在 while 循环语句中使用 continue 语句的语法格式如下。

```
while 条件表达式 1：
    执行代码
    if 条件表达式 2：
        continue
```

其中，条件表达式 2 用于判断何时调用 continue 语句跳出循环。在 while 循环语句中使用 continue 语句的执行流程图如图 6.14 所示。

在 for 循环语句中使用 continue 语句的语法格式如下。

```
for 迭代变量 in 对象：
    if 条件表达式：
        continue
```

其中，条件表达式用于判断何时调用 continue 语句跳出循环。在 for 循环语句中使用 continue 语句的执行流程图如图 6.15 所示。

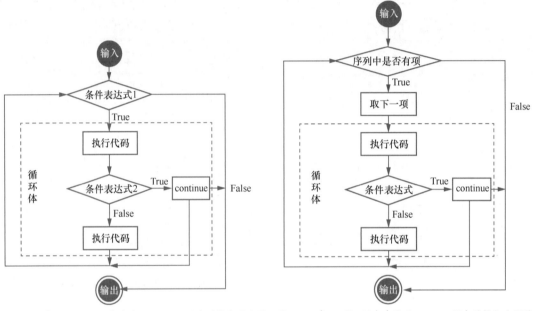

图 6.14　在 while 循环语句中使用 continue 语句的执行流程图　　图 6.15　在 for 循环语句中使用 continue 语句的执行流程图

示例　"逢七拍腿"游戏。

几个朋友一起玩"逢七拍腿"游戏，即从 1 开始依次数数，当数到 7（包括尾数是 7 的情况）或 7 的倍数时，则不说出该数，而是拍一下腿。现在编写程序，计算从 1 数到 99，一共要拍多少次腿。（前提是每个人都没有出错。）

通过在 for 循环语句中使用 continue 语句实现"逢七拍腿"游戏，即计算从 1 数到 100（不包括100），一共要拍多少次腿。代码如下。

```
total = 99                         # 记录拍腿次数的变量
for number in range(1,100):        # 创建一个从 1 到 100（不包括）的循环
    if number % 7 ==0:             # 判断是否为 7 的倍数
        continue                   # 继续下一次循环
    else:
        string = str(number)       # 将数值转换为字符串
        if string.endswith('7'):   # 判断是否以数字 7 结尾
```

```
            continue                          #  继续下一次循环
        total -= 1                            #  可拍腿次数 -1
print(" 从 1 数到 99 共拍腿 ",total," 次。")    #  显示拍腿次数
```

程序运行结果如下。

从 1 数到 99 共拍腿 22 次。

第 7 章

序 列

在 Python 中，序列是基本的数据结构，是一个用于存放多个值的连续内存空间。Python 中内置了 5 种常用的序列结构，分别是列表、元组、集合、字典和字符串。本章将详细介绍序列。

7.1 认识序列

序列是一个用于存放多个值的连续内存空间，并且这些值按一定顺序排列，每一个值（称为元素）都分配一个数字，称其为索引或位置。通过索引可以取出相应的值。例如，我们可以把一家酒店看作一个序列，那么酒店里的每个房间都可以看作这个序列的元素，而房间号就相当于索引，可以通过房间号找到对应的房间。

在 Python 中，序列结构主要有列表、元组、集合、字典和字符串。对于这些序列结构有以下几个通用的操作。

7.1.1 索引

序列中的每一个元素都有一个编号，也称为索引。这个索引是从 0 开始递增的，即索引为 0 表示第 1 个元素，索引为 1 表示第 2 个元素，依此类推，如图 7.1 所示。

图 7.1 序列的正数索引

Python 比较神奇，它的索引可以是负数。这个索引从右向左计数，也就是从最后一个元素开始计数，即最后一个元素的索引是 –1，倒数第 2 个元素的索引为 –2，依此类推，如图 7.2 所示。

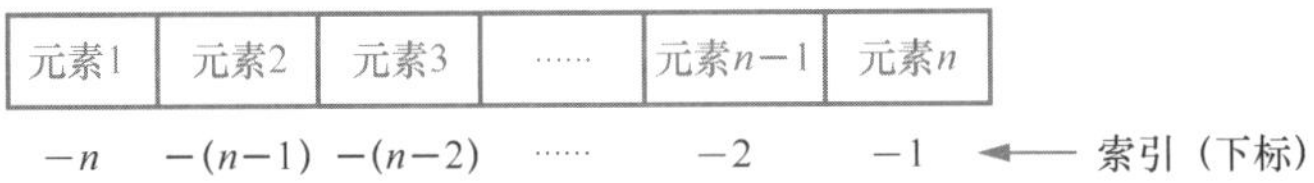

图 7.2　序列的负数索引

> **⚡ 注意**
>
> 在采用负数作为索引时，是从 –1 开始的，而不是从 0 开始的，即最后一个元素的索引为 –1，这是为了防止与第 1 个元素重合。

通过索引可以访问序列中的任何元素。例如，定义一个包括 4 个元素的列表，要访问它的第 3 个元素和最后一个元素，可以使用下面的代码实现。

```
verse = ["苹果","香蕉","梨子","草莓"]
print(verse[2])              # 输出第 3 个元素
print(verse[-1])             # 输出最后一个元素
```

输出的结果如下。

```
梨子
草莓
```

7.1.2　切片

切片操作是访问序列中元素的另一种方法，可以访问一定范围内的元素。通过切片操作可以生成一个新的序列。实现切片操作的语法格式如下。

```
sname[start : end : step]
```

参数说明如下。

- ⊘ sname：表示序列的名称。
- ⊘ start：表示切片的开始位置（包括该位置），如果不指定，则默认为 0。
- ⊘ end：表示切片的截止位置（不包括该位置），如果不指定，则默认为序列的长度。
- ⊘ step：表示切片的步长，如果省略，则默认为 1。当省略步长时，最后一个冒号也可以省略。

> **💡 说明**
>
> 在进行切片操作时，如果指定了步长，那么将按照该步长遍历序列，否则将默认以步长为 1 遍历序列。

例如，通过切片获取水果列表中的第 2 个到第 5 个元素，以及获取第 1 个、第 3 个和第 5 个元素，可以使用下面的代码实现。

```
a = ["苹果","香蕉","梨子","草莓",
     "蓝莓","柠檬","杧果","火龙果","橙子",
     "葡萄"]
print(a[1:5])        # 获取第 2 个到第 5 个元素
print(a[0:5:2])      # 获取第 1 个、第 3 个和第 5 个元素
```

运行上面的代码，将输出以下内容。

```
['香蕉', '梨子', '草莓', '蓝莓']
['苹果', '梨子', '蓝莓']
```

> 💡 说明
>
> 如果想要复制整个序列，可以将 start 和 end 参数都省略，但是中间的冒号需要保留。例如，a[:]
> 就表示复制整个名称为 a 的序列。

7.1.3 序列相加

Python 支持两种相同类型的序列进行相加的操作，即将两个序列进行连接，使用"+"运算符实现。例如，将两个列表相加，可以使用下面的代码实现。

```
a1 = ["苹果","香蕉","梨子","草莓"]
a2 = ["蓝莓","柠檬","杧果","火龙果",
      "橙子","菠萝","橘子","西梅","千禧",
      "牛油果"]
print(a1+a2)
```

运行上面的代码，将输出以下内容。

```
['苹果', '香蕉', '梨子', '草莓', '蓝莓', '柠檬', '杧果', '火龙果', '橙子',
'菠萝', '橘子', '西梅', '千禧', '牛油果']
```

从上面的输出结果可以看出，两个列表被合为一个列表了。

> 💡 说明
>
> 在进行序列相加时，相同类型的序列是指同为列表、元组或集合等，序列中的元素类型可以不同。
> 例如，下面的代码也是正确的。

```
num = [7,14,21,28,35,42,49,56]
a = ["苹果","香蕉","梨子","草莓"]
print(num + a)
```

相加后的结果如下。

```
[7, 14, 21, 28, 35, 42, 49, 56, '苹果', '香蕉', '梨子', '草莓']
```

但是不能是列表和元组相加，或者列表和字符串相加。例如，下面的代码就是错误的。

```
num = [7,14,21,28,35,42,49,56,63]
print(num + "输出是 7 的倍数的数")
```

上面的代码在运行后，将产生图 7.3 所示的异常信息。

```
Traceback (most recent call last):
  File "E:\program\Python\Code\datatype_test.py", line 2, in <module>
    print(num + "输出是7的倍数的数")
TypeError: can only concatenate list (not "str") to list
>>>
```

图 7.3 将列表和字符串相加产生的异常信息

7.1.4 乘法

在 Python 中，使用数字 n 乘一个序列会生成新的序列。新序列的内容为原来序列重复 n 次的结果。例如，下面的代码，可实现将一个序列乘 3 生成一个新的序列并输出，从而达到"重要事情说三遍"的效果。

```
phone = ["华为 Mate 10","vivo X21"]
print(phone * 3)
```

运行上面的代码，将显示以下内容。

```
['华为 Mate 10', 'vivo X21', '华为 Mate 10', 'vivo X21', '华为 Mate 10', 'vivo X21']
```

在进行序列的乘法运算时，还可以实现指定列表长度的功能。例如，运行下面的代码，将创建一个长度为 5 的列表，列表中的每个元素都是 None，表示什么都没有。

```
emptylist = [None]*5
print(emptylist)
```

运行上面的代码，将显示以下内容。

```
[None, None, None, None, None]
```

7.2 序列的常用方法

7.2.1 检查某个元素是否是序列的成员

在 Python 中，可以使用 in 关键字检查某个元素是否是序列的成员，即检查某个元素是否包含在该序列中。其语法格式如下。

```
value in sequence
```

其中，value 表示要检查的元素，sequence 表示指定的序列。

例如，要检查名称为 a 的序列中是否包含元素"草莓"，可以使用下面的代码实现。

```
a = ["苹果","香蕉","梨子","草莓"]
print("草莓" in a)
```

运行上面的代码，将显示 True，表示在序列中存在指定的元素。

另外，在 Python 中，也可以使用 not in 关键字检查某个元素是否不包含在指定的序列中。例如，运行下面的代码，将显示 False。

```
a = ["苹果","香蕉","梨子","草莓"]
print("草莓"  not in a)
```

7.2.2 计算序列的长度

在 Python 中，可使用 len() 函数计算序列的长度，即返回序列包含多少个元素。

例如，定义一个包括 9 个元素的列表，并通过 len() 函数计算列表的长度，可以使用下面的代码实现。

```
num = [7,14,21,28,35,42,49,56,63]
print("列表 num 的长度为 ",len(num))
```

运行上面的代码，将显示以下结果。

列表 num 的长度为 9

在计算列表长度时，len() 函数不会在意列表内元素的类型，代码如下。

```
list = [1,2,3,4,'123',2.15]
# 同时定义两个元素类型不同的列表
list1, list2 = [1,2,3], ['a','b','c']
list3= ['甲','乙','丙','丁','戊']        # 定义一个列表
print('list 列表的长度为 : ', len(list))                    # 输出 list 列表长度
print('list1 列表的长度为 : ', len(list1))                   # 输出 list1 列表长度
```

```
print('list2 列表的长度为 :',len(list2))          # 输出 list2 列表长度
print(' 共有 ',len(list3),' 名球员 ')             # 获取 list3 列表元素个数
# 获取列表索引为 1 ~ 4 范围的长度，不包含索引为 4 的元素
print(' 列表中指定元素范围的长度为：',len(list[1:4]))
```

运行结果如下。

```
list 列表的长度为 :   6
list1 列表的长度为：3
list2 列表的长度为：3
共有 5 名球员
列表中指定元素范围的长度为：  3
```

对于嵌套序列，len() 函数返回首层序列的元素个数，示例代码如下。

```
# 创建运动员排名二维列表，内层列表中包含名次与运动员名称
listcar = [[1,'tony'],[2,'kevin'],[3,'lucy'],[4,'lily'],[5,'mike']]
print('listcar 列表的长度为：',len(listcar))          # 输出二维列表的长度
print('listcar 列表中的列表元素长度为：',len(listcar[0])) #输出二维列表中的列表元素长度
```

运行结果如下。

```
listcar 列表的长度为：  5
listcar 列表中的列表元素长度为：  2
```

在 for 循环语句中可以使用 len() 函数循环读取序列的长度，示例代码如下。

```
list3 = []                            # 创建空的列表
for i in range(5):                    # 循环遍历 0 ~ 4
    list3.append(i)                   # 将 0 ~ 4 逐个添加至列表中
    print(' 当前列表内容为：', list3)   # 输出当前列表内容
    print(' 当前列表长度为：',len(list3)) # 输出每次循环后列表的长度
```

运行结果如下。

```
当前列表内容为：  [0]
当前列表长度为：  1
当前列表内容为：  [0, 1]
当前列表长度为：  2
当前列表内容为：  [0, 1, 2]
当前列表长度为：  3
当前列表内容为：  [0, 1, 2, 3]
当前列表长度为：  4
```

```
当前列表内容为： [0, 1, 2, 3, 4]
当前列表长度为： 5
```

7.2.3 计算序列的最大值

Python 提供了内置函数来计算序列的最大值和最小值。使用 max() 函数可返回序列中的最大元素，使用 min() 函数可返回序列中的最小元素。

例如，定义一个包括 9 个元素的列表，并通过 max() 函数计算列表中的最大元素，可以使用下面的代码实现。

```
num = [7,14,21,28,35,42,49,56,63]
print(" 列表 ",num," 中最大值为 ",max(num))
```

运行上面的代码，将显示以下结果。

```
列表 [7, 14, 21, 28, 35, 42, 49, 56, 63] 中最大值为 63
```

可以在序列指定的范围内使用 max() 函数求最大值。示例代码如下。

```
listcha1=['a','-5','b','c','d','5','3','e']    # 创建包含数字、字母的列表
print(max(listcha1)) # 小写字母的 ASCII 值大于数字的 ASCII 值，并且按照字母排序递增
print(max(listcha1[1:5]))    # 在列表第 1 项到第 5 项（不含第 5 项）中求最大值
```

运行结果如下。

```
e
d
```

可以通过设置命名参数 key 来指定获取最大值的方法。key 参数的另外一个作用是，通过指定相应的函数，可以对不同类型的对象进行比较以获取最大值。示例代码如下。

```
list1 = ['20',5,10]         # 元素为混合类型的列表
print(max(list1,key=int))    # 指定 key 为 int() 函数后再取最大值
```

运行结果如下。

```
20
```

通过 max() 函数求相关操作下列表的最大值，示例代码如下。

```
# 创建 F1 赛车手积分列表，积分在后，练习对列表中不同位置的元素求最大值
listcha2=[' 张三 236',' 李四 358',' 王五 294',' 赵六 216',' 周七 227']
# 创建 F1 赛车手积分列表，积分在前
```

```
listcha3=['236 张三 ','358 李四 ','294 王五 ','216 赵六 ','227 周七 ']
print(max(listcha2))
print(max(listcha2[-3:-1]))  # 在倒数第 3 个列表和倒数第 1 个列表查找最大值
print(max(listcha2,key=lambda x:x[-3:]))   # 获取 listcha2 列表的倒数 3 个元素的
最大值，即比较积分
print(max(listcha3))
# 获取 listcha3 列表的第 5 项到最后一项数据比较获得的最大值，即获取姓名的最大值
print(max(listcha3,key=lambda x:(x[4:])))
```

运行结果如下。

```
张三 236
王五 294
李四 358
358 李四
236 张三
```

创建汽车销量二维列表，内层列表中包含汽车销量和汽车名称，通过 max() 函数求最大值，示例代码如下。

```
listcar = [[837624,'RAV4'],[791275,' 途观 '],[651090,' 索罗德 '],[1080757,' 福
特 F 系 '],[789519,' 高尔夫 '],[747646,'CR-V'],[1181445,' 卡罗拉 ']]
print(max(listcar))         # 输出列表 listcar 的最大值
print(max(listcar,key=lambda x:x[1]))   # 按照列表 listcar 的第 2 项（车名）进行
迭代，以获取最大值
```

运行结果如下。

```
[1181445, ' 卡罗拉 ']
[789519, ' 高尔夫 ']
```

创建球员数据嵌套列表，嵌套列表中包含球员名字、出场场次、出场时间和平均得分，使用 max() 函数求相关操作下列表的最大值，示例代码如下。

```
listnba= [[' 甲 ',78,36.8,36.1],[' 乙 ',77,36.9,28.0],[' 丙 ',72,32.8,27.7],['
丁 ',64,33.7,27.5],[' 戊 ',55,35.2,27.4],[' 己 ',69,33.8,27.3]]
print(max(listnba))                     # 输出列表 listnba 的最大值
print(max(listnba,key=lambda x:x[3]))    # 按照列表的第 4 项，即按照球员的平均得
分进行迭代，以获取最大值
print(max(listnba,key=lambda x:(x[2],x[1],x[3])))        #  按照第 3 项出场
时间进行迭代，以获取最大值
print(max(listnba,key=lambda x:x[3]*x[1]))   #  按照球员平均得分和出场场次的乘
积（总得分）进行迭代，以获取最大值
```

```
print(max(listnba,key=lambda x:(str(x[3]))[1:]))          # 按照平均得分的后 3 位
进行迭代，以获取最大值
```

运行结果如下。

```
['丙', 72, 32.8, 27.7]
['甲', 78, 36.8, 36.1]
['乙', 77, 36.9, 28.0]
['甲', 78, 36.8, 36.1]
['乙', 77, 36.9, 28.0]
```

下面再以创建学生考试成绩列表为例。

```
# 创建学生考试成绩嵌套列表，嵌套列表包含考试名次、语文成绩、数学成绩、理综成绩、英语成绩
liststud= [[1,101,128,278,123],[2,129,135,222,120],[3,127,138,227,107],
          [4,98,135,217,108],[5,123,101,201,101],[6,89,125,197,90]]
print(max(liststud [1]))                          # 取第 2 个列表中元素的最大值
print(max(liststud,key=lambda x:x[1])) # 按照每个列表元素的第 2 项进行迭代，以获取最大值
print(max(liststud,key=lambda x:x[1]+x[2]+x[3]+x[4]))     # 按每个列表元素的第 2
项到第 5 项的和进行迭代，以获取最大值
```

运行结果如下。

```
222
[2, 129, 135, 222, 120]
[1, 101, 128, 278, 123]
```

7.2.4 计算序列的最小值

在 Python 中，可使用 min() 函数返回序列中的最小元素。

例如，定义一个包括 9 个元素的列表，并通过 min() 函数计算列表的最小元素，可以使用下面的代码实现。

```
num = [7,14,21,28,35,42,49,56,63]
print("列表 ",num," 中最小值为 ",min(num))
```

运行上面的代码，将显示以下结果。

```
列表 [7, 14, 21, 28, 35, 42, 49, 56, 63] 中最小值为 7
```

如果序列中的元素是负值，也可以通过 min() 函数计算序列的最小元素，可以使用下面的代码实现。

```
list5= [1,-3,5,-7,8]     # 包含正、负数的列表
list6 = [3,3.15,2.11,6] # 包含小数的列表
```

```
# 指定 key 为求绝对值参数，参数会求绝对值后再取较小者
print('list5 列表中最小值为: ',min(list5,key=abs))
# 获取小数中的绝对值
print('list6 列表中最小值为: ',min(list6))
```

运行结果如下。

```
list5 列表中最小值为:  1
list6 列表中最小值为:  2.11
```

在随机产生的序列中，也可以通过 min() 函数计算序列的最小元素，可以使用下面的代码实现。

```
import random                       # 导入随机数模块
seq=[]                              # 空列表
i=0
while i<10:                         # 循环 10 次
    # 每循环一次向列表中添加一个随机数
    seq.append(random.randint(1,100))
    i+=1
getMin=min(seq)                     # 获取最小值
print('原列表值:', seq)
print('列表最小值:',getMin)
```

运行结果如下。

```
原列表值: [10, 89, 8, 63, 82, 94, 96, 17, 37, 44]
列表最小值: 8
```

可通过参数 key，设置查询的范围条件，然后求出最小元素，代码如下。

```
name = ('Jack','MacKenzie','Cal','Rainbo','Ralph','Abagael')   # 英文名字元
组
print('英文名字元组中的最小值为: ',min(name))
print('英文名字长度最小的是哪位:',min(name,key=lambda i:len(i)))
```

运行结果如下。

```
英文名字元组中的最小值为: Abagael
英文名字长度最小的是哪位: Cal
```

在 min() 函数中可以使用 lambda 设置条件，示例代码如下。

```
fraction = ('数学 98','英语 99','语文 93')                    # 学生成绩
print('成绩最差的学科为: ',min(fraction,key=lambda i:i[3:])[:3])
```

运行结果如下。

```
成绩最差的学科为：语文
```

对于嵌套序列，也可以在 min() 函数中使用 lambda 设置条件，以获取最小元素，示例代码如下。

```
# 北、上、广、深 GDP 值
gdp = (('北京','30320亿'),('上海','32679亿'),('广州','23000亿'),('深
圳','24620亿'))
print('GDP 值最低的是元组中索引为 ',gdp.index(min(gdp,key=lambda i:i[1][0:6])),' 的
那组数据 ')
print('GDP 值最低的城市为: ',min(gdp,key=lambda i:i[1][0:6])[0])
```

运行结果如下。

```
GDP 值最低的是元组中索引为  2  的那组数据
```

7.2.5　计算序列中元素的和

Python 提供了内置的 sum() 函数，用于计算序列中元素的和。sum() 函数的具体语法格式如下。

```
sum(iterable[, start])
```

参数及返回值说明如下。

- ☑ iterable：可迭代对象，如列表、元组等。
- ☑ start：可选参数，指定相加的参数（即序列值相加后再次相加的值），如果没有设置此参数，
  则默认为 0。
- ☑ 返回值：求和结果。

> ⚡注意
>
> 　　在使用 sum() 函数对可迭代对象进行求和时，可迭代对象中的元素类型必须是数值型，否则将
> 提示 TypeError。

Sum() 函数可以快速对序列中所有的数值元素进行求和计算，然后将最后的求和结果返回。通过
sum() 函数对列表元素进行求和计算，代码如下。

```
a_list = [1,3,5,7,9]        # 普通列表
print('a_list 列表元素和为: ',sum(a_list))
print('a_list 列表元素和加 1: ',sum(a_list,1))
```

运行结果如下。

```
a_list 列表元素和为:  25
a_list 列表元素和加 1:  26
```

如果要对序列进行求和计算，需要先将指定元素转换为整数类型，然后使用 sum() 函数进行计算，示例代码如下。

```
b_list = [' 数学 98',' 语文 99',' 英语 97']    # 学生成绩列表
int_list = [int(b_list[0][2:]),int(b_list[1][2:]),int(b_list[2][2:]),]
print(' 学生的总成绩为：',sum(int_list),' 分 ')
```

运行结果如下。

```
学生的总成绩为： 294 分
```

如果序列元素较多，也可以利用序列推导式将元素从字符串转为数字，然后使用 sum() 函数进行计算，示例代码如下。

```
# 10 名学生 Python 理论成绩列表
grade_list = ['98','99','97','100','100','96','94','89','95','100']
int_list = [int(i) for i in grade_list]        # 循环将字串符类型数据转换为整数
print('Python 理论总成绩为：',sum(int_list))
```

运行结果如下。

```
Python 理论总成绩为： 968
```

7.2.6 对序列中的元素进行排序

Python 提供了内置的 sorted() 函数，用于对序列中的元素进行排序。sorted() 函数的具体语法格式如下。

```
sorted(sequencename)
```

参数说明如下。

☑ sequencename：表示序列的名称。

例如，定义序列，并通过 sorted() 函数对序列中的所有元素进行升序排列，可以使用下面的代码实现。

```
number = [27, 125, 343, 1, 216, 64, 8]
print("序列：", number)
print("升序排列：", sorted(number))
```

运行上面的代码，将显示以下结果。

```
序列： [27, 125, 343, 1, 216, 64, 8]
升序排列： [1, 8, 27, 64, 125, 216, 343]
```

7.2.7　计算序列中某元素出现的总次数

Python 提供了 count() 方法用于计算某元素在序列中出现的总次数，其具体语法格式如下。

```
sequencename.count(obj)
```

参数说明如下。

- ✓ sequencename：表示序列的名称。
- ✓ obj：表示要查找的对象。

例如，定义一个包括 14 个动物名称的元素序列，并通过 count() 方法计算序列中"虎"出现的次数，可以使用下面的代码实现。

```
animals = ["鼠","牛","虎","兔","龙","蛇","虎","马","羊","猴","虎","鸡","
狗","猪"]
print("序列: ", animals)
tiger = animals.count("虎")
print("虎的个数: ", tiger)
```

运行上面的代码，将显示以下结果。

```
序列: ['鼠', '牛', '虎', '兔', '龙', '蛇', '虎', '马', '羊', '猴', '虎', '
鸡', '狗', '猪']
虎的个数:  3
```

7.2.8　将序列转换为列表

Python 提供了内置的 list() 函数，用于将序列转换为列表。list() 函数的具体语法格式如下。

```
list(strname)
```

参数说明如下。

- ✓ strname：表示序列的名称。

例如，定义字符串，并通过 list() 函数将字符串转换成列表，可以使用下面的代码实现。

```
color = "红橙黄绿青蓝紫"
print("序列: ", color)
print("列表: ", list(color))
```

运行上面的代码，将显示以下结果。

```
序列:  红橙黄绿青蓝紫
列表:  ['红', '橙', '黄', '绿', '青', '蓝', '紫']
```

7.2.9　将序列转换为字符串

Python 提供了内置的 str() 函数，用于将序列转换为字符串。str() 函数的具体语法格式如下。

```
str(sequencename)
```

参数说明如下。

☑ sequencename：表示序列的名称。

例如，定义序列，并通过 str() 函数将序列转换成字符串，可以使用下面的代码实现。

```
color = ['红', '橙', '黄', '绿', '青', '蓝', '紫']
print("序列: ", color)
print("字符串: ", str(color))
```

运行上面的代码，将显示以下结果。

```
序列: ['红', '橙', '黄', '绿', '青', '蓝', '紫']
字符串: ['红', '橙', '黄', '绿', '青', '蓝', '紫']
```

7.2.10　返回序列的反向访问的迭代子

Python 提供了内置的 reversed() 函数用于返回序列的反向访问的迭代子。reversed() 函数的具体语法格式如下。

```
reversed(sequencename)
```

参数说明如下。

☑ sequencename：表示序列的名称。

例如，定义序列，并通过 reversed() 函数对序列中的所有元素进行升序排列，可以使用下面的代码实现。

```
str = "金木水火土"
print("参数是字符串，返回: ", reversed(str))

list = ['金', '木', '水', '火', '土']
print("参数是列表，返回: ", reversed(list))

tuple = ('金', '木', '水', '火', '土')
print("参数是元组，返回: ", reversed(tuple))
```

运行上面的代码，将显示以下结果。

```
参数是字符串，返回:  <reversed object at 0x0000000002132278>
参数是列表，返回:  <list_reverseiterator object at 0x0000000002132278>
参数是元组，返回:  <reversed object at 0x0000000002132278>
```

7.2.11　将序列组合为一个索引序列

Python 提供了内置的 enumerate() 函数，用于将序列组合为一个索引序列，该函数多用在 for 循环中。enumerate() 函数的具体语法格式如下。

```
enumerate(sequencename)
```

参数说明如下。

☑ sequencename：表示序列的名称。

例如，定义序列，并通过 enumerate() 函数对序列中的所有元素进行升序排列，可以使用下面的代码实现。

```
list = ['东', '西', '南', '北', '中']
for i, string in enumerate(list):
    print("序列中的第" + str(i + 1) + "个元素是: "+ string)
```

运行上面的代码，将显示以下结果。

```
序列中的第 1 个元素是：东
序列中的第 2 个元素是：西
序列中的第 3 个元素是：南
序列中的第 4 个元素是：北
序列中的第 5 个元素是：中
```

7.3　元组

元组（tuple）是 Python 中另一个重要的序列结构，与列表类似，也由一系列按特定顺序排列的元素组成，但是它是不可变序列。因此，元组也可以称为不可变的列表。在形式上，元组的所有元素都放在一对圆括号"()"中，两个相邻元素间使用英文逗号","分隔。在内容上，可以将整数、实数、字符串、列表等类型的内容放入元组中，并且在同一个元组中，元素的类型可以不同，因为它们之间没有任何关系。通常情况下，元组用于保存程序中不可修改的内容。

> 💡 说明
>
> 从元组和列表的定义上看，这两种结构比较相似，那么它们之间有哪些区别呢？它们之间的主要区别就是元组是不可变序列，而列表是可变序列，即元组中的元素不可以单独修改，而列表中的元素则可以任意修改。

7.3.1　元组的创建和删除

Python 提供了多种创建元组的方法，下面分别进行介绍。

1. 使用赋值运算符直接创建元组

同其他类型的 Python 变量一样，创建元组时，也可以使用赋值运算符"="直接将一个元组赋值给变量，语法格式如下。

```
tuplename = (element 1,element 2,element 3,…,element n)
```

其中，tuplename 表示元组的名称，可以是任何符合 Python 命名规则的标识符；element 1、element 2、element 3、element n 表示元组中的元素，个数没有限制，并且只要是 Python 支持的数据类型就可以。

> **⚡注意**
>
> 创建元组的语法格式与创建列表的语法格式类似，只是创建列表时使用的是"[]"，而创建元组时使用的是"()"。

例如，下面定义的元组都是合法的。

```
num = (7,14,21,28,35,42,49,56,63)
team= (" 一队 "," 二队 "," 三队 "," 四队 ")
untitle = ('Python',28,(" 人生苦短 "," 我用 Python"),[" 爬虫 "," 自动化运维 "," 云计
算 ","Web 开发 "])
language = ('Python',"C#",''' Java''' )
```

在 Python 中，虽然元组使用一对圆括号将所有的元素括起来，但是实际上，圆括号并不是必需的，只要将一组值用逗号分隔开来，Python 就可以认为它是元组。例如，下面的代码定义的也是元组。

```
team= " 一队 "," 二队 "," 三队 "," 四队 "
```

在 IDLE 中输出该元组后，将显示以下内容。

```
(' 一队 ', ' 二队 ', ' 三队 ', ' 四队 ')
```

如果要创建的元组只包括一个元素，则需要在定义元组时，在元素的后面加一个逗号。例如，下面的代码定义的就是包括一个元素的元组。

```
verse1 = (" 世界杯冠军 ",)
```

在 IDLE 中输入 verse1，将显示以下内容。

```
(' 世界杯冠军 ',)
```

而下面的代码，则表示定义一个字符串。

```
verse2 = ("世界杯冠军")
```

在 IDLE 中输入 verse2，将显示以下内容。

世界杯冠军

💡 说明

在 Python 中，可以使用 type() 函数测试变量的类型，如下面的代码。

```
verse1 = ("世界杯冠军",)
print("verse1 的类型为 ",type(verse1))
verse2 = ("世界杯冠军")
print("verse2 的类型为 ",type(verse2))
```

在 IDLE 中运行上面的代码，将显示以下内容。

```
verse1 的类型为 <class 'tuple'>
verse2 的类型为 <class 'str'>
```

2. 创建空元组

在 Python 中，也可以创建空元组。例如，要创建一个名称为 emptytuple 的空元组，可以使用下面的代码实现。

```
emptytuple = ()
```

空元组可以应用在为函数传递一个空值或者返回空值时。例如，定义一个函数必须传递元组类型的值，而我们还不想为它传递一组数据，那么可以创建一个空元组传递给它。

3. 创建数值元组

在 Python 中，可以使用 tuple() 函数直接将 range() 函数循环出来的结果转换为元组。
tuple() 函数的语法格式如下。

```
tuple(data)
```

其中，data 表示可以转换为元组的数据，其类型可以是 range 对象、字符串、元组或者其他可迭代类型。

例如，创建一个包含 10 ~ 20（不包括 20）的所有偶数的元组，可以使用下面的代码实现。

```
tuple(range(10, 20, 2))
```

运行上面的代码后，将得到下面的元组。

```
(10, 12, 14, 16, 18)
```

> 💡 说明
>
> 使用 tuple() 函数不仅能通过 range 对象创建元组，还能通过其他对象创建元组。

4. 删除元组

对于已经创建的元组，不再使用时，可以使用 del 语句将其删除，其语法格式如下。

```
del tuplename
```

其中，tuplename 表示要删除元组的名称。

> 💡 说明
>
> del 语句在实际开发时并不常用，因为 Python 自带的垃圾回收机制会自动销毁不用的元组，所以即使我们不手动将其删除，Python 也会自动将其回收。

例如，定义一个名称为 team 的元组，用于保存世界杯夺冠热门球队的国名，这些夺冠热门球队在小组赛和第一轮淘汰赛后都被淘汰了，因此应用 del 语句将其删除，可以使用下面的代码实现。

```
team = (" 西班牙 "," 德国 "," 阿根廷 "," 葡萄牙 ")
del team
```

7.3.2 访问元组元素

在 Python 中，如果想将元组的内容输出也比较简单，直接使用 print() 函数即可。例如，定义一个名称为 untitle 的元组，想要输出该元组可以使用下面的代码实现。

```
untitle = ('Python',28,(" 人生苦短 "," 我用 Python"),[" 爬虫 "," 自动化运维 "," 云计
        算 ","Web 开发 "])
print(untitle)
```

运行结果如下。

```
('Python', 28, (' 人生苦短 ', ' 我用 Python'), [' 爬虫 ', ' 自动化运维 ', ' 云计算 ', 'Web 开发 '])
```

从上面的运行结果中可以看出，在输出元组时，是包括左右两侧的圆括号的。如果不想要输出全部的元素，也可以通过元组的索引获取指定的元素。例如，要获取元组 untitle 中索引为 0 的元素，可以使用下面的代码实现。

```
print(untitle[0])
```

运行结果如下。

```
Python
```

从上面的运行结果中可以看出，在输出单个元组的元素时，不包括圆括号；如果是字符串，还不包

括左右的引号。

另外，对于元组也可以采用切片方式获取指定的元素。例如，要访问元组 untitle 中的前 3 个元素，可以使用下面的代码实现。

```
print(untitle[:3])
```

运行结果如下。

```
('Python', 28, ('人生苦短', '我用 Python'))
```

同列表一样，元组也可以使用 for 循环进行遍历。

7.3.3　修改元组元素

元组是不可变序列，所以不能对它的单个元素进行修改。但是元组也不是完全不能修改，我们可以对元组进行重新赋值。例如，下面的代码是允许的。

```
player = ('球员1','球员2','球员x','球员3','球员4','球员5')  # 定义元组
player = ('球员1','球员2','球员y','球员3','球员4','球员5')   # 对元组进行重
新赋值
print("新元组 ",player)
```

运行结果如下。

```
新元组  ('球员1','球员2','球员y','球员3','球员4','球员5')
```

从上面的运行结果可以看出，元组 player 的值已经被改变。

另外，还可以对元组进行连接组合。例如，可以使用下面的代码实现在已经存在的元组结尾处添加一个新元组。

```
player1 = ('球员1','球员2','球员x','球员3')
print("原元组: ",player1)
player2 = player1 + ('球员4','球员5')
print("组合后: ",player2)
```

运行结果如下。

```
原元组:  ('球员1','球员2','球员x','球员3')
组合后:  ('球员1','球员2','球员x','球员3','球员4','球员5')
```

⚡注意

　　在进行元组连接时，连接的内容必须都是元组。不能将元组和字符串或者列表进行连接。例如，下面的代码就是错误的。

```
player1 = ('球员1','球员2','球员x','球员3')
player2 = player1 + ['球员4','球员5']
```

常见错误

在进行元组连接时，如果要连接的元组只有一个元素时，一定不要忘记后面的逗号。例如，运行下面的代码将产生图 7.4 所示的错误。

```
player1 = ('球员1','球员2','球员x','球员3')
player2 = player1 + ('球员5')
```

```
File  Edit  Shell  Debug  Options  Window  Help
Traceback (most recent call last):
  File "G:\Python\Python37\demo.py", line 2, in <module>
    player2 = player1 + ('球员5')
TypeError: can only concatenate tuple (not "str") to tuple
>>>
                                                    Ln: 9  Col: 4
```

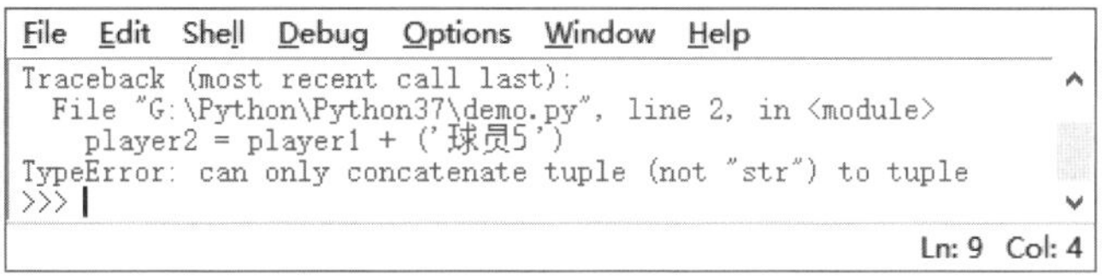

图 7.4 在进行元组连接时产生的错误

7.3.4 元组推导式

使用元组推导式可以快速生成元组，它的表现形式和列表推导式类似，只是将列表推导式中的方括号 "[]" 修改为圆括号 "()"。例如，我们生成一个包含 10 个随机数的元组，代码如下。

```
import random                  # 导入 random 标准库
randomnumber = (random.randint(10,100) for i in range(10))
print("生成的元组为: ",randomnumber)
```

运行结果如下。

```
生成的元组为:  <generator object <genexpr> at 0x0000000003056620>
```

从上面的运行结果中可以看出，使用元组推导式生成的结果并不是一个元组或者列表，而是一个生成器对象，这一点和列表推导式是不同的。当需要使用该生成器对象时，可以将其转换为元组或者列表。其中，转换为元组需要使用 tuple() 函数，而转换为列表则需要使用 list() 函数。

例如，使用元组推导式生成一个包含 10 个随机数的生成器对象，然后将其转换为元组并输出，可以使用下面的代码实现。

```
import random                              # 导入 random 标准库
randomnumber = (random.randint(10,100) for i in range(10))
randomnumber = tuple(randomnumber)             # 转换为元组
print("转换后: ",randomnumber)
```

运行结果如下。

转换后: (76, 54, 74, 63, 61, 71, 53, 75, 61, 55)

要使用通过元组推导式生成的生成器对象，还可以直接通过 for 循环遍历或者直接使用 __next__()
方法进行遍历。

💡 说明

在 Python 2.x 中，__next__() 方法对应的方法为 next() 方法，也是用于遍历生成器对象的。

例如，通过元组推导式生成一个包含 3 个元素的生成器对象 number，然后调用 3 次 __next__()
方法来输出每个元素，再将生成器对象 number 转换为元组输出，代码如下。

```
number = (i for i in range(3))
print(number.__next__())              # 输出第 1 个元素
print(number.__next__())              # 输出第 2 个元素
print(number.__next__())              # 输出第 3 个元素
number = tuple(number)                # 转换为元组
print(" 转换后: ",number)
```

上面的代码运行后，将显示以下结果。

0
1
2
转换后: ()

再如，通过元组推导式生成一个包括 4 个元素的生成器对象 number，然后应用 for 循环遍历该生
成器对象，并输出每一个元素的值，最后将其转换为元组输出，代码如下。

```
number = (i for i in range(4))        # 生成生成器对象
for i in number:                      # 遍历生成器对象
    print(i,end=" ")                  # 输出每一个元素的值
print(tuple(number))                  # 转换为元组输出
```

运行结果如下。

----
0 1 2 3 ()

从上面的两个示例中可以看出，无论通过哪种方法遍历后，如果再想使用该生成器对象，都必须重
新创建一个生成器对象，因为遍历后原生成器对象已经不存在了。

第8章

字符串

字符串是由一个或多个单字符组成的一串字符，在实际开发中会经常应用字符串。在 Python 中，字符串是一种数据类型，所以我们可以通过特定的函数，实现字符串的拼接、截取以及格式化等操作。

8.1 字符串操作

Python 中关于字符串的操作有很多，例如赋值、读取、按照索引截取以及删除等，进行这些操作的目的就是得到更准确的数据。例如我们在搜索引擎中搜索了相关的关键字，那么搜索引擎就会根据这个关键字进行结果的匹配查找，而结果中的每一个文字都可以看成字符串。从表面上来看，这就实现了字符串的赋值、截取和读取。

8.1.1 字符串的定义

在 Python 中定义字符串非常简单，只需要使用引号 "'" 或 """" 就可以创建一个字符串，然后需要将这个字符串分配给一个变量，这样在后面的代码中就可以访问这个字符串。其基本语法格式如下。

```
var="Hello World!"
```

这是以双引号的方式定义的字符串。除了双引号，我们还可以使用单引号来定义字符串，格式如下。

```
var='Hello World!'
```

这样，一个简单的字符串就定义好了，在后面的代码中就可以正常使用这个字符串了。下面看一段示例代码。

```
var = "Hello World!" # 定义字符串变量
print(var)            # 输出 "Hello World!"
```

在编程时，我们可能需要定义多行字符串，正常情况下直接使用双引号是不能接受换行符的，所以解决此问题的通常做法就是转译字符和字符串拼接，而在 Python 中我们可以使用三引号来实现。例如：

```
# 通过三引号来定义字符串（支持换行符）
json1="""
jsonData={
    id:1,
    product:'python',
    releaseDate:'1991',
    currentVersion:'3.7.0'
}
"""
print(json1)# 输出与定义字符串同等格式的字符串内容
```

通过三引号定义字符串能直观地展现该字符串的定义，也就是所见即所得的语法格式。

以上代码将会输出完整的字符串内容。输出结果如下。

```
jsonData={
    id:1,
    product:'python',
    releaseDate:'1991',
    currentVersion:'3.7.0'
}
```

⚡ 注意

如果想要去除结果中的第一行空行，那么只需要在定义字符串时，将字符串内容与起始三引号连接在一起。例如，将 jsonData 放在起始三引号的后面，那么结果中就不会出现第一行空行。

! 多学两招

除此之外，我们还可以通过转义字符来定义多行字符串。例如同样是定义一段 json 文本内容，可以使用如下方式。

```
json="jsonData={id:1,\nproduct:'python',\nreleaseDate:'1991',\ncurrentVersion:'3.7.0'}"# 通过 "\n" 换行符定义
print(json) # 输出同样的 json 字符串
```

8.1.2　字符串的拼接

在软件开发过程中，会经常用到字符串的拼接操作。字符串的拼接有以下几种方式。

第 1 种方式，使用"+"进行拼接，这也是大多数编程语言都支持的一种方式。其语法格式如下。

```
variable = str1+str2+str3...
```

多个字符串之间使用"+"进行拼接，我们可以将常量和变量进行拼接后赋给另一个变量，例如下面的代码。

```
from datetime import datetime,timezone    # 导入 datetime 和 timezone 模块
message=" 今天是： "                        # 定义第一个字符串变量
ToDay=datetime.today().date()             # 获取当前系统日期，赋给 ToDay 变量
message1="，星期 "                         # 定义第二个字符串变量
weekDay=datetime.now().weekday()          # 获取当前为一周的第几天
# 通过 "+" 符号将字符串拼接，输出结果为 "今天是：2018-09-26，星期 2"
print(message+str(ToDay)+message1+str(weekDay))
```

> ⚡注意
>
> 　　在进行字符串拼接时，所有参与拼接的常量或变量的类型必须是字符串类型，例如示例中的 weekDay 变量，实际上是整数类型，如果不通过 str() 函数进行转换，程序就会报出异常。

第 2 种方式，使用 join() 方法拼接，该方法可以将序列的每一个元素以指定顺序组合，组合后可以形成一个完整的字符串。其语法格式如下。

```
str.join(sequence)
```

参数为一个序列，可以是列表、元组或字典等。很多时候我们通过不同的方式生成了这些序列，可以使用 join() 方法将其转化为字符串。例如：

```
from datetime import datetime,timezone # 导入 datetime 和 timezone 模块
# 定义元组对象，元素为要拼接的字符串内容
ValTuple=(" 今天是： ",str(datetime.today().date()),"，"," 星期 ",str(datetime.
    now().weekday()))
    # 通过字符串对象的 join() 方法实现元组的拼接
newStr=''.join(ValTuple)
print(newStr)                          # 输出结果为 "今天是：2018-09-26，星期 2"
```

在使用 join() 方法进行序列元素拼接时，元素类型同样需要为字符串类型。

第 3 种方式，一行文本内容通过多行代码来拼接，此方式只适合常量字符串拼接。相比于三引号定义方式，这种方式可以避免回车符。例如：

```
# 通过一对圆括号实现一行字符串内容的多行拼接
varStr=("python"
        "字符串"
        "拼接")
print(varStr) # 输出结果为"python字符串拼接"
```

第 4 种方式，通过 F-string 拼接，此方式在 Python 3.6.2 及后续版本中可用。其语法格式如下：

```
sval=f'{s1}{s2}{s3}...'
```

F-string 方式实现起来很简单，只需要在所拼接的变量前标记字母"f"，然后通过双引号将要拼接的变量按顺序排列在一起，每个变量名称都需要使用一对花括号括起来。下面的示例同样是输出当前日期，我们通过 F-string 方式将每一个变量进行拼接后输出。

```
from datetime import datetime,timezone  # 导入 datetime 和 timezone 模块
s1="今天是:"                              # 定义字符串
s2=str(datetime.today().date())          # 获取当前系统日期并将其直接转换成字符串类型
s3=",星期"                               # 定义字符串
s4=str(datetime.now().weekday())         # 获取当前为一周的第几天
sval=f'{s1}{s2}{s3}{s4}'                 # 通过 "f" 标识以及花括号来拼接变量
print(sval)                              # 输出结果为 "今天是: 2018-09-26, 星期 2"
```

第 5 种方式，通过 string 模块中的 Template 函数进行拼接。其语法格式如下：

```
s=Template('${s1}${s2}${s3}...')
s.safe_substitute(s1=value, s2=value, s3=value,...)
```

使用此方式需要预先定义模板，然后通过相应的方法去设置模板中所设定的 key（指 Template 中的 S1、S2……）。使用此方式的好处是不需要担心所传递的参数，它与设置的 key 完全对应上。如果我们要显示当前日期，那么字符串的拼接就可以这样来实现。实现代码如下。

```
from datetime import datetime,timezone   # 导入 datetime 和 timezone 模块
from string import Template               # 导入 Template 模块
a1="今天是:"                              # 定义字符串
a2=str(datetime.today().date())          # 获取当前系统日期并将其直接转换成字符串类型
a3=",星期"                               # 定义字符串
a4=str(datetime.now().weekday())         # 获取当前为一周的第几天
sval = Template('${s1}${s2}${s3}${s4}')  # 通过 Template 函数来定义字符串模板
# 通过 safe_substitute() 方法实现字符串拼接，输出结果为 "今天是: 2018-09-26, 星期 2"
print(sval.safe_substitute(s1=a1, s2=a2, s3=a3, s4=a4))
```

其他方式也可以实现字符串拼接，如 %s 和 format 方式，这两种方式我们将在后面的 8.1.8 格式化字符串小节中讲解。

8.1.3　检索字符串

Python 提供了以下几个用于字符串检索的方法，通过这些方法可以实现在字符串中进行字符检索、统计和位置检索等。

（1）使用 count() 方法，实现统计一个字符串在其所在字符串对象中出现的次数。其语法格式如下。

```
str.count(sub[,start[,end]])
```

我们可以直接在原字符串对象上调用 count() 方法。该方法包含 3 个参数，其中参数 sub 是必须要提供的、表示要检索的子字符串，而 start 和 end 都是可选参数，分别表示检索范围的起始位置索引和结束位置索引。如果不指定这两个可选参数，则将从字符串的最左侧开始检索，而结束位置则是字符串的结尾处。

下面的示例是统计在使用 help() 函数后返回文本的某一部分内容中，Python 关键字出现的次数。实现代码如下。

```
# 定义字符串文本
vars="""Welcome to Python 3.7's help utility!
If this is your first time using Python, you should definitely check out
the tutorial on the Internet at https://docs.python.org/3.7/tutorial/.
"""
GetCount=vars.count("Python")              # 统计 Python 关键字的出现次数
 # 输出结果为 Python 关键字出现的次数为：  2"
print("Python 关键字出现的次数为：",str(GetCount))
```

> **注意**
>
> count() 方法进行统计时已经区分了字母大小写，所以文本最后一行的小写 "python" 并没有计算在内。

（2）使用 find() 方法，实现查询一个字符串在其字符串对象中首次出现的位置。其语法格式如下。

```
Str,find < str,beg=o,end=len(string))
```

如果没有检索到该字符串，则返回 −1。该方法包含 3 个参数，其中参数 sub 是必须要提供的，表示要检索的子字符串，而 start 和 end 都是可选参数，分别表示检索范围的起始位置索引和结束位置索引。如果不指定这两个可选参数，则将从字符串的最左侧开始检索，而结束位置则是字符串的结尾处。

下面的示例是查询 help() 函数返回的部分文本内容中，关键字 Python 首次出现的位置，以及第二次出现的位置。实现代码如下。

```
# 定义字符串文本
vars="""Welcome to Python 3.7's help utility!
```

```
If this is your first time using Python, you should definitely check out
the tutorial on the Internet at https://docs.python.org/3.7/tutorial/.
"""
firstIndex=vars.find("Python")                         # 在整个字符串中检索
lastIndex=vars.find("Python",firstIndex+1)             # 在指定开始位置后进行查找
    # 输出 "关键字: Python, 首次出现的位置为 : 11"
print("关键字:Python, 首次出现的位置为 :",firstIndex)
    # 输出 "关键字: Python, 第二次出现的位置为 : 71"
print("关键字: Python, 第二次出现的位置为 :",lastIndex)
```

💡 说明

　　在进行第二次检索时，我们传入了查找范围的起始值，这里对首次出现的索引值加1就可以跳过第一个关键字，从而继续向后检索。

　　（3）使用index()方法，实现查询一个字符串在其本身字符串对象中首次出现的位置。它与find()方法的功能相同，区别在于当find()方法没有检索到字符串时会返回-1，而index()方法会抛出异常。该方法包含3个参数，这3个参数与find()方法的参数相同。

　　同样是help()函数返回的部分文本内容，我们首先检索"Python"首次出现的位置，然后从该位置开始，到指定的位置结束来检索"python"出现的位置。实现代码如下。

```
# 定义字符串文本
vars="""Welcome to Python 3.7's help utility!
If this is your first time using Python, you should definitely check out
the tutorial on the Internet at https://docs.python.org/3.7/tutorial/.
"""
firstIndex=vars.index("Python")                        # 在整个字符串中检索
    # 输出 "关键字: Python, 首次出现的位置为 : 11"
print("关键字: Python, 首次出现的位置为 :",firstIndex)
    # 在指定开始位置和结束位置间进行查找
lastIndex=vars.index("python",firstIndex+1,100)
print("关键字: python, 第二次出现的位置为 :",lastIndex)  # 如果能够检索到则输出位置
```

　　运行该程序，在第一次检索并输出的结果后，程序会抛出如下异常信息。

```
Traceback (most recent call last):
  File "F:/Python 开发详解/MR/Code/Demo/11/10/Demo.py", line 8, in <module>
    lastIndex=vars.index("python",firstIndex+1,100)# 在指定开始位置后进行查找
ValueError: substring not found
```

> 💡 **说明**
>
> 在进行 "python" 的检索时，我们所指定的结束位置是在该字符串中 "python" 的位置前面，所以本次检索不包含 "python"，这时程序就会抛出异常。

（4）使用 startswith() 方法和 endswith() 方法可以实现判断一个字符串是否以指定的子字符串开始或结束，返回结果为 True 或 False。其语法格式如下。

```
str.startswith(prefix[,start[,end]])
str.endswith(prefix[,start[,end]])
```

Startswith() 和 endswith() 方法的功能是相同的，区别是前一个检索字符串的开始处，后一个检索字符串的结束处，所以两个方法的参数也是相同的。其中参数 prefix，表示要检索的子字符串，而 start 和 end 是可选参数，分别表示检索范围的起始位置索引和结束位置索引。

我们可以使用这两个方法来检测一个域名是否为加密协议，以及这个域名是否为国际顶级域名。实现代码如下。

```
url1="https://www.XXX.XX"                      # 定义第一个网址
url2="https://www.XXXX.XXX"                     # 定义第二个网址
# 判断第一个网址的开始处是否与指定字符串匹配
isUrl1Https=url1.startswith("https")
# 判断第一个网址的结束处是否与指定字符串匹配
isUrl1Com=url1.endswith("XX",url1.rfind("."))
# 输出 " 域名 https://www.XXX.XX , 是否为加密协议 : True , 是否为国际顶级域名 : False"
print(" 域名 ",url1,", 是否为加密协议 :",isUrl1Https,", 是否为国际顶级域名 :",isUrl1Com)
# 判断第二个网址的开始处是否与指定字符串匹配
isUrl2Https=url2.startswith("https")
# 判断第二个网址的结束处是否与指定字符串匹配
isUrl2Com=url2.endswith("XXX",url1.rfind("."))
# 输出 " 域名 https://www.XXXX.XXX , 是否为加密协议 : True , 是否为国际顶级域名 : True"
print(" 域名 ",url2,", 是否为加密协议 :",isUrl2Https,", 是否为国际顶级域名 :",isUrl2Com)
```

> 💡 **说明**
>
> rfind() 方法与 find() 方法的功能相同，区别在于 rfind() 方法从右向左检索，同样的还有 rindex() 方法。

8.1.4　截取与更新字符串

字符串的截取可以应用到对文本内容的解析上，通常我们需要在已有的一段字符串中截取一部分内容，然后将这一部分内容进行逻辑处理。如图 8.1 所示，如果我们在程序中要获取当前文件（Demo.py）的所在盘符，那么其中一种办法就是首先获取文件的完整路径，然后截取第一个字符（通常第一个字符就是盘符），这样就能够满足我们的程序需要。

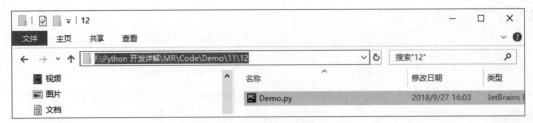

图 8.1　当前文件的路径

在 Python 中，字符串同样可以进行遍历操作，所以，实际上字符串也是一个序列。既然是序列，那么可以使用切片的方式来截取字符串，其语法格式如下。

```
string[start : end : step]
```

这里的 string 表示要截取的字符串或字符串变量，在花括号中以冒号进行索引的分割。其中参数 start 表示要截取的起始位置索引，参数 end 表示要截取的结束位置索引，参数 step 表示切片步长，默认为 1。这 3 个参数实际上都可以单独省略，例如只需要指定起始位置索引值，或者只需要指定结束位置索引值，甚至只指定步长参数也是允许的。

在实际开发中，由于某些特定需求需要用到字符串的截取操作，这时我们就需要采用切片的方式来获取数据，下面这个示例，就实现了手机号码的所属运营商查询功能。实现代码如下。

```python
def getPhone(num):                                              # 自定义实现函数
    # 定义移动运营商号码段
    mobile=[139,138,137,136,135,134,188,187,182,159,158,157,152,150]
    unicom=[130,131,132,155,156,186]                           # 定义联通运营商号码段
    telecom=[133,153,180,189]                                   # 定义电信运营商号码段
    threeNum=num[0:3]                                           # 截取手机号的前 3 位
    # 判断该手机号段是否为移动运营商所属
    if mobile.index(int(threeNum))>-1:
        return "中国移动"                                        # 返回结果数据
    # 判断该手机号段是否为联通运营商所属
    elif unicom.index(int(threeNum))>-1:
        return "中国联通"                                        # 返回结果数据
    # 判断该手机号段是否为电信运营商所属
    elif telecom.index(int(threeNum))>-1:
        return "中国电信"                                        # 返回结果数据
    else:
        return "暂无运营商信息"                                   # 返回结果数据


while True: # 执行无限循环
    phoneNumber=input("请输入您的手机号：")                      # 接收用户输入
    result=getPhone(phoneNumber)                               # 获得手机号所属运营商
    print("您的号码：",phoneNumber,"，所属运营商为：",result)  # 输出获取结果
```

运行该程序，当用户输入一个有效的手机号码，将会得到所属运营商信息。结果如下。

```
请输入您的手机号 :158XXXXXXXX
您的号码 : 158XXXXXXXX ，所属运营商为 : 中国移动
请输入您的手机号 :
```

> **⚡注意**
>
> 结果中最后一行"请输入您的手机号："是执行无限循环接收用户输入的提示信息。

字符串的更新也可以理解为字符串的替换操作，就是将某一字符串中一部分字符替换为指定的字符，语法格式如下。

```
str.replace(old [, new [, count]])
```

字符串对象本身的 replace() 方法可以实现替换操作，它含有 3 个参数，其中参数 old 表示原字符串，参数 new 表示新替换的字符串，可选参数 count 表示要替换的次数，如果不指定该可选参数则替换所有匹配字符，而指定替换次数时的替换顺序是从左向右依次替换。

下面的示例是将一个路径中的反斜线"\"替换成方便人们阅读的符号">"，最后输出原路径和友好显示路径。实现代码如下。

```
import os                                # 导入 os 模块
path=os.getcwd()                         # 获取当前路径
# 进行多次替换
replacePath=path.replace("\\",">",5).replace("\\","章 , 示例 ").replace(":"," 盘 ")
print(" 原路径: ",path)                  # 输出"原路径:  F:\Python 开发详解 \MR\Code\
Demo\11\13"
# 输出"友好显示:  F 盘 >Python 开发详解 >MR>Code>Demo>11 章 , 示例 13"
print(" 友好显示: ",replacePath)
```

> **💡说明**
>
> 反斜线"\"为转义字符，所以这里需要两个反斜线"\\"。

8.1.5 字符串的分割

在字符串的各项操作中，分割字符串也是很常用的一个操作。有时我们会对一个已知格式字符串按照指定的字符进行分割，从而得到我们预计的数据。如图 8.2 所示，将一个带有字母和逗号","的字符串进行分割，按照逗号分割后，得到的就是字母列表数据。

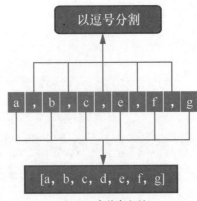

图 8.2　字符串分割

在 Python 中进行字符串分割后，我们将会得到一个字符串列表。其语法格式如下。

```
str.split(sep,maxsplit)
```

字符串对象本身的 split() 方法可以实现分割操作，它含有 2 个参数，其中参数 sep 表示分隔符，参数 maxsplit 表示要分割的次数，如果不指定该参数则分割所有匹配字符，而指定分割次数时的分割顺序是从左向右依次进行分割。

下面的示例演示了字符串分割的多种形式，我们先来简单、快速地了解一下 split() 方法的用法。实现代码如下。

```
s1='a,b,c'                     # 定义字符串
s2='a b c d'                   # 定义字符串
s3='a,b,,c'                    # 定义字符串
# 定义字符串
s4="""a,    b
c
d"""
s1Split=s1.split(',')          # 按照逗号分割
s2Split1=s2.split()            # 按照默认值分割。默认值为 None，包括空格、换行符和制表符等
s2Split2=s2.split(' ',2)       # 按照空格分割，同时只分割前两个空格
s3Split1=s3.split(',')         # 按照逗号分割
s4Split1=s4.split('\t')        # 按照制表符分割
s4Split2=s4.split('\n')        # 按照换行符分割
print(s1Split)                 # 输出 "['a', 'b', 'c']"
print(s2Split1)                # 输出 "['a', 'b', 'c', 'd']"
print(s2Split2)                # 输出 "['a', 'b', 'c d']"
print(s3Split1)                # 输出 "['a', 'b', '', 'c']"
print(s4Split1)                # 输出 "['a,    b\nc\nd']","\n" 表示为换行符
print(s4Split2)                # 输出 "['a,    b', 'c', 'd']"
```

　　序列中的元素在表示换行时，是以换行符"\n"来表示的。

　　在实际应用中，可能会遇见更加复杂的数据分割形式，例如经过多次分割后才能得到想要获取的数据。下面的示例用于实现 Python 版权信息的分割，程序在进行多次分割后得到 Python 各大版本的发行时间。实现代码如下。

```python
import sys;                            # 导入 sys 模块
copyright=sys.copyright                # 获取版权信息
everyCopyright=copyright.split('\n')   # 按照换行符分割
Va=everyCopyright[0]                   # 获取带有发行时间的行数据
Vb=everyCopyright[3]                   # 获取带有发行时间的行数据
Vc=everyCopyright[6]                   # 获取带有发行时间的行数据
Vd=everyCopyright[9]                   # 获取带有发行时间的行数据
times1=Va.split(' ')[2]               # 按照空格分割后，取出第二个元素数据，即发行时间
times2=Vb.split(' ')[2]               # 按照空格分割后，取出第二个元素数据，即发行时间
times3=Vc.split(' ')[2]               # 按照空格分割后，取出第二个元素数据，即发行时间
times4=Vd.split(' ')[2]               # 按照空格分割后，取出第二个元素数据，即发行时间
times4Split=times4.split('-')          # 按照 "-" 分割带有范围的发行时间
times3Split=times3.split('-')          # 按照 "-" 分割带有范围的发行时间
times1Split=times1.split('-')          # 按照 "-" 分割带有范围的发行时间
print(copyright)                       # 输出全部版权信息
# 输出发行时间
print(" 首次版本发行时间: ",times4Split[0]," 年 , 首次版本最新更新版本发行时间: ",
        times4Split[1]," 年 ")
# 输出发行时间
print(" 第二个版本发行时间: ",times3Split[0]," 年 , 第二个版本最新更新版本发行时间: ",
        times3Split[1]," 年 ")
# 输出发行时间
print(" 第三个版本发行时间: ",times2," 年 ")
# 输出发行时间
print(" 第四个版本发行时间: ",times1Split[0]," 年 , 第四个版本最新更新版本发行时间: ",
times1Split[1]," 年 ")
```

　　运行程序，将得到各版本的发行时间。结果如下。

```
Copyright (c) 2001-2018 Python Software Foundation.
All Rights Reserved.

Copyright (c) 2000 BeOpen.com.
All Rights Reserved.

Copyright (c) 1995-2001 Corporation for National Research Initiatives.
```

```
All Rights Reserved.

Copyright (c) 1991-1995 Stichting Mathematisch Centrum, Amsterdam.
All Rights Reserved.
首次版本发行时间： 1991 年，首次版本最新更新版本发行时间： 1995 年
第二个版本发行时间： 1995 年，第二个版本最新更新版本发行时间： 2001 年
第三个版本发行时间： 2000 年
第四个版本发行时间： 2001 年，第四个版本最新更新版本发行时间： 2018 年
```

8.1.6　字符串中字母的大小写转换

Python 提供了几个用于字母大小写转换的方法，在所支持的转换中，除了全部字母大小写转换外，还有首字母大写和所有单词首字母大写的转换方法。图 8.3 所示为当一个字符串进行转换后，可以得到的几种转换结果。

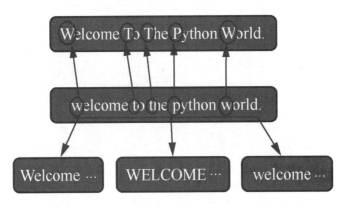

图 8.3　字符串大小写转换

首先，我们先来认识一下字符串对象几个大小写转换的实现方法。

```
str.upper()
str.lower()
str.capitalize()
str.title()
```

从方法名称上可以看出，方法 upper() 用于将所有字母转换成大写，而方法 lower() 用于将所有字母转换成小写，方法 capitalize() 和 title()，又实现了首字母大写的转换功能。其中方法 capitalize() 用于整段内容的首字母大写转换，并且，无论后面剩余字母是否为大写，都会将其转换成小写。最后 title() 方法用于将每个单词的首字母转换成大写。

下面我们通过示例代码来看一下这几个方法的转换形式。实现代码如下。

```
s1="Python"                      # 定义字符串
upperS1=s1.upper()               # 全部转换成大写
print(upperS1)                   # 输出 "PYTHON"
lowerS1=upperS1.lower()          # 全部转换成小写
print(lowerS1)                   # 输出 "python"
s2="heLLo woRld"                 # 定义字符串
capitalizeS2=s2.capitalize()     # 将首字母转换成大写，剩余全部小写
print(capitalizeS2)              # 输出 "Hello world"
titleS2=s2.title()               # 将每个单词的首字母转换成大写，剩余全部小写
print(titleS2)                   # 剩余 "Hello World"
s3=" 吃饭了吗 abc"                 # 定义字符串
titleS3=s3.title()               # 将遇见的第一个字母转换成大写
print(titleS3)                   # 输出 " 吃饭了吗 Abc"
s4="xzyabc"                      # 定义字符串
titleS4=s4.title()               # 将第一个字母转换成大写
print(titleS4)                   # 输出 "Xzyabc"
```

> **💡 说明**
>
> 在使用title()方法对变量S3进行转换时，汉字之后的第一个英文字母同样会被视为单词首字母。

8.1.7 去除字符串中的空格和特殊字符

有时，我们需要对字符串进行一些基本的数据处理，例如处理包含的空格、制表符、换行符和其他特殊字符等。如图 8.4 所示，在一个字符串的首尾处出现了空格和特殊符号，这种情况可能是用户的输入或数据源不统一导致的。因此，为了使数据更准确，我们必须去除这些字符。

图 8.4　去除空格以及特殊字符

在 Python 中，我们不需要自己去查找、判断和去除这些特殊字符，因为 Python 的字符串对象已经为我们尽可能地提供了几个可用的方法，我们先来看一下这几个方法。

```
str.strip([chars])
str.lstrip([chars])
str.rstrip([chars])
```

这 3 个方法都是用于去除字符串中的空格或特殊字符的，区别在于 strip() 方法用于去除字符串左右两边的特殊字符或空格，lstrip() 方法用于去除字符串左边的特殊字符或空格，而 rstrip() 方法用于去除字符串右边的特殊字符或空格。3 个方法的参数是相同的，也都是可选参数。如果传递该参数，那么该

参数的值表示要去除的字符；如果不指定该参数值，则默认去除空格、制表符、回车符和换行符等。

下面，我们通过这 3 个方法来实现去除几种不同形式的特殊字符。实现代码如下。

```
s1=" hello python"        # 定义字符串
s2="hello python    "     # 定义字符串
s3=" hello python*"       # 定义字符串
s4="  %hello python "     # 定义字符串
print(s1.lstrip())        # 输出 "hello python"
print(s2.rstrip())        # 输出 "hello python"
print(s3.strip(" *"))     # 输出 "hello python"
print(s4.strip(" %"))     # 输出 "hello python"
```

8.1.8 格式化字符串

格式化字符串与前面我们所学的拼接字符串很相像，因为这两种操作的目的都是将一个字符串附加到另一个字符串上，但格式化字符串的可配置性会更强一些。之所以这样说，是因为格式化字符串需要先指定一个模板，然后在这个模板中通过特殊符号来标记占位符，这个占位符就是后期将指定的字符串填充到该位置的标记。如图 8.5 所示，在所定义的字符串中，模板占位符可以被填充为其他任何字符串。

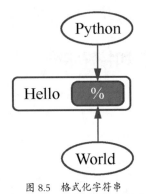

图 8.5　格式化字符串

在 Python 中，格式化字符串可以通过"%"运算符以及 format() 方法这两种方式来实现。首先我们来看通过"%"运算符实现格式化字符串，语法格式如下。

```
'%s' % exp
'%[-][+][0][m][.n] 格式化字符 ' % exp
```

首先，模板中的"%s"表示要进行内容填充的占位符，然后是百分号"%"，后面是要进行填充的内容，通常为一个元组或字典。除了基本的写法外，我们还可以使用更多的参数来格式化字符串。例如使用符号"-"表示左对齐字符串，后面跟随一个数字，表示要对齐的位数，而符号"+"表示右对齐字符串。参数"0"表示右对齐字符串，用"0"填充空白处。参数" m"和".n"分别表示占有宽度和小数点保留位数。"格式化字符"表示要格式化的类型。

下面，我们通过"%"的方式实现生成创建表的 SQl 语句，使用 while 无限循环来接收用户输入。代码如下。

```
getFiled="\t%s %s,"                                     # 定义生成字段模板
createStr="create table %s \n(\n%s\n)"                  # 定义创建表模板
fileds="%s"                                             # 定义多字段拼接模板
while True:                                             # 无限循环
    fieldName = input("请输入字段名称：")                # 接收用户输入的字段名称
    fieldType = input("请输入字段类型：")                # 接收用户输入的字段类型
    fileds=fileds%(getFiled%(fieldName,fieldType))+"%s"# 格式化字段模板
    while input("是否继续添加字段，如继续添加请输入 y，否则为 n")=="y":   # 询问用户
是否继续添加字段
        fieldNameN = input("请输入字段名称：")           # 接收用户输入的字段名称
        fieldTypeN = input("请输入字段类型：")           # 接收用户输入的字段类型
        fileds = fileds % "\n"+(getFiled % (fieldNameN, fieldTypeN)) + "%s"#
格式化字段模板
    tabName = input("请输入表的名称：")                  # 接收用户输入的表名
    fileds=fileds%("")                                  # 格式化字段模板
    scriptStr=createStr%(tabName,fileds.rstrip(","))   # 格式化创建表模板
    print(scriptStr)                                    # 输出 SQL 语句
```

运行程序，然后在控制台中输入各项信息，最后得出如下结果。

```
请输入字段名称：id
请输入字段类型：int
是否继续添加字段，如继续添加请输入 y，否则为 ny
请输入字段名称：name
请输入字段类型：varchar(32)
是否继续添加字段，如继续添加请输入 y，否则为 ny
请输入字段名称：sex
请输入字段类型：varchar(2)
是否继续添加字段，如继续添加请输入 y，否则为 ny
请输入字段名称：age
请输入字段类型：int
是否继续添加字段，如继续添加请输入 y，否则为 nn
请输入表的名称：UserInfo
create table UserInfo
(
        id int,
        name varchar(2),
        sex varchar(2),
        age int
)
请输入字段名称：
```

使用 "%" 运算符是较早版本中常用的一种格式化方式，从 Python 2.6 开始字符串对象提供了

format() 方法来实现字符串的格式化，但在后期版本的 Python 中也一直保留着"%"方式。实际上 format() 方法要比"%"方式更先进，所以，这里推荐使用 format() 方法来格式化字符串。

format() 是字符串对象提供的方法，所以，在使用时，我们需要在字符串中来定义模板，然后通过 format() 方法来填充模板占位符。其语法格式如下。

```
str.format(args)
```

参数 args，表示要转换的项，多个项之间用逗号进行分隔。

format() 方法指定了转换项，而模板的定义直接在字符串中指定。在定义模板时，需要使用"{}"和":"指定占位符，语法格式如下。

```
{[index] [:[[fill]align][sign][#][width][.precision][type]]}
```

"[]"内都是可选参数，在进行格式化的过程中，这些参数可以实现不同的需求功能。具体参数说明如下。

- ☑ index：用于指定模板列表的顺序，从 0 开始。如果忽略该参数，则根据模板列表创建顺序从左到右排列。
- ☑ fill：用于指定空白处填充的字符。
- ☑ align：用于指定对齐方式，值可以为"<"">""="和"^"。该参数需要配合 width 参数一起使用。
- ☑ sign：用于指定有无符号数，值可以为"+""-"和空格。
- ☑ #：对于二进制、八进制和十六进制，如果加上"#"，则会显示 0b/0o/0x 前缀，否则不显示前缀。
- ☑ width：用于指定所占宽度。
- ☑ .precision：用于指定要保留的小数位数。
- ☑ type：用于指定类型。

在实际应用中，我们可以根据需求使用不同的参数。下面，我们就通过 format() 方法实现一个 HTML 表格的制作，并且实现 td 内容填充。代码如下。

```
class table:                                        # 定义类
    __tab="<table>{:s}\n</table>"                   # 定义 table 模板
    __trs="{:s}"                                     # 定义 tr 累加模板
    __tds="{:s}"                                     # 定义 td 累加模板
    def appendTr(self):                             # 定义追加 tr 方法
        tr="\n\t<tr>{:s}\n\t</tr>"                  # 定义 tr 模板
        self.__trs=self.__trs.format(tr.format(self.__tds.ormat("")))+"{:s}"
# 格式化 tr 模板
        self.__tds="{:s}"                           # 重置 td 累加模板
    def appendTdText(self,text):                    # 定义追加 td 方法，格式为文本
        td="\n\t\t<td>{:s}</td>"                     # 定义 td 模板
        self.__tds=self.__tds.format(td.format(text))+"{:s}" # 格式化 td 模板
    def appendTdMoney(self, val):                   # 定义追加 td 方法，格式为货币
        td = "\n\t\t<td>￥{:,.2f}元</td>"            # 定义 td 模板
```

```
        self.__tds = self.__tds.format(td.format(val)) + "{:s}"  # 格式化 td 模板
    def appendTdNo(self, val):                          # 定义追加 td 方法，格式为编号
        td = "\n\t\t<td>{:0>3s}</td>"                   # 定义 td 模板
        self.__tds = self.__tds.format(td.format(val)) + "{:s}"  # 格式化 td 模板
    def over(self):                                     # 定义表格生成方法
        self.__tab=self.__tab.format(self.__trs.format(""))  # 格式化 table 模板
        return self.__tab                               # 返回字符串
getTable=table()                                        # 创建 table 类
getTable.appendTdNo("1")                                # 添加第一行第一列（编号）
getTable.appendTdMoney(8699)                            # 添加第一行第二列（价格）
getTable.appendTdText("iPhone XS")                      # 添加第一行第三列（名称）
getTable.appendTr()                                     # 添加行
getTable.appendTdNo("2")                                # 添加第二行第一列（编号）
getTable.appendTdMoney(9599)                            # 添加第二行第二列（价格）
getTable.appendTdText("iPhone XS Max")                  # 添加第二行第三列（名称）
getTable.appendTr()                                     # 添加行
getTable.appendTdNo("3")                                # 添加第三行第一列（编号）
getTable.appendTdMoney(6499)                            # 添加第三行第二列（价格）
getTable.appendTdText("iPhone XR")                      # 添加第三行第三列（名称）
getTable.appendTr()                                     # 添加行
print(getTable.over())                                  # 生成表格字符串并输出
```

运行程序，最后得出如下结果。

```
<table>
        <tr>
         <td>001</td>
         <td> ￥8,699.00 元 </td>
         <td>iPhone XS</td>
        </tr>
        <tr>
         <td>002</td>
         <td> ￥9,599.00 元 </td>
         <td>iPhone XS Max</td>
        </tr>
        <tr>
         <td>003</td>
         <td> ￥6,499.00 元 </td>
         <td>iPhone XR</td>
        </tr>
 </table>
```

8.2　字符编码转换

与其他编程语言一样，Python 可以支持多种字符编码格式，我们可以根据不同的字符类型使用不同的编码。首先，我们简单地认识一下各类字符编码，如表 8.1 所示。

表 8.1　字符编码表

编码	制定时间	说明	所占字节数 /bit
ASCII	1967 年	显示英语及西欧语言	8
GB 2312-80	1980 年	简体中文字符集，兼容 ASCII	2
Unicode	1991 年	国际标准组织统一标准字符集	2
GBK	1995 年	GB 2312-80 的扩展字符集，支持繁体字，兼容 GB 2312-80	2
UTF-8	1992 年	不定长编码	1 ~ 3

在 Python 中，字符编码操作有 3 种数据状态，首先是明文字符，也就是程序员所定义的字符，然后经过转换，在内存中将以 Unicode 格式存储，最后，保存到磁盘上时会相应地转换成 UTF-8 或 GBK 等编码格式。转换过程如图 8.6 所示。

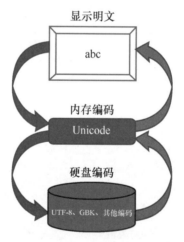

图 8.6　转换过程

图 8.6 中，左侧的箭头表示编码过程，在 Python 中使用字符串对象的 encode() 方法来实现编码。右侧的箭头表示解码过程，解码字符则需要使用 bytes 对象的 decode() 方法来实现。

8.2.1　encode() 方法编码

encode() 方法是字符串对象内置的一个实现方法，用于实现编码操作。其语法格式如下。

```
str.encode([encoding[,errors]])
```

参数 encoding，表示要进行编码的字符格式，如果不指定该参数，则默认编码格式为 UTF-8。参数 errors，用于指定错误的处理方式，它的值可以是 strict（遇到非法字符抛异常）、ignore（忽略非法字符）、replace（用 "?" 替换非法字符）或 xmlcharrefreplace（使用 XML 的字符引用）等，默认值为 strict。

下面，我们会将一段带有中文内容的字符串进行编码。实现代码如下。

```
str=" 弄清楚 Python 字符编码，以免被编码问题所困扰！"   # 定义字符串
utf8Str=str.encode(encoding="utf-8")                # 采用 UTF-8 编码
gbkStr=str.encode(encoding="GBK")                   # 采用 GBK 编码
print(utf8Str)                                      # 输出 UTF-8 编码内容
print(gbkStr)                                       # 输出 GBK 编码内容
```

运行程序，得到如下结果。

```
b'\xe5\xbc\x84\xe6\xb8\x85\xe6\xa5\x9aPython\xe5\xad\x97\xe7\xac\xa6\xe7\
xbc\x96\xe7\xa0\x81\xef\xbc\x8c\xe4\xbb\xa5\xe5\x85\x8d\xe8\xa2\xab\xe7\
xbc\x96\xe7\xa0\x81\xe9\x97\xae\xe9\xa2\x98\xe6\x89\x80\xe5\x9b\xb0\xe6\
x89\xb0!'
b'\xc5\xaa\xc7\xe5\xb3\xfePython\xd7\xd6\xb7\xfb\xb1\xe0\xc2\xeb\xa3\xac\
xd2\xd4\xc3\xe2\xb1\xbb\xb1\xe0\xc2\xeb\xce\xca\xcc\xe2\xcb\xf9\xc0\xa7\
xc8\xc5!'
```

8.2.2　decode() 方法解码

decode() 方法是 bytes 对象内置的一个实现方法，用于实现解码操作。其语法格式如下。

```
bytes.decode([encoding[,errors]])
```

参数 encoding，表示要进行解码的字符格式，如果不指定该参数，则默认编码格式为 UTF-8。参数 errors，用于指定错误的处理方式，它的值可以是 strict（遇到非法字符抛异常）、ignore（忽略非法字符）、replace（用 "?" 替换非法字符）或 xmlcharrefreplace（使用 XML 的字符引用）等，默认值为 strict。

下面，我们将已经编码后的 bytes 内容进行解码。实现代码如下。

```
# 定义字节编码
Bytes1=bytes(b'\xe5\xbc\x84\xe6\xb8\x85\xe6\xa5\x9aPython\xe5\xad\x97\
            xe7\xac\xa6\xe7\xbc\x96\xe7\xa0\x81\xef\xbc\x8c\xe4\xbb\xa5\
            xe5\x85\x8d\xe8\xa2\xab\xe7\xbc\x96\xe7\xa0\x81\xe9\x97\xae\
            xe9\xa2\x98\xe6\x89\x80\xe5\x9b\xb0\xe6\x89\xb0!')
# 定义字节编码
Bytes2=bytes(b'\xc5\xaa\xc7\xe5\xb3\xfePython\xd7\xd6\xb7\xfb\xb1\xe0\
            xc2\xeb\xa3\xac\xd2\xd4\xc3\xe2\xb1\xbb\xb1\xe0\xc2\xeb\xce\
            xca\xcc\xe2\xcb\xf9\xc0\xa7\xc8\xc5!')
```

127

```
str1=Bytes1.decode("utf-8") # 进行 UTF-8 解码
str2=Bytes2.decode("GBK")    # 进行 GBK 解码
print(str1)                  # 输出 UTF-8 解码后的内容
print(str2)                  # 输出 GBK 解码后的内容
```

运行程序，得到如下结果。

弄清楚 Python 字符编码，以免被编码问题所困扰！
弄清楚 Python 字符编码，以免被编码问题所困扰！

8.3　转义字符与原始字符

在我们使用字符串时，会经常将一些特殊符号嵌入字符串，例如换行符、制表符、单引号或双引号等。这些特殊字符也许不能够以可见字符直接输入，或输入后与字符串本身的定义产生冲突，那么这时就需要用到转义字符来实现，即反斜线"\"。这时，我们只需在字符串中，在需要用到特殊字符的位置来使用转义字符就可以实现。如图8.7所示，在字母"c"的后面，使用了制表符，在字母"e"的后面使用了换行符。

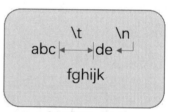

图 8.7　转义字符

8.3.1　转义字符

在每一次进行转义操作时，都需要使用反斜线"\"，后面跟随具有特定含义的字符，例如"\n"。下面是各转义字符的定义以及说明。

- ☑ "\"：行尾续行符。
- ☑ "\\"：反斜线。
- ☑ "\'"：单引号。
- ☑ "\""：双引号。
- ☑ "\a"：响铃。
- ☑ "\b"：退格（Backspace）。
- ☑ "\e"：转义。
- ☑ "\000"：空。
- ☑ "\n"：换行。
- ☑ "\v"：纵向制表符。
- ☑ "\t"：横向制表符。
- ☑ "\r"：回车。
- ☑ "\f"：换页。

☑ "\oyy": 八进制数，yy 代表的字符，例如 "\o12" 代表换行。

☑ "\xyy": 十六进制数，yy 代表的字符，例如 "\x0a" 代表换行。

☑ "\other": 其他的字符以普通格式输出。

python 语言最具特色的一点就是用缩进来编写代码块。下面，我们就针对这个特点，在字符串中定义 Python 中的函数，然后通过转义字符实现代码换行及缩进。代码如下。

```
funcVar="def MyFunc():\n\tprint('hello world')"# 函数定义字符串
print(funcVar)                                    # 输出标准函数定义格式字符串
```

运行程序，得到如下结果。

```
def MyFunc():
        print('hello world')
```

试想一下，如果在我们定义字符串的过程中，字符串内容需要用到单引号或者双引号，而对于字符串的定义也一定为单引号或双引号，通常我们的做法就是用单引号定义字符串，那么内容中就可以使用双引号，或者反过来定义和使用也是可以的。但如果我们的程序刚好使用了双引号定义的字符串，同时字符串内容中也会用到双引号，此时如果直接使用，就会产生语法错误，因为这样会导致代码歧义和冲突。如图 8.8 所示，在代码编写过程中，编辑器会直接报出代码语法错误消息。

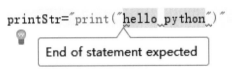

图 8.8 代码语法错误消息

遇到这样的问题，我们就需要用到转义字符，也就是通过反斜线加双引号来定义，即 "\"" 转义字符。下面的示例，我们定义了一个字符串变量，内容为 print() 函数输出的一段字符串文本内容，而在 print() 函数内需要使用双引号来定义字符串。这时，我们可使用转义字符来定义，然后通过 eval() 函数来执行所定义的字符串表达式。代码如下。

```
printStr="print(\"hello python\")"# 定义字符串
eval(printStr)                        # 执行字符串表达式
```

💡 说明

  eval() 函数用于执行一个字符串表达式。

上面这几种转义字符都是很常用的，下面我们再来看一种转义字符的功能。代码如下。

```
pythonUrl='C:\Program Files\Python37\tcl'# 定义字符串
print(pythonUrl)                          # 输出 "C:\Program Files\Python37	cl"
```

可以看到在程序中我们定义了一个文件目录字符串，目录指向了 Python 安装路径下的 tcl 文件夹，这是标准的文件路径格式。但是，当我们定义在字符串中时，反斜线"\"会将字母"t"转义成制表符，这时，这个目录就发生了错误。针对这个问题，我们可以想到，其实我们想要保留的是反斜线"\"，实际上就是避免这种无意间的转义。下面的示例，演示了如何稳定地输出反斜线"\"。代码如下。

```
pythonUrl='C:\\Program Files\\Python37\\tcl' # 定义字符串
print(pythonUrl)                    # 输出 "C:\Program Files\Python37\tcl"
```

示例中我们使用两个反斜线"\"来表示一个反斜线的输出，实际上就是前面的反斜线将后面的反斜线进行了转义输出。为了保证程序可靠性，我们将每一个反斜线前都固定添加一个"\"，而不只是"\tcl"。

8.3.2　原始字符

前面我们所学习的转义字符用于对普通字符串进行转义，虽然能够实现特殊符号的输出，但在这其中还是会有一些弊端是无法避免的，例如文件路径的转义。如果目录层次结构很"深"，那么我们需要在每一级目录的"\"符号前都手动添加一个反斜线"\"，这无疑会增加很多工作量。所以，在 Python 中，有个原始字符的概念。

Python 中的原始字符在普通字符串前加上一个字符"r"来标记。同样输出当前 Python 安装路径下的"tcl"文件夹，通过字符"r"来定义原始字符可以很轻松地解决字符转义的问题。

```
pythonUrl=r'C:\Program Files\Python37\tcl'# 定义字符串
print(pythonUrl)                    # 输出 "C:\Program Files\Python37\tcl"
```

> 💡 说明
>
> 字符"r"可以是小写的也可以是大写的。

8.4　字符串运算符

字符串运算符可以实现对字符串进行各种更快捷的操作，例如前面我们学习过的截取字符串，其中用到的"[:]"切片方式，就可以很快速地获取指定范围内的字符串。除此之外我们还可以进行更多的操作，如图 8.9 所示的复制、拼接、检索和判断等。

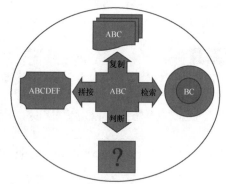

图 8.9　字符串运算符

8.4.1　认识字符串运算符

我们先来认识一下字符串运算符都有哪些，其中包括我们前面已经学到过的一些运算符及用法。字符串运算符及其说明如下。

- ☑ "+"：连接字符串。
- ☑ "*"：重复输出字符串。
- ☑ "[]"：通过索引获取字符串中的字符。
- ☑ "[:]"：截取字符串中的一部分。
- ☑ "in"：成员运算符，如果字符串中包含给定的字符，返回 True。
- ☑ "not in"：成员运算符，如果字符串中不包含给定的字符，返回 True。
- ☑ "r/R"：原始字符串。
- ☑ "%"：格式字符串。

在上述列出的字符串运算符中，我们已经学习过"+""[:]""r/R"以及"%"。除了这些这些字符串运算符外，我们还可以通过其他字符串运算符实现更复杂的操作。

8.4.2　应用字符串运算符

这里我们主要来应用那些我们还没有学习过的字符串运算符，然后通过示例来演示各字符串运算符的实际用法。

首先，我们先来学习如何使用"*"运算符，它的作用是用于重复输出字符串，我们可以将其视为一个复制过程，其语法格式如下。

```
s*number
```

其中，s 表示要复制的原字符串，number 表示重复次数，这里需要将其指定为一个数字，然后使用"*"符号将其连在一起就可以实现指定次数的字符串复制。下面的示例，实现了将一段字符串进行指定次数的复制，最终输出复制后的字符串内容。代码如下。

```
str=" 重要的事情说 3 遍 !\n"# 定义字符串
strThree=str*3              # 重复 3 次
print(strThree)             # 输出重复后的字符串内容
```

> ⚡注意
>
> 在字符串的结尾处，使用了"\n"转义字符实现字符串的换行，否则，字符串将连续输出。

运行程序，得到如下结果。

```
重要的事情说 3 遍 !
重要的事情说 3 遍 !
重要的事情说 3 遍 !
```

"[]"运算符与"[:]"运算符类似，都是通过索引来获取字符串内容，区别在于"[]"只需要提供一个索引，而"[:]"需要提供范围索引。所以，通过"[]"运算符获取的字符串内容也只能是单个字符。其语法格式如下。

```
str[index]
```

其中，str 表示要获取的原字符串，index 表示要获取的字符索引位置，该位置从 0 开始，如果超出索引范围，那么程序将抛出错误。下面的示例，实现了在 26 个英文字母中通过索引来获取其中某一个字母。代码如下。

```
def getEn(index):                                    # 定义获取函数
    if index<0 or index>26:                          # 判断索引是否合法
        return "error"                               # 如果非法，返回错误
    else:
        ens="abcdefghijklmnopqrstuvwxyz"      # 否则定义 26 个英文字母字符串
        return ens[index-1]     # 将用户输入的索引减 1，因为用户认为 1 是起始位置
while True:                                          # 执行无限循环
    getIndex=input("请输入 26 个英文字母中某一个字母的位置：")# 接收用户输入
    index=int(getIndex)                             # 将用户输入内容转换为整数类型
    En=getEn(index)                                 # 调用 getEn() 函数，实现获取单个字母
    print(En)                                        # 输出获取到的字母内容
```

运行程序，任意输入一些索引位置，将会得到相应的结果，如下面的交互过程。

```
请输入 26 个英文字母中某一个字母的位置：1
a
请输入 26 个英文字母中某一个字母的位置：16
p
请输入 26 个英文字母中某一个字母的位置：26
z
请输入 26 个英文字母中某一个字母的位置：27
error
请输入 26 个英文字母中某一个字母的位置：
```

"in"运算符实际上是一个关键字，主要用于判断某一字符串是否出现在指定的字符串中，这一过程是连续性的。如果存在包含关系，则返回结果 True，否则返回 False。其语法格式如下。

```
str1 in str2
```

在"in"关键字前后各有一个字符串对象，其中左侧的 str1 表示被包含字符串，右侧的 str2 表示要进行查找的原字符串。通常，我们会使用 if 来判断包含结果。下面的示例可判断用户输入的邮箱地址是否属于所定义邮箱中的一个。代码如下。

```
def IsMailExists(mail):                       # 定义方法
    email1="@live@hotmail@126@QQ@yahoo"     # 定义匹配邮箱
    sta = mail.index("@")                      # 获取用户邮箱地址中 "@" 的位置
    end = mail.index(".",sta)                  # 获取用户邮箱地址中 "." 的位置
```

```
        getMail=mail[sta+1:end]                     # 获取用户邮箱地址的所属邮箱
        if getMail in email1:                       # 判断用户邮箱是否出现在定义邮箱中
            return " 邮箱地址 :"+mail+" 属于邮箱 ["+email1+"] 中的一个。 " # 返回已找到结果
        else:
            return " 未找到所属邮箱 "                  # 返回未找到结果
 while True:                                         # 执行无限循环
     myEmail=input(" 请输入您的邮箱地址 :")            # 接收用户输入
     IsEmail=IsMailExists(myEmail)                   # 传入邮箱地址获取结果
     print(IsEmail)                                  # 输出获取结果
```

运行程序，输入自定义邮箱地址，将会得到相应的结果，交互过程如下。

```
请输入您的邮箱地址 :test@yahoo.com
邮箱地址 :test@yahoo.com 属于邮箱 [@live@hotmail@126@QQ@yahoo] 中的一个。
请输入您的邮箱地址 :test@gmail.com
未找到所属邮箱
请输入您的邮箱地址 :
```

"not in" 与 "in" 正好是相反的操作，我们可以这样来理解，一个字符串是否不包含在另一个字符串中，这里值得注意的是，如果不包含则返回 True，否则返回 False。其语法格式如下。

```
str1 not in str2
```

使用 "not in" 和 "in" 可以实现相同的程序功能，主要是实现逻辑这里，哪一种方式更接近程序实现。例如，下面的示例可用来判断系统中是否已经存在用户所输入的用户名，如果存在则提示用户无法进行注册。代码如下。

```
def IsExisUser(user):# 定义方法
    userInfos="Wilson|James|Leon|Kevin|Denny|Bill|Nick"# 定义用户名字符串
    if user not in userInfos:# 判断是否不包含
        return " 注册成功 "# 返回成功消息
    else:# 否则包含
        return " 系统中已经存在 "+user+" 用户名，请更换后重新注册 !"# 返回失败消息
while True:# 执行无限循环
    userName=input(" 请输入用户名 :")# 接收用户输入的用户名
    msg=IsExisUser(userName)# 判断能否注册
    print(msg)# 输出注册结果
```

运行程序，根据提示输入用户名，交互结果如下。

```
请输入用户名 :James
系统中已经存在 James 用户名，请更换后重新注册 !
请输入用户名 :Evan
```

```
注册成功
请输入用户名：
```

8.5　字符串的操作方法

　　字符串的操作方法我们又可以称为字符串内置函数，包括前面我们学习到的 index() 方法、upper() 方法等，都属于字符串的操作方法。实际上，字符串的操作方法不止前面我们所学习到的那些，如图 8.10 所示，这些操作方法还可以用于进行更多的实现用途。

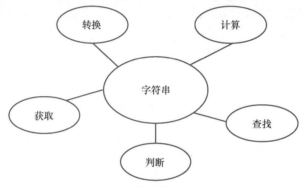

图 8.10　字符串方法功能

8.5.1　center()、ljust()、rjust()、zfill() 这 4 个方法的应用

　　总的来说，这 4 个方法都是用于将原字符串扩充至指定位数长度，然后以指定字符填充空白位置，最终返回一个新的字符串。这 4 个方法都包含 width 参数，width 减去原字符串长度就是要进行填充的长度。如图 8.11 所示，一个方格存储一个字符，那么图中描述了所有对齐方式。

图 8.11　字符串对齐方式

　　下面，我们一一介绍这 4 个方法的实际用法。首先来看 center() 方法的用法。其语法格式如下。

```
str.center(width[,fillchar])
```

width 参数表示要扩充的长度，即新字符串的总长度。fillchar 参数表示要填充的字符，如果不指定该参数，则使用空格字符来填充。下面的示例是 center() 方法在指定不同长度时，分别实现的几种不同对齐方式。代码如下。

```python
# 长度为 14，不指定填充字符，前后各由一个空格字符来填充
print("hello python".center(14))
# 长度为 14，指定填充字符，前后各由一个"-"字符来填充
print("hello python".center(14,"-"))
# 长度为 13，只在字符串前填充一个"-"字符
print("hello python".center(13,"-"))
# 长度为 15，字符串前填充两个"-"字符，字符串后填充一个"-"字符
print("hello python".center(15,"-"))
# 长度为 8，不足原字符串长度，输出原字符串
print("hello python".center(8,"-"))
```

运行程序，分别输出如下结果。

```
 hello python
-hello python-
-hello python
--hello python-
hello python
```

ljust() 方法用于将字符串进行左对齐右侧填充。其语法格式如下。

```
str.ljust(width[,fillchar])
```

该方法同样包含 2 个参数，width 参数表示要扩充的长度，fillchar 参数表示要填充的字符，参数作用与 center() 方法中的是相同的。下面，我们通过示例来看一下字符串左对齐填充效果。

```python
# 长度为 14，不指定填充字符，字符串后由两个空格字符来填充
print("hello python".ljust(14))
  # 长度为 13，指定填充字符，字符串后填充一个"-"字符
print("hello python".ljust(13,"-"))
  # 长度为 8，不足原字符串长度，输出原字符串
print("hello python".ljust(8,"-"))
```

运行程序，分别输出如下结果。

```
hello python
```

```
hello python-
hello python
```

⚡ 注意

结果中第一个"hello python"后有两个空格字符。

字符串对象的 rjust() 方法用于将字符串进行右对齐左侧填充。其语法格式如下。

```
str.rjust(width[,fillchar])
```

rjust() 方法刚好是 ljust() 方法的一个相反过程。参数 width 表示要扩充的长度，fillchar 参数表示要填充的字符。下面，我们直接通过示例来看一下字符串右对齐填充效果。代码如下。

```
#长度为14，不指定填充字符，字符串前由两个空格字符来填充
print("hello python".rjust(14))
#长度为13，指定填充字符，字符串前填充一个"-"字符
print("hello python".rjust(13,"-"))
#长度为8，不足原字符串长度，输出原字符串
print("hello python".rjust(8,"-"))
```

运行程序，分别输出如下结果。

```
  hello python
-hello python
hello python
```

⚡ 注意

结果中第一个"hello python"前有两个空格字符。

字符串对象的 zfill() 方法，与前面的 3 个方法的功能有些类似，但实现结构上还是有一些区别的。zfill() 方法用于右对齐字符串，然后在字符串左侧以字符"0"进行填充。其语法格式如下。

```
str.zfill(width)
```

该方法只有一个 width 参数，因为指定长度的字符串空缺处，会默认以字符"0"进行填充，所以，无须让开发人员来设置填充字符。

通过 zfill() 方法我们可以解决一些实际问题，例如下面的示例，当我们试图对一个字符串类型的数字列表进行升序排列时，实际上排列的结果并非是我们想要的结果，例如数字 11 会排在数字 2 的前面，这就需要通过一些特殊手段来解决这个问题。代码如下。

```
name=["1","22","11","6","3"]    # 定义字符串类型的数字列表
name.sort()                     # 进行一次排序（默认升序）
print(name)                     # 排序后输出列表
for index,val in enumerate(name):# 循环列表元素
# 对每个元素进行更改，改为 3 个字符长度，前面用字符"0"填充
    name[index]=val.zfill(3)
name.sort()                     # 再次进行排序（默认升序）
print(name)                     # 输出更改后的数字列表
```

运行程序，在未修改数值之前，经过一次排序，得到的是不理想的排序结果，而通过 zfill() 方法进行字符串对齐填充后，得到的排序结果才是我们预想中的结果。

输出结果如下。

```
['1', '11', '22', '3', '6']
['001', '003', '006', '011', '022']
```

8.5.2　其他常用方法

Python 的字符串对象还有很多方法可以使用，包括一些与前面所学习过的具有相同功能的方法，例如 rindex() 方法，它与 index() 方法的功能相同，只不过 rindex() 方法从右侧开始查找。所以，还有其他多个类似的方法。下面，我们来学习一下字符串对象中，其他方法的定义与用法。

1. isdecimal() 方法、isdigit() 方法以及 isnumeric() 方法

isdecimal()、isdigit() 以及 isnumeric() 这 3 个方法看上去都是用于验证字符串是否为数字字符串，例如对于数字 1 的字符串验证，那么 3 个方法的返回结果都为 True。然而实际上这 3 个方法还是有一定区别的，主要为对不同字符集进行验证。首先，我们先来看一下这 3 个方法的语法格式。

```
str.isdecimal()
str.isdigit()
str.isnumeric()
```

然后，再来看一下这 3 个方法官方的具体定义。

isdecimal() 方法：如果字符串中只有十进制字符，则返回 True，否则返回 False。

isdigit() 方法：如果字符串中的所有字符都是数字，并且在字符串中至少有一个字符，则返回 True，否则返回 False。

isnumeric() 方法：如果字符串中只有数字字符，则返回 True，否则返回 False。

如果按照官方定义来看，这 3 个方法的实际作用并不是很好区分，所以，在我们举出示例之前，先总的来看一下这 3 个方法作用范围。

isdecimal() 方法。

☑ 返回结果为 True 的字符集：Unicode 数字，全角数字（双字节）。

☑ 返回结果为 False 的字符集：罗马数字，汉字数字，小数。

☑ 该方法不会产生错误。

isdigit()：方法。

☑ 返回结果为 True 的字符集：Unicode 数字，byte 数字（单字节），全角数字（双字节）。

☑ 返回结果为 False 的字符集：汉字数字，罗马数字，小数。

☑ 该方法不会产生错误。

isnumeric() 方法。

☑ 返回结果 True 的字符集：Unicode 数字，全角数字（双字节），罗马数字，汉字数字。

☑ 返回结果 False 的字符集：小数。

☑ 该方法会导致 byte 数字（单字节）的错误。

下面，我们会通过示例，来验证关于这 3 个方法的功能描述与定义。代码如下。

```python
s1 = '12345'          # 定义纯数字
print(s1.isdigit())   # 输出 "True"
print(s1.isdecimal())# 输出 "True"
print(s1.isnumeric())# 输出 "True"
s2 = '一二三四五'      # 定义中文数字
print(s2.isdigit())   # 输出 "False"
print(s2.isdecimal())# 输出 "False"
print(s2.isnumeric())# 输出 "True"
s3 = '壹贰叁肆伍'      # 定义中文数字
print(s3.isdigit())   # 输出 "False"
print(s3.isdecimal())# 输出 "False"
print(s3.isnumeric())# 输出 "True"
s4 = 'Ⅰ Ⅱ Ⅲ Ⅳ Ⅴ'      # 定义罗马数字
print(s4.isdigit())   # 输出 "False"
print(s4.isdecimal())# 输出 "False"
print(s4.isnumeric())# 输出 "True"
s5 = '3.14'           # 定义小数
print(s5.isdigit())   # 输出 "False"
print(s5.isdecimal())# 输出 "False"
print(s5.isnumeric())# 输出 "False"
s6 = b'123'           # 定义单字节数字
print(s6.isdigit())   # 输出 "True"
#print(s6.isdecimal())# 发生错误
#print(s6.isnumeric())# 发生错误
```

2. istitle() 方法、isupper() 方法以及 islower() 方法

在前面的学习中，我们使用 title() 方法、upper() 方法和 lower() 方法进行了字母的大小写转换，而 istitle() 方法、isupper() 方法以及 islower() 方法，也正是用于对转换后的结果进行验证。下面我们来看一下这 3 个方法的语法格式。

```
str.istitle()
str.isupper()
str.islower()
```

这 3 个方法都不含任何参数，只用对字符串对象的内容进行验证，返回结果为 True 或者 False。这 3 个方法的功能定义如下。

istitle() 方法：用于检测字符串中每一个单词的首字母是否为大写，且其他字母为小写。

isupper() 方法：用于检测字符串中所有字母是否都为大写。

islower() 方法：用于检测字符串中所有字母是否都为小写。

下面，我们通过定义几组不同的字符串，来验证这 3 个方法的功能。代码如下。

```python
# 定义字符串
strTitle1 = "Return True if the string is a title-cased string, False otherwise.";
# 定义各单词首字母大写的字符串
trTitle2 = "Return True If The String Is A Title-Cased String, False Otherwise.";
print(strTitle1 .istitle())                      # 输出 "False"
print(strTitle2 .istitle())                      # 输出 "True"
strUpper1="Return True if the string is an uppercase string, False otherwise."# 定义字符串
strUpper2="RETURN TRUE IF THE STRING IS AN UPPERCASE STRING, FALSE OTHERWISE."# 定义全大写字母的字符串
print(strUpper1.isupper())                       # 输出 "False"
print(strUpper2.isupper())                       # 输出 "True"
strLower1="Return True if the string is a lowercase string, False otherwise." # 定义字符串
strLower2=strLower1.lower()                       # 将 strLower1 转换成小写
print(strLower1.islower())                       # 输出 "False"
print(strLower2.islower())                       # 输出 "True"
```

第 9 章

列 表

Python 中的列表和音乐列表类似，也是由一系列按特定顺序排列的元素组成的。它是 Python 中内置的可变序列。在形式上，列表的所有元素都放在一对方括号"[]"中，两个相邻元素间使用逗号","分隔。在内容上，可以将整数、实数、字符串、列表、元组等任何类型的内容放入列表，并且同一个列表中，元素的类型可以不同，因为它们之间没有任何关系。由此可见，Python 中的列表是非常灵活的，这一点与其他语言是不同的。

9.1 认识列表

在 Python 中，列表是很常见的，也是使用较多的序列。

在 Python 中，将列表的内容输出也比较简单，可以直接使用 print() 函数。例如，要想输出上面列表中的 untitle 列表，可以使用下面的代码实现。

```
untitle = ['Python',28,"人生苦短，我用 Python",["爬虫","自动化运维","云计算","Web 开发"]]
print(untitle)
```

运行结果如下。

```
['Python', 28, '人生苦短,我用 Python', ['爬虫', '自动化运维', '云计算', 'Web 开发']]
```

从上面的运行结果中可以看出，在输出列表时，是包括左右两侧的方括号的。如果不想输出列表全部的元素，也可以通过列表的索引获取指定的元素。例如，要获取列表 untitle 中索引为 2 的元素，可以使用下面的代码实现。

```
print(untitle[2])
```

运行结果如下。

人生苦短，我用 Python

从上面的运行结果中可以看出，在输出单个列表元素时，不包括方括号，如果是字符串，不包括左右的引号。

9.2　创建列表

Python 提供了多种创建列表的方法，下面分别进行介绍。

9.2.1　使用赋值运算符直接创建列表

同其他类型的 Python 变量一样，创建列表时，也可以使用赋值运算符"="直接将一个列表赋值给变量，具体的语法格式如下。

```
listname = [element 1,element 2,element 3,...,element n]
```

其中，listname 表示列表的名称，可以是任何符合 Python 命名规则的标识符；"element 1、element 2、element 3、element n"表示列表中的元素，个数没有限制，并且只要是 Python 支持的数据类型就可以。

例如，下面定义的列表都是合法的。

```
num = [7,14,21,28,35,42,49,56,63]
verse = ["A队 ","B队 ","C队 ","D队 "]
untitle = ['Python',28,"人生苦短，我用 Python",["爬虫 ","自动化运维 ","云计算 ",
          "Web开发 "]]
python = [' 优雅 '," 明确 ",''' 简单 ''' ]
```

> 💡 说明
>
> 　　在使用列表时，虽然可以将不同类型的数据放入同一个列表中，但是通常情况下，我们不会这样做，而是在一个列表中只放入一种类型的数据，这样可以提高程序的可读性。

通过"="符号定义二维列表，示例代码如下。

```
# 定义二维列表
untitle = ['Python',28,'人生苦短，我用 Python',[' 爬虫 ',' 自动化运维 ',' 云计算 ',
          'Web开发 ']]
print('untitle列表内容为：',untitle)
```

运行结果如下。

untitle列表内容为： ['Python', 28, '人生苦短,我用 Python', ['爬虫', '自动化运维', '云计算', 'Web 开发']]

通过列表推导式生成不同形式的列表，并且使用"="赋值给相应变量，代码如下。

```python
list1 = [i for i in range(10)]  # 创建 0 ~ 10（不包括 10）的数字列表
print(list1)
list2 = [i for i in range(10,100,10)]  # 创建 10 ~ 100（不包括 100）的整十数列表
print(list2)
import random
# 创建 10 个 4 位数的随机数列表
list3 = [random.randint(1000,10000) for i in range(10) ]
print(list3)
list4 = [i for i in '壹贰叁肆伍']   # 将字符串转换为列表
print(list4)
# 生成所有单词首字母列表
list5 = [i[0] for i in ['Early','bird','gets','the','worm']]
print(list5)
# 将原列表中的数字折半后生成新的列表
list6 = [int(i*0.5) for i in [1200,5608,4314,6060,5210]]
print(list6)
list7 = [i for i in ('Early','bird','gets','the','worm')]   # 通过元组生成新的列表
print(list7)
# 将字典的 Key 生成新的列表
list8 = [key for key in {'qq':'84978981','mr':'84978982','wgh':'84978980'}]
print(list8)
list9 = [key for key in {1,3,5,7,9}]  # 通过集合生成有序列表
print(list9)
```

运行结果如下。

```
[0, 1, 2, 3, 4, 5, 6, 7, 8, 9]
[10, 20, 30, 40, 50, 60, 70, 80, 90]
[1190, 4535, 8511, 2654, 9169, 5323, 4599, 4075, 4185, 4060]
['壹', '贰', '叁', '肆', '伍']
['E', 'b', 'g', 't', 'w']
[600, 2804, 2157, 3030, 2605]
['Early', 'bird', 'gets', 'the', 'worm']
['qq', 'mr', 'wgh']
[1, 3, 5, 7, 9]
```

9.2.2 使用 list() 函数创建列表

在 Python 中，数字列表很常用。例如，在考试系统中记录学生的成绩，或者在游戏中记录每个角色的位置、各个玩家的得分情况等都可用数字列表实现。在 Python 中，可以使用 list() 函数直接将 range() 函数循环出来的结果转换为列表。

list() 函数的基本语法如下。

```
list(data)
```

其中，data 表示可以转换为列表的数据，其类型可以是 range 对象、字符串、元组或者其他可迭代类型。

例如，创建一个 10 ~ 20（不包括 20）所有偶数的列表，可以使用下面的代码实现。

```
list(range(10, 20, 2))
```

运行上面的代码后，将得到下面的列表。

```
[10, 12, 14, 16, 18]
```

> 💡 说明
>
> 使用 list() 函数时，不仅能通过 range 对象创建列表，还可以通过其他对象创建列表。

在 Python 中，也可以创建空列表。例如，要创建一个名称为 emptylist 的空列表，可以使用下面的代码实现。

```
emptylist = []
```

9.2.3 遍历列表

遍历列表是常用的一种操作，在遍历的过程中可以实现查询、处理等功能。在生活中，如果想要去商场买一件衣服，就需要在商场中逛一遍，看是否有想要的衣服，逛商场的过程就相当于列表的遍历操作。在 Python 中遍历列表的方法有多种，下面介绍两种常用的方法。

1. 直接使用 for 循环实现

直接使用 for 循环遍历列表，只能输出元素的值。它的语法格式如下。

```
for item in listname:
    # 输出 item
```

其中，item 用于保存获取到的元素值，要输出元素内容时，直接输出该变量即可；listname 表示列表名称。

例如，定义一个保存 2018 年俄罗斯世界杯四强的列表，然后通过 for 循环遍历该列表，并输出各个队的国家名称，代码如下。

```
print("2018 年俄罗斯世界杯四强: ")
team = [" 法国 "," 比利时 "," 英格兰 "," 克罗地亚 "]
for item in team:
    print(item)
```

运行上面的代码，将显示图 9.1 所示的结果。

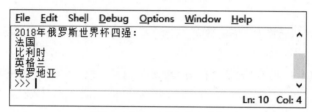

图 9.1　通过 for 循环遍历列表

2. 使用 for 循环和 enumerate() 函数实现

使用 for 循环和 enumerate() 函数可以实现同时输出索引和元素内容的功能。它的语法格式如下。

```
for index,item in enumerate(listname):
    # 输出 index 和 item
```

参数说明如下。

✓ index: 用于保存元素的索引。

✓ item: 用于保存获取到的元素值，要输出元素内容时，直接输出该变量即可。

✓ listname: 列表名称。

例如，定义一个保存 2018 年俄罗斯世界杯四强的列表，然后通过 for 循环和 enumerate() 函数遍历该列表，并输出索引和球队的国家名称，代码如下。

```
print("2018 年俄罗斯世界杯四强: ")
team = [" 法国 "," 比利时 "," 英格兰 "," 克罗地亚 "]
for index,item in enumerate(team):
    print(index + 1,item)
```

运行上面的代码，将显示下面的结果。

2018 年俄罗斯世界杯四强:

1 法国

2 比利时

3 英格兰

4 克罗地亚

9.3 添加与删除列表

9.3.1 使用 append() 方法添加列表

列表对象的 append() 方法用于向列表的末尾追加元素。其语法格式如下。

```
listname.append(obj)
```

参数说明如下。

☑ listname：表示要添加元素的列表名称。

☑ obj：表示要添加到列表末尾的对象。

定义一个包括 5 个元素的列表，然后应用 append() 方法向该列表的末尾再添加一个元素，示例代码如下。

```
building = ['醉翁亭','放鹤亭','喜雨亭','陶然亭','爱晚亭']    # 原列表
print('原列表: ', building)                                # 输出原列表
building.append('湖心亭')                                   # 向列表的末尾添加元素
print('添加元素后的列表: ', building)                        # 输出添加元素后的列表
```

运行结果如下。

```
原列表:  ['醉翁亭', '放鹤亭', '喜雨亭', '陶然亭', '爱晚亭']
添加元素后的列表:  ['醉翁亭', '放鹤亭', '喜雨亭', '陶然亭', '爱晚亭', '湖心亭']
```

append() 方法向列表末尾添加的元素类型可以与原列表中的元素类型不同。示例代码如下。

```
building = ['刀','枪','剑','戟']
print('原列表: ', building)
building.append(['scoop', 50])   # 向列表中添加列表类型的元素
print('添加列表类型元素后的新列表: ', building)
building.append((100, 200))       # 向列表中添加元组类型的元素
print('添加元组类型元素后的新列表: ', building)
building.append(9)                # 向列表中添加数字类型的元素
print('添加数值类型元素后的新列表: ', building)
```

运行结果如下。

```
原列表:  ['刀', '枪', '剑', '戟']
添加列表类型元素后的新列表:  ['刀', '枪', '剑', '戟', ['scoop', 50]]
添加元组类型元素后的新列表:  ['刀', '枪', '剑', '戟', ['scoop', 50], (100, 200)]
添加数字类型元素后的新列表:  ['刀', '枪', '剑', '戟', ['scoop', 50], (100, 200), 9]
```

将 txt 文件中的信息添加至列表中。首先需要以读取文件的方式打开目标文件，然后循环遍历文件中每行内容，再将每行内容添加至指定的列表中。示例代码如下。

```
result = []        # 保存 txt 每行数据
print('txt 文件内信息如下: ')
# 以读取模式打开 txt 文件
with open('user-name.txt','r') as f:
    for line in f:        # 循环遍历文件中每行内容
        print(line.strip('\n'))
        result.append(line.strip('\n'))        # 将 txt 文件中每行内容添加至列表中
print(' 提取后的信息为: ',result)                # 输出提取后的信息
```

运行结果如下。

```
txt 文件内信息如下:
zhangsan77421
lisi88548
wangqi2654
wangxiaoer400
wangsinan333
zhangjing111
提取后的信息为: ['zhangsan77421', 'lisi88548', 'wangqi2654', 'wangxiaoer400',
'wangsinan333', 'zhangjing111']
```

9.3.2 使用 insert() 方法向列表的指定位置插入元素

如果想要向列表的指定位置插入元素，可以使用列表对象的 insert() 方法实现。其语法格式如下。

```
listname.insert(index,obj)
```

参数说明如下。

☑ listname: 表示原列表。

☑ index: 表示对象 obj 需要插入的索引。

☑ obj: 表示要插入列表中的对象。

定义一个包括 5 个元素的列表，然后应用 insert() 方法向该列表的第 2 个位置添加一个元素，示例代码如下。

```
building = [' 北京 ',' 长安 ',' 洛阳 ',' 金陵 ',' 汴梁 ']   # 定义原列表
print(' 原列表: ', building)
building.insert(1, ' 杭州 ')                          # 向原列表的第 2 个位置添加元素
print(' 新列表: ', building)
```

运行结果如下。

```
原列表:  [' 北京 ', ' 长安 ', ' 洛阳 ', ' 金陵 ', ' 汴梁 ']
新列表:  [' 北京 ', ' 杭州 ', ' 长安 ', ' 洛阳 ', ' 金陵 ', ' 汴梁 ']
```

9.3.3 使用 extend() 方法将序列的全部元素添加到另一列表中

extend() 方法用于向列表中添加一个元素，可以实现将一个序列中的全部元素添加到列表中。其语法格式如下。

```
listname.extend(seq)
```

参数说明如下。

☑ listname：表示要添加元素的列表名称。

☑ seq：表示要被添加的序列。语句执行后，seq 中的内容将添加到 listname 的后面。

定义一个包括 2 个元素的，名为 color 的列表，然后应用 extend() 方法将另外 3 个序列中的元素添加到 color 列表的末尾，示例代码如下。

```
color = ['红','橙']          # 定义原列表
print('原列表: ', color)
color.extend(['黄','绿'])     # 将列表 ['黄','绿'] 中的元素全部添加到 color 列表的末尾
print('添加列表元素: ', color)
color.extend(('青','蓝'))     # 将元组 ('青','蓝') 中的元素全部添加到 color 列表的末尾
print('添加元组元素: ', color)
color.extend('紫黑白')        # 将字符串 '紫黑白' 中的元素全部添加到 color 列表的末尾
print('添加字符串元素: ', color)
```

运行结果如下。

```
原列表:  ['红', '橙']
添加列表元素:  ['红', '橙', '黄', '绿']
添加元组元素:  ['红', '橙', '黄', '绿', '青', '蓝']
添加字符串元素:  ['红', '橙', '黄', '绿', '青', '蓝', '紫', '黑', '白']
```

9.3.4 使用 copy() 方法复制列表中所有元素到新列表

Python 提供了 copy() 方法，使用该方法可以复制某一列表中的所有元素并生成一个新列表。其语法格式如下。

```
listname.copy()
```

参数说明如下。

listname：表示列表的名称。

定义一个保存影视类奖项名称的列表，然后应用 copy() 方法将列表中的所有元素复制到新列表中，示例代码如下。

```
old = ['金鹰奖','百花奖','飞天奖','白玉兰奖','华表奖','金鸡奖']   # 原列表
print('原列表: ', old)
new = old.copy()          # 将原列表的所有元素复制到新列表中
print('新列表: ', new)
```

运行结果如下。

原列表： ['金鹰奖', '百花奖', '飞天奖', '白玉兰奖', '华表奖', '金鸡奖']
新列表： ['金鹰奖', '百花奖', '飞天奖', '白玉兰奖', '华表奖', '金鸡奖']

对于混合类型的列表，也可以应用copy()方法将列表中的所有元素复制到新列表中，示例代码如下。

```
old = ['great',54345,['?',68],(21,'加油'),'努力']        # 原列表
print('原列表: ', old)
new = old.copy()                                    # 将原列表的所有元素复制到新列表中
print('新列表: ', new)
```

运行结果如下。

原列表： ['great', 54345, ['?', 68], (21, '加油'), '努力']
新列表： ['great', 54345, ['?', 68], (21, '加油'), '努力']

9.3.5 使用 remove() 方法删除列表中的指定元素

使用 remove() 方法可以删除列表中的指定元素。其语法格式如下。

```
listname.remove(obj)
```

参数说明如下。

☑ listname：表示列表的名称。

☑ obj：表示列表中要移除的对象，这里只能进行精确匹配，即不能是元素值的一部分。

创建一个列表，然后应用列表对象的 remove() 方法删除列表中指定的元素，示例代码如下。

```
# 原列表
movie=[9, ('疯狂原始人','功夫熊猫',9), ['海底总动员',9,'超能陆战队'], 9, '里
约大冒险']
print('删除前的列表: ', movie)
movie.remove(9)                                # 删除列表中的"9"
print('删除后的列表: ', movie)
movie.remove(('疯狂原始人','功夫熊猫',9))        # 删除列表中的"('疯狂原始人',
'功夫熊猫',9)"
print('删除后的列表: ', movie)
```

运行结果如下。

删除前的列表： [9, ('疯狂原始人', '功夫熊猫', 9), ['海底总动员', 9, '超能陆战队'],
9, '里约大冒险']
删除后的列表： [('疯狂原始人', '功夫熊猫', 9), ['海底总动员', 9, '超能陆战队'],
9, '里约大冒险']
删除后的列表： [['海底总动员', 9, '超能陆战队'], 9, '里约大冒险']

> **说明**
>
> 在上述示例中，列表中含有两个数字元素 9，在使用 remove() 方法删除元素时会默认删除第一次出现的数字元素 9。

创建一个数字列表，然后应用列表对象的 remove() 方法删除列表中指定的数字元素，示例代码如下。

```
int_list = [1,3,5,0,4,4,1,7,9,9,6]     # 模拟手机号码
print('删除前的列表: ',int_list)
int_list.remove(1)                     # 删除数值元素 1
print('删除后的列表: ',int_list)
```

运行结果如下。

```
删除前的列表:  [1, 3, 5, 0, 4, 4, 1, 7, 9, 9, 6]
删除后的列表:  [3, 5, 0, 4, 4, 1, 7, 9, 9, 6]
```

9.3.6 使用 pop() 方法删除列表中的元素

在列表中，可以使用 pop() 方法删除列表中的一个元素（默认为最后一个元素）。其语法格式如下。

```
listname.pop(index)
```

参数及返回值说明如下。

- ⊘ listname：表示列表的名称。
- ⊘ index：列表中元素的索引，必须是整数；如果不写，默认 index = -1。
- ⊘ 返回值：被删除的元素的值。

定义一个保存 8 个元素的列表，删除最后一个元素，示例代码如下。

```
city = ['里约热内卢','伦敦','北京','雅典','悉尼','亚特兰大','巴塞罗那','首尔']
# 原列表
delete = city.pop()     # 删除列表的最后一个元素
print('删除的元素: ', delete)
print('删除最后一个元素后的列表: ', city)
```

运行结果如下。

```
删除的元素:  首尔
删除最后一个元素后的列表:  ['里约热内卢', '伦敦', '北京', '雅典', '悉尼', '亚
特兰大', '巴塞罗那']
```

定义一个保存 4 个元素的列表，删除第 2 个元素，示例代码如下。

```
building = ['岳阳楼','黄鹤楼','鹳雀楼','望湖楼'] # 原列表
delete = building.pop(1)      # 删除列表的第 2 个元素，将删除的元素返回给 delete
print('删除的元素: ', delete)
print('删除第 2 个元素后的列表: ', building)
```

运行结果如下。

删除的元素： 黄鹤楼
删除第 2 个元素后的列表： ['岳阳楼', '鹳雀楼', '望湖楼']

9.3.7　使用 clear() 方法删除列表中的所有元素

使用 clear() 方法可以删除列表中的所有元素。其语法格式如下。

```
listname.clear()
```

参数说明如下。

listname：表示列表的名称。

创建一个列表，内容为水中的鱼类，然后应用列表对象的 clear() 方法删除列表中的所有元素，示例代码如下。

```
# 原列表
fish = ['鲸', '鲨鱼', '刀鱼', '鲶鱼', '剑鱼', '章鱼', '鱿鱼', '鲤鱼']
print('清空前的列表: ', fish)
fish.clear()    # 删除列表中的所有元素
print('清空后的列表: ', fish)
```

运行结果如下。

清空前的列表: ['鲸', '鲨鱼', '刀鱼', '鲶鱼', '剑鱼', '章鱼', '鱿鱼', '鲤鱼']
清空后的列表: []

创建一个二维列表，然后应用列表对象的 clear() 方法删除二维列表中的所有元素，示例代码如下。

```
# 定义二维列表
untitle = ['Python',28,'人生苦短，我用 Python',['爬虫 ','自动化运维 ','云计算 ',
'Web 开发 ']]
print('清空前的二维列表: ',untitle)
untitle.clear()                        # 删除二维列表中的所有元素
print('清空后的二维列表: ',untitle)
```

运行结果如下。

清空前的二维列表: ['Python', 28, '人生苦短，我用 Python', ['爬虫 ', '自动化运维 ',
'云计算 ', 'Web 开发 ']]
清空后的二维列表: []

9.4 查询列表

9.4.1 获取指定元素首次出现的索引

使用列表对象的 index() 方法可以获取指定元素在列表中首次出现的索引。其语法格式如下。

```
listname.index(obj)
```

参数及返回值说明如下。

- ✓ listname：表示列表的名称。
- ✓ obj：表示要查找的对象。
- ✓ 返回值：首次出现的索引，如果没有找到将抛出异常。

创建一个列表，然后用列表对象的 index() 方法获取元素"纳达尔"首次出现的索引，示例代码如下。

```
champion = ['费德勒','德约科维奇','纳达尔','穆雷','瓦林卡','西里奇']    # 原列表
# 用 index() 方法获取列表中"纳达尔"首次出现的索引，将结果赋给 position
position = champion.index('纳达尔')
print('纳达尔首次出现的位置的索引为: ', position)
```

运行结果如下。

```
纳达尔首次出现的位置的索引为:  2
```

创建一个混合类型元素的列表，然后应用列表对象的 index() 方法获取指定元素出现的索引，示例代码如下。

```
city = ['杭州',('扬州',4,'苏州'),[16,'株洲','徐州'],32,'郑州']    # 原列表
# 用 index() 方法获取列表中指定元素首次出现的索引，将结果赋给 position
position = city.index(('扬州',4,'苏州'))
print('指定元素首次出现位置的索引为: ', position)
```

运行结果如下。

```
指定元素首次出现位置的索引为:  1
```

9.4.2 获取指定元素出现的次数

使用列表对象的 count() 方法可以获取指定元素在列表中出现的次数。其语法格式如下。

```
listname.count(obj)
```

参数及返回值说明如下。

- ✓ listname：表示列表的名称。

⊘ obj：表示要获取的对象。

⊘ 返回值：元素在列表中出现的次数。

创建一个列表，应用列表对象的 count() 方法获取元素"乒乓球"出现的次数，示例代码如下。

```
play = ['乒乓球','跳水','女排','举重','射击','体操','乒乓球']     # 原列表
num = play.count('乒乓球')      # 用 count() 方法获取列表中"乒乓球"出现的次数，
将结果赋给 num
print('乒乓球出现的次数为: ', num)
```

运行结果如下。

```
乒乓球出现的次数为:  2
```

如果对混合类型的列表 [99,['刘备',99,'袁绍'],(99,'孙权','刘表'),'曹操',99]，应用列表对象的 count() 方法判断元素"99"出现的次数时，将只统计列表中数字类型的元素，出现在列表类型元素或元组类型元素里的"99"将不被计数。示例代码如下。

```
monkey = [99,['刘备',99,'袁绍'],(99,'孙权','刘表'),'曹操',99]     # 原列表
num = monkey.count(99)  # 用 count() 方法获取列表中"99"出现的次数，将结果赋给
num
print('99出现的次数为: ', num)
```

运行结果如下。

```
99出现的次数为:  2
```

9.4.3 查找列表元素是否存在

关键字 in 主要用于判断特定的值在列表中是否存在，如果列表中存在要查找的元素，则返回 True，否则返回 False。其语法格式如下。

```
if 'A' in list:
```

参数及返回值说明如下。

⊘ 'A'：表示需要在列表中查找的元素值。

⊘ list：表示查找目标的列表名称。

⊘ 返回值：在列表中找到对应的元素将返回 True，否则返回 False。

通过关键字 in，查看列表中是否存在指定字符。示例代码如下。

```
list1 = ['A','B','C','D','E','F','G']     # 定义字符列表
if 'A' in list1:                          # 判断列表中是否存在字符 A
    print('判断结果为: ','A'in list1)   # 输出判断结果
```

运行结果如下。

```
判断结果为： True
```

9.4.4 查找列表元素是否不存在

not in 是 not 和 in 两个关键字的组合，主要用于判断特定的值在列表中是否存在，不存在时返回 True，否则返回 False。其语法格式如下。

```
if 'A' not in list:
```

参数及返回值说明如下。

- ⊘ 'A'：表示需要在列表中查找的元素值。
- ⊘ list：表示查找目标的列表名称。
- ⊘ 返回值：在列表中未找到对应的元素将返回 True，否则返回 False。

定义一个数字列表，然后使用 not in 判断数字列表中是否不存在某个数字，示例代码如下。

```
list2 = [1,2,3,4,5,6,7,8,9]              # 定义数字列表
if 0 not in list2:                       # 判断列表中是否不存在数字 0
    print('判断结果为: ',0 not in list2) # 输出判断结果
```

运行结果如下。

```
判断结果为： True
```

9.5 列表排序

9.5.1 使用 sort() 方法排序列表元素

列表对象提供了 sort( ) 方法，该方法用于对原列表中的元素进行排序，排序后原列表中的元素顺序将发生变化。其语法格式如下。

```
listname.sort(key=None, reverse=False)
```

参数说明如下。

- ⊘ listname：表示要进行排序的列表。
- ⊘ key：表示指定一个从每个列表元素中提取一个用于比较的键（例如，设置"key=str.lower"表示在排序时不区分字母大小写）。
- ⊘ reverse：表示可选参数。如果将其值指定为 True，则表示降序排列；如果将其值指定为

False，则表示升序排列。默认为升序排列。

定义一个保存10名学生Python理论成绩的列表，然后应用sort()方法对其进行排序，示例代码如下。

```
grade = [98,99,97,100,100,96,94,89,95,100]    # 10 名学生 Python 理论成绩列表
print('原列表: ',grade)
grade.sort()                                  # 进行升序排列
print('升 序: ',grade)
grade.sort(reverse=True)                       # 进行降序排列
print('降 序: ',grade)
```

运行结果如下。

```
原列表:  [98, 99, 97, 100, 100, 96, 94, 89, 95, 100]
升 序:  [89, 94, 95, 96, 97, 98, 99, 100, 100, 100]
降 序:  [100, 100, 100, 99, 98, 97, 96, 95, 94, 89]
```

使用sort()方法对列表进行排序时，采用的规则是先对大写字母排序，然后对小写字母排序。如果想要对列表进行排序（不区分大小写时），需要指定其key参数。例如，定义一个保存英文字符串的列表，然后应用sort()方法对其进行升序排列，示例代码如下。

```
char = ['cat','Tom','Angela','pet']    # 原列表
char.sort()                            # 默认区分字母大小写
print('区分字母大小写: ',char)
char.sort(key=str.lower)               # 不区分字母大小写
print('不区分字母大小写: ',char)
```

运行结果如下。

```
区分字母大小写:  ['Angela', 'Tom', 'cat', 'pet']
不区分字母大小写:  ['Angela', 'cat', 'pet', 'Tom']
```

> 💡 说明
>
> 采用sort()方法对列表进行排序时，对中文的支持不是很好，排序的结果与我们常用的音序排序法或者笔画排序法都不一致。如果需要实现对中文内容的列表进行排序，还需要重新编写相应的方法进行处理，不能直接使用sort()方法。

9.5.2 使用 sorted() 函数排序列表元素

Python 提供了一个内置的 sorted() 函数，用于对列表进行排序。使用该函数进行排序后，原列表的元素顺序不变。例如，定义一个保存 10 名学生 Python 理论成绩的列表，然后应用 sorted() 函数对其进行排序，示例代码如下。

```
grade = [98,99,97,100,100,96,94,89,95,100]     # 10 名学生 Python 理论成绩列表
grade_as = sorted(grade)                        # 进行升序排列
print('升序: ',grade_as)
grade_des = sorted(grade,reverse = True)        # 进行降序排列
print('降序: ',grade_des)
print('原序列: ',grade)
```

运行结果如下。

```
升序:  [89, 94, 95, 96, 97, 98, 99, 100, 100, 100]
降序:  [100, 100, 100, 99, 98, 97, 96, 95, 94, 89]
原序列:  [98, 99, 97, 100, 100, 96, 94, 89, 95, 100]
```

⚡注意

列表对象的 sort() 方法和内置 sorted() 函数的作用基本相同。不同的就是使用 sort() 方法时，会改变原列表的元素排列顺序，而使用 storted() 函数时，会建立一个原列表的副本，该副本为排序后的列表。

💡说明

关于 sorted() 函数的详细用法，可以查看 7.2.6 小节。

9.5.3 使用 reverse() 方法反转列表

列表对象提供了 reverse() 方法，使用该方法可以将列表中的所有元素进行反转。其语法格式如下。

```
listname.reverse()
```

参数说明如下。

listname：表示列表的名称。

定义一个含有 5 个元素的列表，然后应用 reverse() 方法将原列表中的所有元素反转，示例代码如下。

```
num = ['一','二','三','四','五']
print('原列表: ', num)
num.reverse()                    # 反转列表中的所有元素
print('新列表: ', num)
```

运行结果如下。

```
原列表:  ['一', '二', '三', '四', '五']
新列表:  ['五', '四', '三', '二', '一']
```

对于混合类型的列表，也可以应用 reverse() 方法将原列表中的所有元素反转，示例代码如下。

```
num = [1,'二',['Ⅲ',4],(5,'⑥')]
print('原列表: ', num)
num.reverse()              # 反转列表中的所有元素
print('新列表: ', num)
```

运行结果如下。

```
原列表: [1, '二', ['Ⅲ', 4], (5, '⑥')]
新列表: [(5, '⑥'), ['Ⅲ', 4], '二', 1]
```

9.6 列表推导式

使用列表推导式可以快速生成一个列表，或者根据某个列表生成满足指定需求的列表。列表推导式通常有以下几种常用的语法格式。

（1）生成指定范围的数字列表，语法格式如下。

```
list = [Expression for var in range]
```

参数说明如下。

- list: 表示生成的列表名称。
- Expression: 表示表达式，用于计算新列表的元素。
- var: 表示循环变量。
- range: 表示采用 range() 函数生成的 range 对象。

例如，要生成一个包括 10 个随机数的列表，要求数的范围为 10 ~ 100，具体代码如下。

```
import random     # 导入 random 标准库
randomnumber = [random.randint(10,100) for i in range(10)]
print("生成的随机数为: ",randomnumber)
```

运行结果如下。

```
生成的随机数为: [38, 12, 28, 26, 58, 67, 100, 41, 97, 15]
```

（2）根据列表生成指定需求的列表，语法格式如下。

```
newlist = [Expression for var in list]
```

参数说明如下。

- newlist: 表示新生成的列表名称。

☑ Expression：表示表达式，用于计算新列表的元素。

☑ var：表示变量，值为后面列表的每个元素值。

☑ list：表示用于生成新列表的原列表。

例如，定义一个记录商品价格的列表，然后应用列表推导式生成一个将全部商品价格打五折的列表，具体代码如下。

```
price = [1200,5330,2988,6200,1998,8888]
sale = [int(x*0.5) for x in price]
print("原价格: ",price)
print("打五折的价格: ",sale)
```

运行结果如下。

```
原价格:  [1200, 5330, 2988, 6200, 1998, 8888]
打五折的价格:  [600, 2665, 1494, 3100, 999, 4444]
```

（3）从列表中选择符合条件的元素组成新的列表，语法格式如下。

```
newlist = [Expression for var in list if condition]
```

参数说明如下。

☑ newlist：表示新生成的列表名称。

☑ Expression：表示表达式，用于计算新列表的元素。

☑ var：表示变量，值为后面列表的每个元素值。

☑ list：表示用于生成新列表的原列表。

☑ condition：表示条件表达式，用于指定筛选条件。

例如，定义一个记录商品价格的列表，然后应用列表推导式生成一个商品价格高于 5000 的列表，具体代码如下。

```
price = [1200,5330,2988,6200,1998,8888]
sale = [x for x in price if x>5000]
print("原列表: ",price)
print("价格高于 5000 的: ",sale)
```

运行结果如下。

```
原列表:  [1200, 5330, 2988, 6200, 1998, 8888]
价格高于 5000 的:  [5330, 6200, 8888]
```

第 10 章

字典与集合

10.1　字典

10.1.1　字典的创建和删除

定义字典时，每个元素都包含两个部分，即"键"和"值"。以水果名称和价格的字典为例，键为水果名称，值为水果价格，如图 10.1 所示。

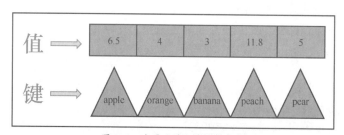

图 10.1　水果名称和价格的字典

创建字典时，在键和值之间使用冒号分隔，相邻两个元素之间使用逗号分隔，所有元素放在一个花括号中。其语法格式如下。

```
dictionary = {'key1':'value1', 'key2':'value2', ..., 'keyn':'valuen',}
```

参数说明如下。

- dictionary：表示字典名称。
- key1,key2,...,keyn：表示元素的键，必须是唯一的，并且不可变，可以是字符串、数字或者元组。
- value1,value2,...,valuen：表示元素的值，可以是任何数据类型，不是必须唯一的。

例如，创建一个保存通信录信息的字典，可以使用下面的代码实现。

```
dictionary = {'qq':'8497XXXX','mr':'8497XXXX',' 无语 ':'0431-8497XXXX'}
print(dictionary)
```

运行结果如下。

```
{'qq': '84978981', 'mr': '8497XXXX', ' 无语 ': '0431-8497XXXX'}
```

同列表和元组一样，在 Python 中也可以创建空字典。使用下面两种方法创建空字典。

```
dictionary = {}
```

或者

```
dictionary = dict()
```

Python 的 dict() 方法除了可以创建一个空字典外，还可以通过已有数据快速创建字典。主要表现为以下两种形式。

（1）通过映射函数创建字典，语法格式如下。

```
dictionary = dict(zip(list1,list2))
```

参数及返回值说明如下。

- ✅ dictionary：表示字典名称。
- ✅ zip() 函数：用于将多个列表或元组对应位置的元素组合为元组，并返回包含这些内容的 zip 对象。如果想得到元组，可以使用 tuple() 函数将 zip 对象转换为元组；如果想得到列表，则可以使用 list() 函数将其转换为列表。

> 💡 说明
>
> 在 Python 2.x 中，zip() 函数返回的内容为包含元组的列表。

- ✅ list1：表示一个列表，用于指定要生成字典的键。
- ✅ list2：表示一个列表，用于指定要生成字典的值。
- ✅ 返回值：如果 list1 和 list2 的长度不同，则与最短的列表长度相同。

例如，定义两个各包括 3 个元素的列表，再应用 dict() 函数和 zip() 函数将两个列表转换为对应的字典，并输出该字典，代码如下：

```
name = [' 球员 1',' 球员 2',' 球员 3']       # 作为键的列表
sign = ['1 号 ','2 号 ','3 号 ']           # 作为值的列表
dictionary = dict(zip(name,sign))        # 转换为字典
print(dictionary)                        # 输出转换后字典
```

运行代码后，将显示图 10.2 所示的结果。

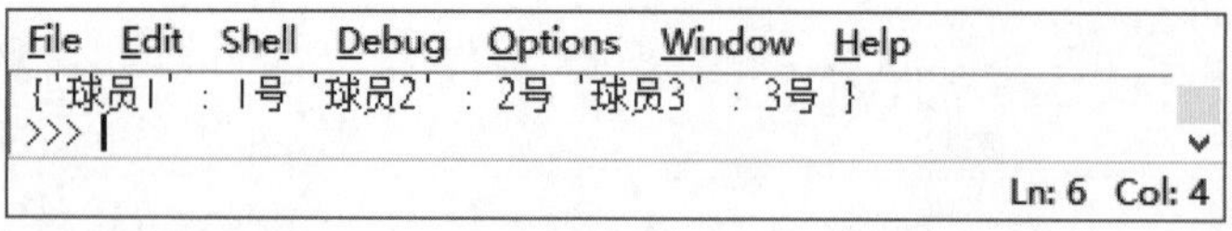

```
File  Edit  Shell  Debug  Options  Window  Help
{'球员1' : 1号 '球员2' : 2号 '球员3' : 3号 }
>>> |
                                              Ln: 6  Col: 4
```

图 10.2 　创建字典

（2）通过给定的键值对创建字典，语法格式如下。

```
dictionary = dict(key1=value1,key2=value2,...,keyn=valuen)
```

参数说明如下。

✅ dictionary：表示字典名称。

✅ key1,key2,…,keyn：表示元素的键，必须是唯一的，并且不可变，可以是字符串、数字或者元组。

✅ value1,value2,…,valuen：表示元素的值，可以是任何数据类型，不是必须唯一。

例如，将球员名字和绰号通过键值对的形式创建一个字典，可以使用下面的代码实现。

```
dictionary =dict( 球员 1 = '1号 ', 球员 2 = '2号 ', 球员 3 = '3号 ')
print(dictionary)
```

在 Python 中，还可以使用 dict 对象的 fromkeys() 方法创建值为空的字典，语法格式如下。

```
dictionary = dict.fromkeys(list1)
```

参数说明如下。

✅ dictionary：表示字典名称。

✅ list1：表示作为字典的键的列表。

例如，创建一个只包括球员名字的字典，可以使用下面的代码实现。

```
name_list = ['球员 1','球员 2','球员 3']          # 作为键的列表
dictionary = dict.fromkeys(name_list)
print(dictionary)
```

运行结果如下。

```
{'球员 1': None, '球员 2': None, '球员 3': None }
```

另外，还可以通过已经存在的元组和列表创建字典。例如，创建一个保存球员名字的元组和保存绰号的列表，通过它们创建一个字典，可以使用下面的代码实现。

```
name_tuple = ('球员 1','球员 2', '球员 3')          # 作为键的元组
sign = ['1号 ','2号 ','3号 ']              # 作为值的列表
dict1 = {name_tuple:sign}                          # 创建字典
print(dict1)
```

运行结果如下。

```
{('球员1', '球员2', '球员3'): ['1号', '2号', '3号']}
```

将作为键的元组修改为列表，再创建一个字典，代码如下。

```
name_list = ['球员1','球员2', '球员3' ]      # 作为键的元组
sign = ['1号','2号','3号']              # 作为值的列表
dict1 = {name_list:sign}                      # 创建字典
print(dict1)
```

运行结果如图 10.3 所示。

```
Traceback (most recent call last):
  File "E:\program\Python\Code\test.py", line 16, in <module>
    dict1 = {name_list:sign}        # 创建字典
TypeError: unhashable type: 'list'
>>>
```

图 10.3　将列表作为字典的键产生的异常

同列表和元组一样，不再需要的字典也可以使用 del 命令删除。例如，通过下面的代码即可将已经定义的字典删除。

```
del dictionary
```

另外，如果只是想删除字典的全部元素，可以使用字典对象的 clear() 方法实现。执行 clear() 方法后，原字典将变为空字典。下面的代码将清除字典的全部元素。

```
dictionary.clear()
```

除了上面介绍的方法可以删除字典元素外，还可以使用字典对象的 pop() 方法删除并返回指定键的元素，以及使用字典对象的 popitem() 方法删除并返回字典中的一个元素。

10.1.2　通过键值对访问字典

在 Python 中，将字典的内容输出也比较简单，可以直接使用 print() 函数。例如，要想输出 10.1.1 小节中创建的 dictionary 字典，可以使用下面的代码实现。

```
print(dictionary)
```

运行结果如下。

```
{'球员1': '球员2', '球员3': '1号', '2号': '3号'}
```

但是，在使用字典时，很少直接输出它的内容。一般需要根据指定的键得到相应的结果。在 Python 中，访问字典的元素可以通过索引实现。与列表和元组不同，这里的索引不是编号，而是键。例如，想要获取"球员3"的绰号，可以使用下面的代码实现。

```
print(dictionary['球员3'])
```

运行结果如下。

----
3 号

在使用该方法获取指定键的值时，如果指定的键不存在，将抛出图 10.4 所示的异常。

```
Traceback (most recent call last):
  File "E:/program/Python/Code/demo.py", line 3, in <module>
    print(dictionary['5号'])
KeyError: '5号'
```

图 10.4　获取指定的键不存在时抛出异常

而在实际开发中，很可能我们不知道当前存在什么键，所以需要避免该异常的产生。具体的解决方法是使用 if 语句对不存在的情况进行处理，即给一个默认值。例如，可以将上面的代码修改为以下内容。

```
print("球员4的绰号是: ",dictionary['球员4'] if '球员4' in dictionary else '我的字典里没有此人')
```

当"球员4"不存在时，运行代码，将显示以下内容。

球员 4 的绰号是：我的字典里没有此人

另外，Python 中推荐的方法是使用字典对象的 get() 方法获取指定键的值。其语法格式如下。

```
dictionary.get(key,[default])
```

其中，dictionary 为字典对象，即要从中获取值的字典；key 为指定的键；default 为可选项，用于指定当指定的键不存在时，返回的一个默认值，如果省略，则返回 None。

例如，通过 get() 方法获取"球员3"的绰号，可以使用下面的代码实现。

```
print("球员3的绰号是: ",dictionary.get('球员3'))
```

运行结果如下。

球员 3 的绰号是： 3 号

💡 说明

为了解决在获取指定键的值时，因不存在该键而导致抛出异常，可以为 get() 方法设置默认值，这样当指定的键不存在时，得到的结果就是指定的默认值。例如，将上面的代码修改为以下内容。

```
print("球员 4 的绰号是: ",dictionary.get('球员 4','我的字典里没有此人'))
```

运行代码，将得到以下结果。

```
球员 4 的绰号是: 我的字典里没有此人
```

10.1.3 遍历字典

字典是以键值对的形式存储数据的，所以在使用字典时需要获取到这些键值对。Python 提供了遍历字典的方法，通过遍历可以获取字典中的全部键值对。

使用字典对象的 items() 方法可以获取字典的键值对列表。其语法格式如下。

```
dictionary.items()
```

其中，dictionary 为字典对象；返回值为可遍历的（键值对）的元组。想要获取到具体的键值对，可以通过 for 循环遍历该元组。

例如，定义一个字典，然后通过 items() 方法获取键值对的元组，并输出全部键值对，代码如下。

```
dictionary = {'qq':'8497XXXX','明日科技':'8497XXXX','无语':'0431-8497XXXX'}
for item in dictionary.items():
    print(item)
```

运行结果如下。

```
('qq', '8497XXXX')
('明日科技', '8497XXXX')
('无语', '0431-8497XXXX')
```

上面的示例得到的是元组中的各个元素，如果想要获取具体的键和值，可以使用下面的代码进行遍历。

```
dictionary = {'qq':'4006XXXXXX','明日科技':'0431-8497XXXX','无语':'0431-
8497XXXX'}
for key,value in dictionary.items():
    print(key,"的联系电话是 ",value)
```

运行结果如下。

```
qq 的联系电话是 4006XXXXXX
明日科技 的联系电话是 0431-8497XXXX
无语 的联系电话是 0431-8497XXXX
```

在 Python 中，字典对象还提供了 values() 和 keys() 方法，用于返回字典的值和键列表。它们的使用方法同 items() 方法类似，也需要通过 for 循环遍历该字典，获取对应的值和键。

1. 遍历 key 值、value 值、字典项（下面的方式完全等价）

```
a = {'a': '1', 'b': '2', 'c': '3'}
```
方式一：
```
for key in a:
    print(key+':'+a[key])
```
方式二：
```
for key in a.keys():
    print(key+':'+a[key])
```
方式三：
```
for key,value in a.items():
        print(key+':'+value)
```
方式四：
```
for (key,value) in a.items():
    print(key+':'+value)
```
输出结果：
```
a:1
b:2
c:3
```

2. 遍历 value 值

```
for value in a.values():
    print(value)
```
输出结果：
```
1
2
3
```

3. 遍历字典项

```
for kv in a.items():
    print(kv)
```
输出结果：
```
('a', '1')
('b', '2')
('c', '3')
```

10.1.4　添加、修改和删除字典元素

由于字典是可变序列，所以可以随时在其中添加键值对，这和列表类似。向字典中添加元素的语法

格式如下。

```
dictionary[key] = value
```

参数说明如下。

☑ dictionary：表示字典名称。

☑ key：表示要添加元素的键，必须是唯一的，并且不可变，可以是字符串、数字或者元组。

☑ value：表示元素的值，可以是任何数据类型，不是必须唯一的。

例如，还是以之前的保存 3 位球员绰号为例，在创建的字典中添加一个元素，并显示添加后的字典，代码如下。

```
dictionary =dict((('球员1', '1号'),('球员2','2号'), ('球员3','3号')))
dictionary["球员4"] = "4号"      # 添加一个元素
print(dictionary)
```

运行结果如下。

```
{'球员1': '1号', '球员2': '2号', '球员3': '3号', '球员4': '4号'}
```

从上面的结果中可以看出，又添加了一个键为"球员4"的元素。

由于在字典中，键必须是唯一的，所以如果新添加元素的键与已经存在的键重复，那么将使用新的值替换原来该键的值，这也相当于修改字典的元素。例如，再添加一个键为"球员3"的元素，这次设置他的绰号为"球员3号"，可以使用下面的代码实现。

```
dictionary =dict((('球员1','1号'),('球员2','2号'), ('球员3','3号')))
dictionary["球员3"] = "球员3号"  # 添加一个元素，当元素存在时，则相当于修改功能
print(dictionary)
```

运行结果如下。

```
{'球员1': '1号', '球员2': '2号', '球员3': '球员3号'}
```

从上面的结果可以看出，并没有添加一个新的键，而是直接对"球员3"进行了修改。

当字典中的某一个元素不需要时，可以使用 del 命令将其删除。例如，要删除键为"球员3"的元素，可以使用下面的代码实现。

```
dictionary =dict((('球员1', '1号'),('球员2','2号'), ('球员3','3号')))
del dictionary["球员3"]                    # 删除一个元素
print(dictionary)
```

运行结果如下。

```
{'球员1': '1号', '球员2': '2号'}
```

从上面的执行结果中可以看到，在字典中只剩下 2 个元素了。

> ⚡注意
>
> 当删除一个不存在的键时，将抛出图 10.5 所示的异常。
>
> ```
> Traceback (most recent call last):
>   File "E:\program\Python\Code\test.py", line 7, in <module>
>     del dictionary["香凝1"]      # 删除一个元素
> KeyError: '香凝1'
> >>>
> ```
>
> 图 10.5　删除一个不存在的键时将抛出的异常

因此，需要将上面的代码修改为以下内容，从而防止删除不存在的元素时抛出异常。

```
dictionary =dict((('球员1', '1号'),('球员2','2号'), ('球员3','3号')))
if "球员3" in dictionary:              # 如果存在
    del dictionary["球员3"]            # 删除一个元素
print(dictionary)
```

10.1.5　字典推导式

使用字典推导式可以快速生成一个字典，它的表现形式和列表推导式类似。例如，我们可以使用下面的代码生成一个包含 4 个随机数的字典，其中字典的键用数字表示。

```
import random                              # 导入 random 标准库
randomdict = {i:random.randint(10,100) for i in range(1,5)}
print("生成的字典为: ",randomdict)
```

运行结果如下。

```
生成的字典为:  {1: 21, 2: 85, 3: 11, 4: 65}
```

10.2　集合

Python 中的集合同数学中的集合概念类似，也是用于保存不重复元素的。它有可变集合（set）和不可变集合（frozenset）两种。本节所要介绍的 set 是无序可变序列，而另一种集合在本书中不进行介绍。在形式上，集合的所有元素都放在一对花括号"{}"中，两个相邻元素间使用逗号","分隔。集合最好的应用就是去重，因为集合中的每个元素都是唯一的。

> 💡说明
>
> 在数学中，集合的定义是把一些能够确定的不同的对象看成一个整体，而这个整体就是由这些对象的全体构成的集合。集合通常用花括号"{}"或者大写的拉丁字母表示。

集合常用的操作就是创建集合，以及集合的添加、删除、交集、并集和差集等，下面分别进行介绍。

10.2.1 集合的创建

Python 提供了两种创建集合的方法：一种是直接使用"{}"创建；另一种是通过 set() 函数将列表、元组等可迭代对象转换为集合。推荐使用第二种方法。下面分别进行介绍。

1. 直接使用"{}"创建

在 Python 中，创建 set 也可以像列表、元组和字典一样，直接将集合赋值给变量从而实现创建集合，即直接使用花括号"{}"创建。其语法格式如下。

```
setname = {element 1,element 2,element 3,…,element n}
```

其中，setname 表示集合的名称，可以是任何符合 Python 命名规则的标识符；element 1、element 2、element 3、element n 表示集合中的元素，个数没有限制，并且只要是 Python 支持的数据类型就可以。

> ⚡注意
>
> 在创建集合时，如果输入了重复的元素，Python 会自动只保留一个。

例如，下面的每一行代码都可以创建一个集合。

```
set1 = {'1号','2号','3号'}
set2 = {3,1,4,1,5,9,2,6}
set3 = {'Python', 28, ('人生苦短', '我用Python')}
```

上面的代码将创建以下集合。

```
{'1号', '2号', '3号'}
{1, 2, 3, 4, 5, 6, 9}
{'Python', ('人生苦短', '我用Python'), 28}
```

> 💡说明
>
> 由于 Python 中的 set 是无序的，所以每次输出时元素的排列顺序可能与上面的不同，读者不必在意。

2. 使用 set() 函数创建

在 Python 中，可以使用 set() 函数将列表、元组等其他可迭代对象转换为集合。set() 函数的语法格式如下。

```
setname = set(iteration)
```

参数说明如下。

- ✅ setname：表示集合名称。

- ✅ iteration：表示要转换为集合的可迭代对象，可以是列表、元组、range 对象等。另外，也可以是字符串，如果是字符串，返回的集合将是包含全部不重复字符的集合。

例如，下面的每一行代码都可以创建一个集合。

```python
set1 = set("命运给予我们的不是失望之酒，而是机会之杯。")
set2 = set([1.414,1.732,3.14159,2.236])
set3 = set(('人生苦短', '我用Python'))
```

上面的代码将创建以下集合。

```
{'不', '的', '望', '是', '给', '，', '我', '。', '酒', '会', '杯', '运',
'们', '予', '而', '失', '机', '命', '之'}
{1.414, 2.236, 3.14159, 1.732}
{'人生苦短', '我用Python'}
```

从上面创建的集合结果中可以看出，在创建集合时，如果出现了重复元素，那么将只保留一个，如在第一个集合中的"是"和"之"都只保留了一个。

> ⚡注意
>
> 创建空集合只能使用 set() 函数实现，而不能使用一对花括号"{}"实现。这是因为在 Python 中，直接使用一对花括号"{}"表示创建一个空字典。

下面使用 set() 函数创建保存球员位置信息的集合。修改后的代码如下。

```python
pf = set(['1号','2号','3号'])           # 保存大前锋的球员名字
print('大前锋位置的球员有：',pf,'\n')    # 输出大前锋的球员名字
sf = set(['4号','5号','6号'])           # 保存后卫的球员名字
print('后卫位置的球员有：',sf)          # 输出后卫的球员名字
```

> 💡说明
>
> 在 Python 中，创建集合时推荐采用 set() 函数。

10.2.2 集合元素的添加和删除

集合是可变序列，所以在创建集合后，还可以添加和删除元素。下面分别进行介绍。

1. 向集合中添加元素

向集合中添加元素可以使用 add() 方法实现。它的语法格式如下。

```python
setname.add(element)
```

其中，setname 表示要添加元素的集合；element 表示要添加的元素内容，这里只能使用字符串、数字及布尔值 True 或者 False 等，不能使用列表、元组等可迭代对象。

例如，定义一个保存明日科技"零基础学"系列图书名字的集合，然后向该集合中添加一个刚刚上市的图书名字，代码如下。

```
mr = set(['零基础学 Java','零基础学 Android','零基础学 C 语言','零基础学 C#','零
          基础学 PHP'])
mr.add('零基础学 Python')          # 添加一个元素
print(mr)
```

上面的代码运行后，将输出以下集合。

```
{'零基础学 PHP', '零基础学 Android', '零基础学 C#', '零基础学 C 语言', '零基础学
Python', '零基础学 Java'}
```

2. 从集合中删除元素

在 Python 中，可以使用 del 命令删除整个集合，也可以使用集合的 pop() 方法或者 remove() 方法删除一个元素，或者使用集合对象的 clear() 方法清空集合，即删除集合中的全部元素，使其变为空集合。

例如，下面的代码将分别实现从集合中删除指定元素、删除一个元素和清空集合。

```
mr = set(['零基础学 Java','零基础学 Android','零基础学 C 语言','零基础学 C#','零
          基础学 PHP','零基础学 Python'])
mr.remove('零基础学 Python')                    # 删除指定元素
print('使用 remove() 方法移除指定元素后：',mr)
mr.pop()                                        # 删除一个元素
print('使用 pop() 方法移除一个元素后：',mr)
mr.clear()                                      # 清空集合
print('使用 clear() 方法清空集合后：',mr)
```

上面的代码运行后，将输出以下内容。

```
使用 remove() 方法移除指定元素后： {'零基础学 Android', '零基础学 PHP', '零基础学 C 语言',
                              '零基础学 Java', '零基础学 C#'}
使用 pop() 方法移除一个元素后： {'零基础学 PHP', '零基础学 C 语言', '零基础学 Java',
                           '零基础学 C#'}
使用 clear() 方法清空集合后： set()
```

> ⚡注意
>
> 使用集合的 remove() 方法时，如果指定的内容不存在，将抛出图 10.6 所示的异常。所以在移除指定元素前，最好先判断其是否存在。要判断指定的内容是否存在，可以使用 in 关键字实现。例如，使用"'零语' in c"可以判断在 c 集合中是否存在"零语"。

```
Traceback (most recent call last):
  File "E:\program\Python\Code\test.py", line 25, in <module>
    mr.remove('零基础学Python1')  # 移除指定元素
KeyError: '零基础学Python1'
>>>
```

图 10.6　从集合中删除的元素不存在时抛出异常

10.2.3　集合的交集、并集和差集运算

集合常用的操作就是进行交集、并集和差集运算。进行交集运算时使用"&"符号，进行并集运算时使用"|"符号，进行差集运算时使用"-"符号。下面通过一个具体的实例演示如何对集合进行交集、并集和差集运算。

在 IDLE 中创建一个名称为 section_operate.py 的文件，然后在该文件中，定义两个包括 4 个元素的集合，再根据需要对这两个集合进行交集、并集和差集运算，并输出运算结果，代码如下。

```
pf = set(['1号','2号','3号'])           # 保存大前锋的球员名字
print('大前锋位置的球员有: ',pf,'\n')    # 输出大前锋的球员名字
cf = set(['1号','4号','5号'])           # 保存中锋的球员名字
print('中锋位置的球员有: ', cf,'\n')     # 输出中锋的球员名字
print('交集运算: ', pf & cf)           # 输出既是大前锋又是中锋的球员名字
print('并集运算: ', pf | cf)           # 输出大前锋和中锋的全部球员名字
print('差集运算: ', pf - cf)           # 输出是大前锋但不是中锋的球员名字
```

运行上面的代码，结果如图 10.7 所示。

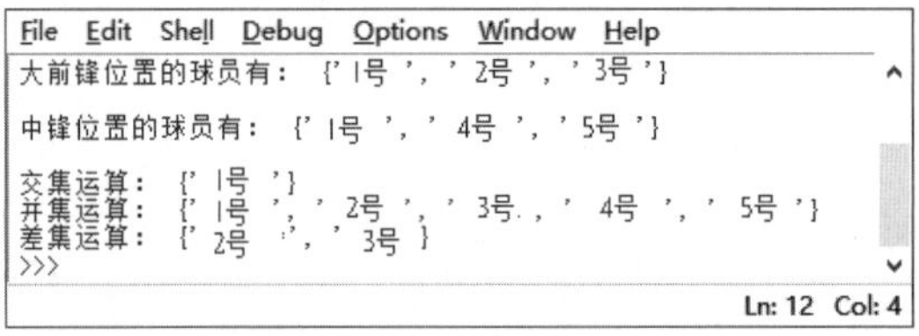

图 10.7　对球员集合进行交集、并集和差集运算

170

第 11 章

文件与 I/O

在变量、序列和对象中存储的数据是暂时的，程序结束后就会丢失。为了能够长时间地保存程序中的数据，需要将程序中的数据保存到磁盘文件中。Python 提供了内置的文件对象和对文件、目录进行操作的内置模块。通过这些技术可以很方便地将数据保存到文件（如文本文件等）中，以达到长时间保存数据的目的。本章将详细介绍 Python 中文件和目录的相关操作。

11.1　基本文件操作

Python 内置了文件（file）对象。在使用文件对象时，首先需要通过内置的 open() 函数创建一个文件对象，然后通过该对象提供的方法进行一些基本文件操作。例如，可以使用文件对象的 write() 方法向文件写入内容，以及使用 close() 方法关闭文件等。下面将介绍如何应用 Python 的文件对象进行基本文件操作。

11.1.1　创建和打开文件

在 Python 中，想要操作文件需要先创建或者打开指定的文件并创建文件对象。这可以通过内置的 open() 函数实现。open() 函数的基本语法格式如下。

```
file = open(filename[,mode[,buffering]])
```

参数说明如下。

- ✅ file：被创建的文件对象。
- ✅ filename：要创建或打开的文件名称，需要使用单引号或双引号括起来。如果要打开的文件和当前文件在同一个目录下，那么直接写文件名即可，否则需要指定完整路径。例如，要打开当前路径下的名称为 status.txt 的文件，可以使用 status.txt。

◇ mode：可选参数，用于指定文件的打开模式。其值如表 11.1 所示。默认的打开模式为只读模式。

表 11.1 mode 参数的值

值	说　明	注　意
r	以只读模式打开文件。文件的指针将会放在文件的开头	文件必须存在
rb	以二进制格式打开文件，并且采用只读模式。文件的指针将会放在文件的开头。一般用于非文本文件，如图片、声音等	
r+	打开文件后，可以读取文件内容，也可以写入新的内容覆盖原有内容（从文件开头进行覆盖）	
rb+	以二进制格式打开文件，并且采用读写模式。文件的指针将会放在文件的开头。一般用于非文本文件，如图片、声音等	
w	以只写模式打开文件	如果文件存在，则将其覆盖，否则将创建新文件
wb	以二进制格式打开文件，并且采用只写模式。一般用于非文本文件，如图片、声音等	
w+	打开文件后，先清空原有内容，使其变为一个空文件，对这个空文件有读写权限	
wb+	以二进制格式打开文件，并且采用读写模式。一般用于非文本文件，如图片、声音等	
a	以追加模式打开一个文件。如果该文件已经存在，文件指针将放在该文件的末尾（新内容会被写入已有内容之后），否则，将创建新文件用于写入	
ab	以二进制格式打开文件，并且采用追加模式。如果该文件已经存在，文件指针将放在该文件的末尾（新内容会被写入已有内容之后），否则，将创建新文件用于写入	
a+	以读写模式打开文件。如果该文件已经存在，文件指针将放在该文件的末尾（新内容会被写入已有内容之后），否则，将创建新文件用于读写	
ab+	以二进制格式打开文件，并且采用追加模式。如果该文件已经存在，文件指针将放在该文件的末尾（新内容会被写入已有内容之后），否则，将创建新文件用于读写	

◇ buffering：可选参数，用于指定读写文件的缓存模式。值为 0 表示表达式不缓存；值为 1 表示表达式缓存；如果大于 1，则表示缓存区的大小。默认为缓存模式。

使用 open() 函数可实现以下几个功能。

1. 打开一个不存在的文件时先创建该文件

在默认的情况下，使用 open() 函数打开一个不存在的文件，会抛出图 11.1 所示的异常。

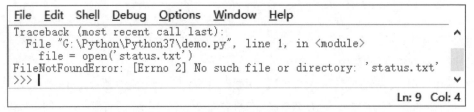

图 11.1 打开的文件不存在时抛出的异常

要解决图 11.1 所示的异常问题，主要有以下两种方法。

☑ 在当前目录下（与执行的文件相同的目录）创建一个名称为 status.txt 的文件。

☑ 在调用 open() 函数时，指定 mode 参数的值为 w、w+、a、a+。这样，当要打开的文件不存在时，就可以创建新的文件了。

2. 以二进制格式打开文件

使用 open() 函数不仅可以以文本格式打开文本文件，而且可以以二进制格式打开非文本文件，如图片文件、音频文件、视频文件等。例如，创建一个名称为 picture.png 的图片文件（如图 11.2 所示），并且应用 open() 函数以二进制格式打开该文件。

图 11.2 打开的图片文件

以二进制格式打开该文件，并输出创建的对象的代码如下。

```
file = open('picture.png','rb')      # 以二进制格式打开图片文件
print(file)                          # 输出创建的对象
```

执行上面的代码后，将显示图 11.3 所示的运行结果。

```
File  Edit  Shell  Debug  Options  Window  Help
<_io.BufferedReader name='picture.png'>
>>>
                                                        Ln: 6  Col: 4
```

图 11.3 以二进制格式打开图片文件

从图 11.3 中可以看出，创建的是一个 BufferedReader 对象。该对象生成后，可以再应用其他的第三方模块进行处理。例如，上面的 BufferedReader 对象是通过打开图片文件创建的。那么可以将其传入第三方的 Python 图像处理库（PIL）的 Image 模块的 open() 方法中，以便对图片进行处理（如调整大小等）。

3. 打开文件时指定编码格式

在使用 open() 函数打开文件时，默认采用 GBK（汉字内码扩展规范）编码，当被打开的文件的内容格式不是 GBK 编码时，将抛出图 11.4 所示的异常。

```
File  Edit  Shell  Debug  Options  Window  Help
Traceback (most recent call last):
  File "G:\Python\Python38\demo.py", line 2, in <module>
    print(file.read())
UnicodeDecodeError: 'gbk' codec can't decode byte 0x9e in position 14: incomplet
e multibyte sequence
>>>
                                                        Ln: 9  Col: 4
```

图 11.4 抛出 Unicode 解码异常

解决该问题的方法有两种：一种是直接修改文件的编码；另一种是在打开文件时，直接指定使用的编码格式。推荐采用第二种方法。下面重点介绍如何在打开文件时指定编码格式。

在调用 open() 函数时，通过添加 encoding='utf-8' 参数即可实现将编码格式指定为 UTF-8。如果想要指定其他编码格式，将单引号中的内容替换为想要指定的编码格式即可。

例如，打开采用 UTF-8 编码格式保存的 notice.txt 文件，可以使用下面的代码实现。

```
file = open('notice.txt','r',encoding='utf-8')
```

11.1.2　关闭文件

打开文件后，需要及时关闭，以免对文件造成不必要的破坏。关闭文件可以使用文件对象的 close() 方法实现。close() 方法的语法格式如下。

```
file.close()
```

其中，file 为打开的文件对象。

例如，关闭打开的文件对象，可以使用下面的代码实现。

```
file.close()        # 关闭文件对象
```

> **💡说明**
>
> close() 方法先刷新缓存区中还没有写入的信息，然后才关闭文件，这样可以将没有写入文件的内容写入文件。在关闭文件后，便不能再进行写入操作了。

11.1.3　打开文件时使用 with 语句

打开文件后，要及时将其关闭。如果忘记关闭，可能会带来意想不到的问题。另外，如果在打开文件时抛出了异常，那么将导致文件不能被及时关闭。为了更好地避免此类问题的发生，可以使用 Python 提供的 with 语句，从而实现在处理文件时，无论是否抛出异常，都能保证 with 语句执行完毕后关闭已经打开的文件。with 语句的基本语法格式如下。

```
with expression as target:
    with-body
```

参数说明如下。

- ⊘ expression：用于指定一个表达式，这里可以是打开文件的 open() 函数。
- ⊘ target：用于指定一个变量，并且将 expression 的结果保存到该变量中。
- ⊘ with-body：用于指定 with 语句体，可以是执行 with 语句后相关的一些操作语句。如果不想执行任何语句，可以直接使用 pass 语句代替。

例如，在打开文件时使用 with 语句，修改后的代码如下。

```
print("\n","="*10,"Python 经典应用 ","="*10)
with open('message.txt','w') as file:    # 创建或打开保存 Python 经典应用信息的文件
    pass
print("\n 即将显示……\n")
```

11.1.4　写入文件内容

在前文中，虽然创建并打开了一个文件，但是该文件中并没有任何内容，它的大小是 0KB。Python 的文件对象提供了 write() 方法，可以向文件中写入内容。write() 方法的语法格式如下。

```
file.write(string)
```

参数说明如下。

☑ file 为打开的文件对象。

☑ string 为要写入的字符串。

> **⚡注意**
>
> 调用 write() 方法向文件中写入内容的前提是，打开文件时，指定的打开模式为 w（只写）或者 a（追加），否则，将抛出图 11.5 所示的异常。

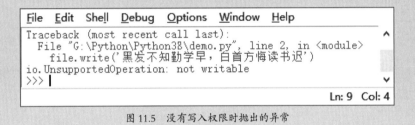

图 11.5　没有写入权限时抛出的异常

11.1.5　读取文件

在 Python 中打开文件后，除了可以向其写入或追加内容，还可以读取文件中的内容。读取文件内容主要分为以下几种情况。

1. 读取指定字符

文件对象提供了 read() 方法来读取指定个数的字符。其语法格式如下。

```
file.read([size])
```

其中，file 为打开的文件对象；size 为可选参数，用于指定要读取的字符个数，如果省略，则一次性读取所有内容。

> **⚡注意**
>
> 调用 read() 方法读取文件内容的前提是，打开文件时，指定的打开模式为 r（只读）或者 r+（读写），否则，将抛出图 11.6 所示的异常。

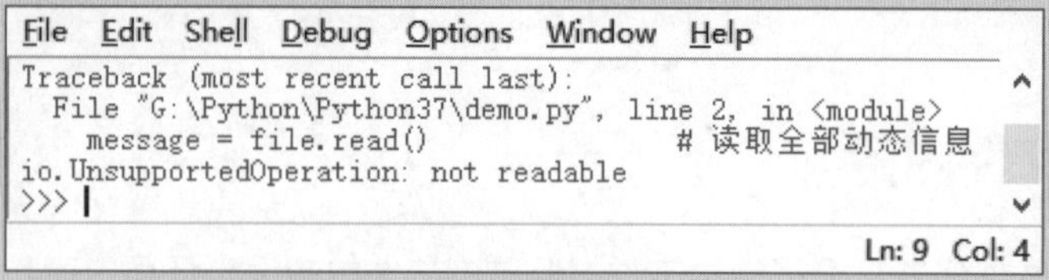

```
File  Edit  Shell  Debug  Options  Window  Help
Traceback (most recent call last):
  File "G:\Python\Python37\demo.py", line 2, in <module>
    message = file.read()          # 读取全部动态信息
io.UnsupportedOperation: not readable
>>>
                                               Ln: 9  Col: 4
```

图 11.6　没有读取权限抛出的异常

例如，要读取 message.txt 文件中的前 9 个字符，可以使用下面的代码实现。

```python
with open('message.txt','r') as file:        # 打开文件
    string = file.read(9)                     # 读取前 9 个字符
    print(string)
```

如果 message.txt 的文件内容为：

```
Python 的强大，强大到你无法想象！！！
```

那么运行上面的代码将显示以下结果。

```
Python 的强大
```

使用 read() 方法读取文件时，是从文件的开头读取的。如果想要读取部分内容，可以先使用文件对象的 seek() 方法将文件的指针移动到新的位置，然后用 read() 方法读取。seek() 方法的基本语法格式如下。

```
file.seek(offset[,whence])
```

参数说明如下。

- ⊘ file：表示已经打开的文件对象。
- ⊘ offset：用于指定移动的字符个数，其具体位置与 whence 有关。
- ⊘ whence：用于指定从什么位置开始计算。值为 0 表示从文件头开始计算，值为 1 表示从当前位置开始计算，值为 2 表示从文件尾开始计算，默认为 0。

> **⚡注意**
>
> 对于 whence 参数，如果在打开文件时，没有使用 b 模式（采用 rb），那么只允许从文件头开始计算相对位置，从文件尾计算时就会抛出图 11.7 所示的异常。

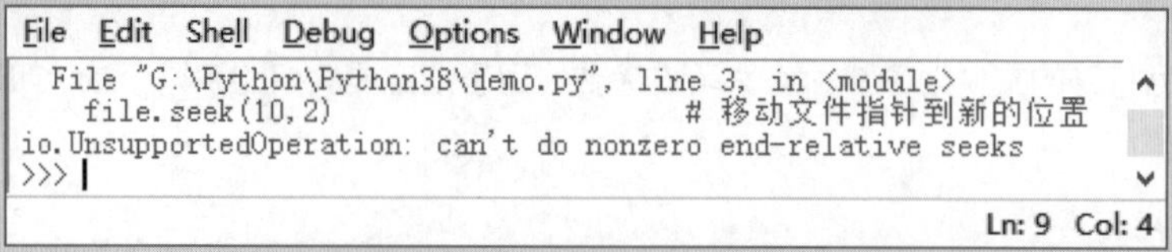

```
File  Edit  Shell  Debug  Options  Window  Help
  File "G:\Python\Python38\demo.py", line 3, in <module>
    file.seek(10, 2)              # 移动文件指针到新的位置
io.UnsupportedOperation: can't do nonzero end-relative seeks
>>>
                                               Ln: 9  Col: 4
```

图 11.7　没有使用 b 模式，从文件尾计算时抛出的异常

例如，想要从文件的第 11 个字符开始读取 8 个字符，可以使用下面的代码实现。

```
with open('message.txt','r') as file:        # 打开文件
    file.seek(14)                              # 移动文件指针到新的位置
    string = file.read(8)                      # 读取 8 个字符
    print(string)
```

如果 message.txt 的文件内容为:

```
Python 的强大，强大到你无法想象！！！
```

那么运行上面的代码将显示以下结果:

```
强大到你无法想象
```

> 💡 说明
>
> 　　在使用 seek() 方法时，offset 的值是按一个汉字占两个字符、英文和数字占一个字符计算的，这与 read() 方法不同。

2. 读取一行

在使用 read() 方法读取文件时，如果文件很大，一次读取全部内容到内存，容易造成内存不足，所以通常会逐行读取。文件对象提供了 readline() 方法，用于每次读取一行数据。readline() 方法的基本语法格式如下。

```
file.readline()
```

其中，file 为打开的文件对象。同 read() 方法一样，打开文件时，也需要指定打开模式为 r（只读）或者 r+（读写）。

```
print("\n","="*20,"Python 经典应用 ","="*20,"\n")
with open('message.txt','r') as file:        # 打开保存 Python 经典应用信息的文件
    number = 0                # 记录行号
    while True:
        number += 1
        line = file.readline()
        if line =='':
            break                # 跳出循环
        print(number,line,end= "\n")        # 输出一行内容
print("\n","="*20,"over","="*20,"\n")
```

运行上面的代码，将显示图 11.8 所示的结果。

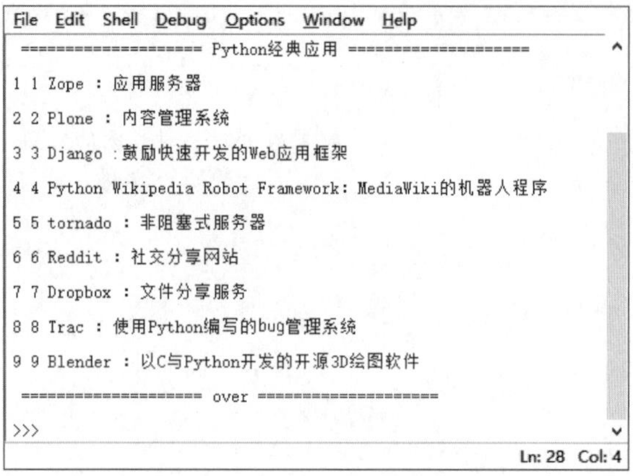

图 11.8　逐行读取 Python 经典应用文件

3. 读取全部行

读取全部行的作用同调用 read() 方法时不指定 size 类似，只不过读取全部行时，返回的是一个字符串列表，列表中的每个元素为文件的一行内容。读取全部行使用的是文件对象的 readlines() 方法，其语法格式如下。

```
file.readlines()
```

其中，file 为打开的文件对象。同 read() 方法一样，打开文件时，readlines() 方法也需要指定打开模式为 r（只读）或者 r+（读写）。

例如，通过 readlines() 方法读取 message.txt 文件中的所有内容，并输出读取结果，代码如下。

```
print("\n","="*20,"Python 经典应用 ","="*20,"\n")
with open('message.txt','r') as file:        # 打开保存 Python 经典应用信息的文件
    message = file.readlines()               # 读取全部信息
    print(message)                           # 输出信息
    print("\n","="*25,"over","="*25,"\n")
```

运行上面的代码，将显示图 11.9 所示的运行结果。

图 11.9　readlines() 方法的返回结果

从该运行结果中可以看出，readlines() 方法的返回值为一个字符串列表。在这个字符串列表中，每个元素记录一行内容。当文件比较大时，采用这种方法输出读取的文件内容的速度会很慢。这时可以将列表的内容逐行输出。例如，代码可以修改为以下内容。

```
print("\n","="*20,"Python 经典应用 ","="*20,"\n")
with open('message.txt','r') as file:          # 打开保存 Python 经典应用信息的文件
    messageall = file.readlines()              # 读取全部信息
    for message in messageall:
        print(message)                          # 输出一条信息
print("\n","="*25,"over","="*25,"\n")
```

上述代码的运行结果与图 11.8 相同。

11.2　目录操作

目录也称文件夹，用于分层保存文件。通过目录我们可以分门别类地存放文件，也可以快速找到想要的文件。在 Python 中，并没有提供直接操作目录的函数或者对象，而需要使用内置的 os 和 os.path 模块实现。

> 💡 **说明**
>
> os 模块是 Python 内置的与操作系统功能和文件系统相关的模块，该模块中语句的执行结果通常与操作系统有关，在不同的操作系统上运行，可能会得到不一样的结果。

常用的目录操作主要有判断目录是否存在、创建目录、删除目录和遍历目录等，下面将分别进行详细介绍。

> 💡 **说明**
>
> 本章的内容都是以 Windows 操作系统为例进行介绍的，所以代码的运行结果也都是在 Windows 操作系统下显示的。

11.2.1　os 和 os.path 模块

在 Python 中，内置了 os 模块及其子模块 os.path，用于对目录或文件进行操作。在使用 os 模块或者 os.path 模块时，需要先应用 import 语句将其导入，然后才可以应用它们提供的函数或者变量。

导入 os 模块可以使用下面的代码实现。

```
import os
```

> 💡 **说明**
>
> 导入 os 模块后，也可以使用其子模块 os.path。

导入 os 模块后，可以使用该模块提供的通用变量获取与系统有关的信息。常用的变量有以下几个。

    ✓ name：用于获取操作系统类型。

例如，在 Windows 操作系统下输入 os.name，按 <Enter> 键后，将显示图 11.10 所示的结果。

图 11.10　显示 os.name 的结果

> 💡 说明
>
> 　　如果 os.name 的输出结果为 nt，则表示是 Windows 操作系统；如果 os.name 的输出结果为 posix，则表示是 Linux、UNIX 操作系统或 mac OS。

　⚙ linesep：用于获取当前操作系统上的换行符。

例如，在 Windows 操作系统下输入 os.linesep，按 <Enter> 键后，将显示图 11.11 所示的结果。

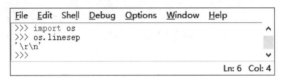

图 11.11　显示 os.linesep 的结果

　⚙ sep：用于获取当前操作系统所使用的路径分隔符。

例如，在 Windows 操作系统下输入 os.sep，按 <Enter> 键后，将显示图 11.12 所示的结果。

图 11.12　显示 os.sep 的结果

os 模块还提供了一些与目录操作相关的函数，如表 11.2 所示。

表 11.2　os 模块提供的与目录操作相关的函数及说明

函　数	说　明
getcwd()	返回当前的工作目录
listdir(path)	返回指定路径下的文件和目录信息
mkdir(path [,mode])	创建目录
makedirs(path1/path2...[,mode])	创建多级目录
rmdir(path)	删除目录
removedirs(path1/path2...)	删除多级目录
chdir(path)	把 path 设置为当前工作目录
walk(top[,topdown[,onerror]])	遍历目录树，返回一个元组，包括所有路径名、所有目录列表和文件列表这 3 个元素

os.path 模块也提供了一些与目录操作相关的函数，如表 11.3 所示。

表 11.3　os.path 模块提供的与目录操作相关的函数及说明

函　　数	说　　明
abspath(path)	获取文件或目录的绝对路径
exists(path)	判断目录或者文件是否存在，如果存在则返回 True，否则返回 False
join(path,name)	将目录与目录或者文件名拼接起来
splitext()	分离文件名和扩展名
basename(path)	从一个目录中提取文件名
dirname(path)	从一个路径中提取文件路径，不包括文件名
isdir(path)	判断是否为路径

11.2.2　路径

用于定位一个文件或者目录的字符串称为一个路径。在程序开发时，通常涉及两种路径：一种是相对路径，另一种是绝对路径。

1. 相对路径

在学习相对路径之前，需要先了解什么是当前工作目录。当前工作目录是指当前文件所在的目录。在 Python 中，可以通过 os 模块提供的 getcwd() 函数获取当前工作目录。例如，在"E:\program\Python\Code"目录下的 demo.py 文件中，编写以下代码。

```
import os
print(os.getcwd())                    # 输出当前工作目录
```

运行上面的代码后，将显示以下目录，该目录就是当前工作目录。

```
E:\program\Python\Code
```

相对路径依赖于当前工作目录。如果在当前工作目录下，有一个名称为 message.txt 的文件，那么在打开这个文件时，就可以直接写上文件名，这时采用的就是相对路径，message.txt 文件的实际路径就是"当前工作目录 E:\program\Python\Code+ 相对路径 message.txt"，即"E:\program\Python\Code\message.txt"。

如果在当前工作目录下，有一个子目录 demo，并且在该子目录下保存着文件 message.txt，那么在打开这个文件时就可以写上"demo/message.txt"，例如下面的代码。

```
with open("demo/message.txt") as file:          # 通过相对路径打开文件
    pass
```

在 Python 中，指定文件路径时需要对路径分隔符 "\" 进行转义，即将路径中的 "\" 替换为 "\\"。例如，相对路径 "demo\message.txt" 需要使用 "demo\\message.txt" 代替。另外，路径分隔符 "\" 也可以采用 "/" 代替。

在指定文件路径时，也可以在表示路径的字符串前面加上字母 r（或 R），该字符串将原样输出，这时路径中的分隔符就不需要再转义了。例如，上面的代码也可以修改为如下内容。

```
with open(r"demo\message.txt") as file:          # 通过相对路径打开文件
    pass
```

2. 绝对路径

绝对路径是指在使用文件时指定文件的实际路径，它不依赖于当前工作目录。在 Python 中，可以通过 os.path 模块提供的 abspath() 函数获取一个文件的绝对路径。abspath() 函数的基本语法格式如下。

```
os.path.abspath(path)
```

其中，path 为要获取绝对路径的相对路径，可以是文件也可以是目录。

例如，要获取相对路径 "demo\message.txt" 的绝对路径，可以使用下面的代码实现。

```
import os
print(os.path.abspath(r"demo\message.txt"))     # 获取绝对路径
```

如果当前工作目录为 "E:\program\Python\Code"，那么将得到以下结果。

```
E:\program\Python\Code\demo\message.txt
```

3. 拼接路径

如果想要将两个或者多个路径拼接到一起，以组成一个新的路径，可以使用 os.path 模块提供的 join() 函数实现。join() 函数基本语法格式如下。

```
os.path.join(path1[,path2[,...]])
```

其中，path1、path2 代表要拼接的文件路径，这些路径间使用逗号进行分隔。如果在要拼接的路径中，没有一个绝对路径，那么最后拼接出来的将是一个相对路径。

使用 os.path.join() 函数拼接路径时，并不会检测该路径是否真实存在。

例如，需要将 "E:\program\Python\Code" 和 "demo\message.txt" 路径拼接到一起，可以使用下面的代码实现。

```
import os
print(os.path.join("E:\program\Python\Code","demo\message.txt"))
# 拼接路径
```

运行上面的代码，将得到以下结果。

```
E:\program\Python\Code\demo\message.txt
```

> **说明**
>
> 在使用 join() 函数时，如果要拼接的路径中存在多个绝对路径，那么以从左到右的顺序最后一次出现的路径为准，并且该路径之前的参数都将被忽略。例如，执行下面的代码。

```
import os
# 拼接路径
print(os.path.join("E:\\code","E:\\python\\mr","Code","C:\\","demo"))
```

将得到拼接后的路径为 "C:\demo"。

> **注意**
>
> 把两个路径拼接为一个路径时，不要直接使用拼接字符串的方法，而是使用 os.path.join() 函数，这样可以正确处理不同操作系统的路径分隔符。

11.2.3 判断目录是否存在

在 Python 中，有时需要判断给定的目录是否存在，这时可以使用 os.path 模块提供的 exists() 函数。exists() 函数的基本语法格式如下。

```
os.path.exists(path)
```

其中，path 为要判断的目录，可以采用绝对路径，也可以采用相对路径。如果给定的路径存在，返回 True；否则返回 False。

例如，要判断绝对路径 "C:\demo" 是否存在，可以使用下面的代码实现。

```
import os
print(os.path.exists("C:\\demo"))                    # 判断绝对路径是否存在
```

运行上面的代码，如果在 C 盘根目录下没有 demo 子目录，则返回 False，否则返回 True。

> **说明**
>
> os.path.exists() 函数除了可以判断目录是否存在，还可以判断文件是否存在。例如，如果将上面代码中的"C:\\demo"替换为"C:\\demo\\test.txt"，则代码的目的变为用于判断 C:\demo\test.txt 文件是否存在。

11.2.4　创建目录

在 Python 中，os 模块提供了两个创建目录的函数，一个用于创建一级目录，另一个用于创建多级目录。下面分别进行介绍。

1. 创建一级目录

创建一级目录是指一次只能创建一级目录，在 Python 中，可以使用 os 模块提供的 mkdir() 函数实现。通过该函数只能创建指定路径中的最后一级目录，如果该目录的上一级不存在，则抛出 FileNotFoundError 异常。mkdir() 函数的基本语法格式如下。

```
os.mkdir(path, mode=0777)
```

参数说明如下。

☑ path：用于指定要创建的目录，可以使用绝对路径，也可以使用相对路径。

☑ mode：用于指定数值模式，默认值为 0777。该参数在非 UNIX 操作系统上无效或被忽略。

例如，在 Windows 操作系统上创建一个"C:\demo"目录，可以使用下面的代码实现。

```
import os
os.mkdir("C:\\demo")                        # 创建"C:\demo"目录
```

运行上面的代码后，将在 C 盘根目录下创建一个"demo"目录，如图 11.13 所示。

图 11.13　创建 demo 目录成功

如果在创建目录时，"demo"目录已经存在，将抛出 FileExistsError 异常。例如，将上面的示例代码再运行一次，将抛出图 11.14 所示的异常。

```
File  Edit  Shell  Debug  Options  Window  Help
Traceback (most recent call last):
  File "G:\Python\Python37\demo.py", line 2, in <module>
    os.mkdir("C:\\demo")    # 创建C:\demo目录
FileExistsError: [WinError 183] 当文件已存在时，无法创建该文件。: 'C:\\demo'
>>>
                                                              Ln: 9  Col: 4
```

图 11.14　创建 demo 目录失败的异常

要解决上面的问题，可以在创建目录前，先判断指定的目录是否存在，只有当目录不存在时才创建。具体代码如下。

```
import os
path = "C:\\demo"                        # 指定要创建的目录
if not os.path.exists(path):             # 判断目录是否存在
    os.makedirs(path)                    # 创建目录
    print("目录创建成功！")
else:
    print("该目录已经存在！")
```

运行上面的代码，如果"C:\\demo"目录已经存在，将显示以下结果。

该目录已经存在！

否则将显示以下结果，同时目录将被成功创建。

目录创建成功！

> **注意**
>
> 如果指定的目录有多级，而且最后一级的上级目录中有不存在的，则抛出 FileNotFoundError 异常，并且目录创建不成功。这时可以使用创建多级目录的方法。

2. 创建多级目录

使用 mkdir() 函数只能创建一级目录，如果想创建多级目录，可以使用 os 模块提供的 makedirs() 函数，该函数采用递归的方式创建目录。makedirs() 函数的基本语法格式如下。

```
os.makedirs(name, mode=0777)
```

参数说明如下。

- ✅ name：用于指定要创建的目录，可以使用绝对路径，也可以使用相对路径。
- ✅ mode：用于指定数值模式，默认值为 0777。该参数在非 UNIX 操作系统上无效或被忽略。

例如，在 Windows 操作系统上刚刚创建的"C:\demo"目录下，再创建子目录"test\dir\mr"（对应的目录为"C:\demo\test\dir\mr"），可以使用下面的代码实现。

```
import os
os. makedirs ("C:\\demo\\test\\dir\\mr ")   # 创建"C:\demo\test\dir\mr"目录
```

运行上面的代码后，将在"C:\demo"目录下创建子目录"test"，并且在"test"目录下再创建子目录"dir"，在"dir"目录下再创建子目录"mr"。创建目录后的目录结构如图 11.15 所示。

图 11.15　创建多级目录的结构

11.2.5　删除目录

删除目录可以使用 os 模块提供的 rmdir() 函数实现。通过 rmdir() 函数删除目录时，要删除的目录必须为空。rmdir() 函数的基本语法格式如下。

```
os.rmdir(path)
```

其中，path 为要删除的目录，可以使用相对路径，也可以使用绝对路径。

例如，要删除刚刚创建的 "C:\demo\test\dir\mr" 目录，可以使用下面的代码实现。

```
import os
os.rmdir("C:\\demo\\test\\dir\\mr")          # 删除 "C:\demo\test\dir\mr" 目录
```

运行上面的代码后，将删除 "C:\demo\test\dir" 目录下的 "mr" 目录。

> **⚡ 注意**
>
> 如果要删除的目录不存在，那么将抛出 FileNotFoundError: [WinError 2] 异常。因此，在执行 os.rmdir() 函数前，建议先判断该目录是否存在，可以使用 os.path.exists() 函数判断。具体代码如下。

```
import os
path = "C:\\demo\\test\\dir\\mr"                   # 指定要创建的目录
if os.path.exists(path):                    # 判断目录是否存在
    os.rmdir("C:\\demo\\test\\dir\\mr")           # 删除目录
    print("目录删除成功！")
else:
    print("该目录不存在！")
```

> **! 多学两招**
>
> 使用 rmdir() 函数只能删除空目录，如果想要删除非空目录，则需要使用 Python 内置的标准模块 shutil 的 rmtree() 函数实现。例如，要删除不为空的 "C:\\demo\\test" 目录，可以使用下面的代码实现。

```
import shutil
shutil.rmtree("C:\\demo\\test")          # 删除 "C:\demo" 目录下的 "test" 子目录及
其内容
```

11.2.6 遍历目录

遍历的意思是全部走遍。在 Python 中，遍历的作用与其意思相似，就是将指定目录下的全部目录（包括子目录）及文件浏览一遍。在 Python 中，os 模块的 walk() 函数用于实现遍历目录的功能。walk() 函数的基本语法格式如下。

```
os.walk(top[, topdown][, onerror][, followlinks])
```

参数及返回值说明如下。

- ⊘ top：用于指定要遍历的根目录。
- ⊘ topdown：可选参数，用于指定遍历的顺序。如果值为 True，表示自上而下遍历（先遍历根目录）；如果值为 False，表示自下而上遍历（先遍历最后一级子目录）。默认值为 True。
- ⊘ onerror：可选参数，用于指定错误处理方式，默认为忽略，如果不想忽略，也可以指定一个错误处理函数。
- ⊘ followlinks：可选参数，默认情况下，walk() 函数不会向下转换成解析到目录的符号链接，可将该参数值设置为 True，表示用于指定在支持的系统上访问由符号链接指向的目录。
- ⊘ 返回值：返回一个包括 3 个元素的元组生成器对象 (dirpath, dirnames, filenames)。其中，dirpath 表示当前遍历的目录，是一个字符串；dirnames 表示当前目录下的子目录，是一个列表；filenames 表示当前目录下的文件，也是一个列表。

例如，要遍历指定目录 "E:\program\Python\Code\01"，可以使用下面的代码实现。

```
import os                              # 导入 os 模块
    # 遍历 "E:\program\Python\Code\01" 目录
tuples = os.walk("E:\\program\\Python\\Code\\01") for tuple1 in tuples:
                                       # 通过 for 循环输出遍历结果
    print(tuple1 ,"\n")                # 输出每一级目录的元组
```

如果 "E:\program\Python\Code\01" 目录下包括图 11.16 所示的内容，运行上面的代码，将显示图 11.17 所示的结果。

图 11.16　遍历指定目录

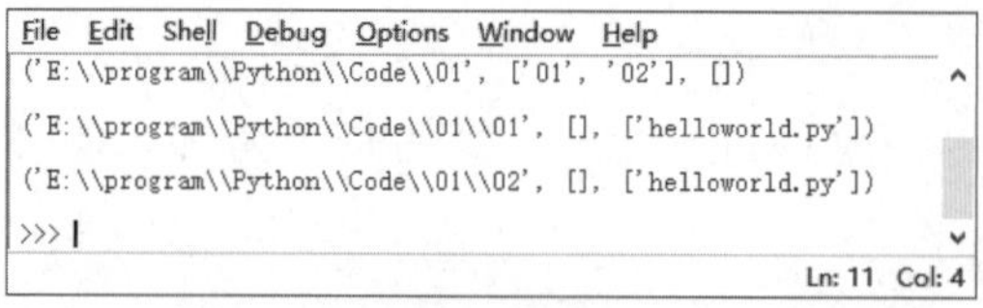

图 11.17 遍历指定目录的结果

> **⚡注意**
>
> walk() 函数只在 UNIX 和 Windows 操作系统中有效。

11.3 高级文件操作

Python 内置的 os 模块除了可以对目录进行操作，还可以对文件进行一些高级操作。os 模块提供的与文件操作相关的函数及说明如表 11.4 所示。

表 11.4 os 模块提供的与文件操作相关的函数及说明

函　　数	说　　明
access(path,accessmode)	获取对文件是否有指定的访问权限（读取 / 写入 / 执行权限）。accessmode 的值是 R_OK（读取）、W_OK（写入）、X_OK（执行）或 F_OK（存在）。如果有指定的权限，则返回 1，否则返回 0
chmod(path,mode)	修改指定文件的访问权限
remove(path)	删除指定的文件路径
rename(src,dst)	将文件或目录重命名
stat(path)	返回指定文件的信息
startfile(path [, operation])	使用关联的应用程序打开指定的文件

下面将对常用的操作进行详细介绍。

11.3.1 删除文件

Python 没有内置删除文件的函数，但是在内置的 os 模块中提供了删除文件的函数 remove()，该函数的基本语法格式如下。

```
os. remove(path)
```

其中，path 为要删除的文件路径，可以使用相对路径，也可以使用绝对路径。

例如，要删除当前工作目录下的 mrsoft.txt 文件，可以使用下面的代码实现。

```
import os                        # 导入 os 模块
os.remove("mrsoft.txt")         # 删除当前工作目录下的 mrsoft.txt 文件
```

运行上面的代码后，如果在当前工作目录下存在 mrsoft.txt 文件，则可将其删除，否则将显示图 11.18 所示的异常。

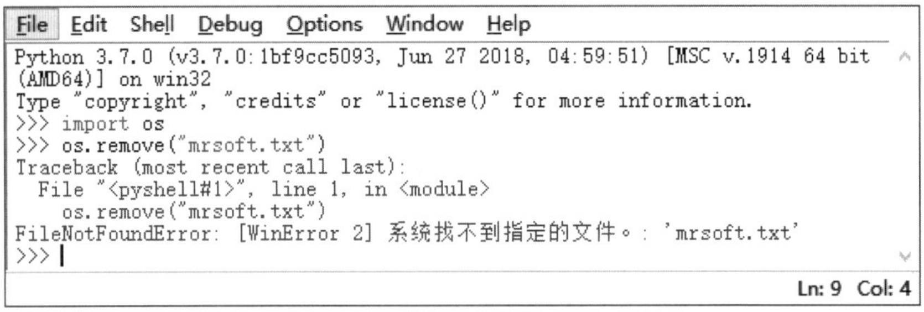

图 11.18　要删除的文件不存在时显示的异常

为了消除以上异常，可以在删除文件时，先判断文件是否存在，只有存在时才执行删除操作。具体代码如下。

```
import os                        # 导入 os 模块
path = "mrsoft.txt"              # 要删除的文件
if os.path.exists(path):         # 判断文件是否存在
    os.remove(path)             # 删除文件
    print("文件删除完毕！")
else:
    print("文件不存在！")
```

运行上面的代码，如果 mrsoft.txt 不存在，则显示以下内容。

文件不存在！

否则将显示以下内容，同时文件将被删除。

文件删除完毕！

11.3.2　重命名文件和目录

os 模块提供了重命名文件和目录的函数 rename()。如果指定的是文件，则重命名文件；如果指定的是目录，则重命名目录。rename() 函数的基本语法格式如下。

```
os.rename(src,dst)
```

参数说明如下。

☑ src 用于指定要进行重命名的目录或文件。

    ☑ dst 用于指定重命名后的目录或文件。

同删除文件一样，在进行文件或目录重命名时，如果指定的目录或文件不存在，也将抛出 FileNot FoundError 异常。因此在进行文件或目录重命名时，也建议先判断文件或目录是否存在，只有存在时才可以进行重命名操作。

例如，想要将"C:\demo\test\dir\mr\mrsoft.txt"文件重命名为"C:\demo\test\dir\mr\mr.txt"，可以使用下面的代码实现。

```
import os                                    # 导入 os 模块
src = "C:\\demo\\test\\dir\\mr\\mrsoft.txt"  # 要重命名的文件
dst = "C:\\demo\\test\\dir\\mr\\mr.txt"      # 重命名后的文件
if os.path.exists(src):                      # 判断文件是否存在
    os.rename(src,dst)                       # 重命名文件
    print("文件重命名完毕！")
else:
    print("文件不存在！")
```

运行上面的代码，如果"C:\demo\test\dir\mr\mrsoft.txt"文件不存在，则显示以下内容。

文件不存在！

否则将显示以下内容，同时文件被重命名。

文件重命名完毕！

> ⚡ **注意**
>
> 在使用 rename() 函数重命名目录时，只能修改最后一级的目录名称，否则将抛出图 11.19 所示的异常。

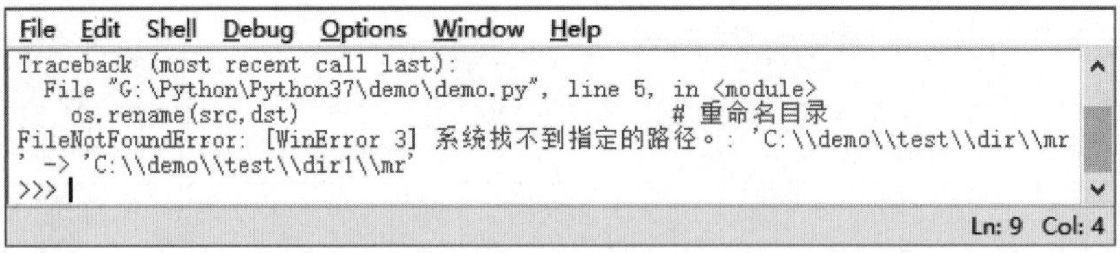

图 11.19　重命名的不是最后一级目录时抛出的异常

使用 rename() 函数重命名目录与重命名文件的操作基本相同，只要把原来的文件路径替换为目录即可。例如，想要将当前目录下的 demo 目录重命名为 test，可以使用下面的代码实现。

```
import os               # 导入 os 模块
src = "demo"            # 要重命名的目录为当前目录下的 demo
dst = "test"            # 将目录重命名为 test
```

```
if os.path.exists(src):                # 判断目录是否存在
    os.rename(src,dst)                  # 重命名目录
    print(" 目录重命名完毕! ")
else:
    print(" 目录不存在! ")
```

11.3.3 获取文件基本信息

在计算机上创建文件后，该文件本身就会包含一些信息，例如，文件的最后一次访问时间、最后一次修改时间、文件大小等。通过 os 模块的 stat() 函数可以获取文件的基本信息。stat() 函数的基本语法格式如下。

```
os.stat(path)
```

其中，path 为要获取文件基本信息的文件路径，可以是相对路径，也可以是绝对路径。

stat() 函数的返回值是一个对象，该对象包含表 11.5 所示的属性。通过访问这些属性可以获取文件的基本信息。

表 11.5　stat() 函数返回的对象的常用属性

属　性	说　　明	属　性	说　　明
st_mode	保护模式	st_dev	设备名
st_ino	索引号	st_uid	用户 ID
st_nlink	硬链接号（被连接数目）	st_gid	组 ID
st_size	文件大小，单位为字节	st_atime	最后一次访问时间
st_mtime	最后一次修改时间	st_ctime	最后一次状态变化的时间（系统不同返回结果也不同，例如，在 Windows 操作系统下返回的是文件的创建时间）

例如，获取 message.txt 文件的路径、大小和最后一次修改时间，代码如下。

```
import os                                      # 导入 os 模块
if os.path.exists("message.txt"):              # 判断文件是否存在
    fileinfo = os.stat("message.txt")          # 获取文件的基本信息
# 获取文件的完整路径
    print(" 文件完整路径: ", os.path.abspath("message.txt"))
    print(" 文件大小: ",fileinfo.st_size," 字节 ")   # 输出文件的基本信息
    print(" 最后一次修改时间: ",fileinfo.st_mtime)
```

运行结果如图 11.20 所示。

图 11.20　获取文件信息

11.4　os.path 模块中的函数

os.path 模块提供了一些与目录操作相关的函数，如表 11.6 所示。

表 11.6　os.path 模块提供的与目录操作相关的函数及说明

函　数	说　明
isdir()	判断路径是否为目录
abspath()	获取文件的绝对路径
join()	拼接路径
exists()	判断目录是否存在
basename()	提取文件名
dirname()	提取文件路径
split()	分离文件路径和文件名
splitext()	分离文件路径和扩展名
getatime()	返回文件最近访问时间（浮点型秒数）
getmtime()	返回文件最近修改时间
getctime()	返回文件创建时间
getsize()	返回文件大小，如果文件不存在就返回错误
isabs()	判断是否为绝对路径
isfile()	判断路径是否为文件
islink()	判断路径是否为链接
realpath()	返回真实路径
samefile()	判断目录或文件是否相同

11.4.1　isdir() 函数——判断路径是否为目录

os.path 模块提供的 isdir() 函数用于判断一段路径是否为有效路径，即是否为目录。isdir() 函数的语法格式如下。

```
os.path.isdir(path)
```

判断图 11.21 所示的 test 文件夹所在路径是否有效。代码如下。

```
import os                    # 导入 os 模块
path = 'D:/demo/test'
print(os.path.isdir(path))
```

程序的运行结果如下。

```
True
```

图 11.21　文件夹 test 的存储位置

11.4.2　abspath() 函数——获取文件的绝对路径

os.path 模块提供的 abspath() 函数的功能为获取文件的绝对路径。绝对路径是指在使用文件时指定文件的实际路径。abspath() 函数的基本语法格式如下。

```
os.path.abspath(path)
```

其中，path 为要获取绝对路径的相对路径，可以是文件也可以是目录。

当前工作目录为 C:\Users\Administrator\Desktop，要获取相对路径 "demo\test.txt" 的绝对路径。代码如下。

```
import os
print(os.path.abspath(r"demo\test.txt")) # 获取绝对路径
```

程序的运行结果如下。

```
C:\Users\Administrator\Desktop\demo\test.txt
```

11.4.3　join() 函数——拼接路径

os.path 模块提供的 join() 函数可以将两个或者多个路径拼接到一起，组成一个新的路径。join() 函数的基本语法格式如下。

```
os.path.join(path1[,path2[,...]])
```

其中，path1、path2 代表要拼接的文件路径，这些路径间使用逗号进行分隔。如果在要拼接的路径中没有一个绝对路径，那么最后拼接出来的将是一个相对路径。如果存在多个绝对路径，那么以从左到右为序最后一次出现的路径为准，并且该路径之前的参数都将被忽略。

把两个路径拼接为一个路径时，不要直接使用字符串拼接，而是使用 os.path.join() 函数，这样可以正确处理不同操作系统的路径分隔符。

⚡注意

使用 os.path.join() 函数拼接路径时，并不会检测该路径是否真实存在。

示例1 将 "C:\Users\Administrator\Desktop" 和 "demo\test.txt" 路径拼接到一起。代码如下。

```
import os
print(os.path.join(r"C:\Users\Administrator\Desktop",r"demo\test.txt"))
# 拼接路径
```

程序的运行结果如下。

```
C:\Users\Administrator\Desktop\demo\test.txt
```

示例2 将多个绝对路径进行拼接。代码如下。

```
import os
print(os.path.join("D:\\python\\demo","test","E:\\","test.txt")) # 拼接路径
```

程序的运行结果如下。

```
E:\test.txt
```

11.4.4　basename() 函数——提取文件名

os.path 模块提供的 basename() 函数用于从路径中提取文件名。basename() 函数的语法格式如下。

```
os.path.basename(path)
```

path 表示文件路径。

示例1 提取 "D：/demo/test.txt" 和 "D：/demo" 的文件名。

```
import os                        # 导入 os 模块
path1 = 'D:/demo/test.txt'
```

```
path2 = 'D:/demo'
print(os.path.basename(path1))
print(os.path.basename(path2))
```

程序的运行结果如下。

```
test.txt
demo
```

在上面的代码中，path2 中的 demo 被当作了文件名来处理。如果 path 以"／"或"\"结尾，就会返回空值。

示例2 返回空值的代码。

```
import os                        # 导入 os 模块
path = 'D:/demo/'
print(os.path.basename(path))
```

程序的运行结果为空。

11.4.5　dirname() 函数——提取文件路径

os.path 模块提供的 dirname() 函数用于从路径中提取文件路径，不包括文件名。dirname() 函数的语法格式如下。

```
os.path.dirname(path)
```

path 表示文件路径。

示例 提取"test.txt"的路径。

```
import os                        # 导入 os 模块
path = 'D:/demo/test.txt'
print(os.path.dirname(path))
```

程序的运行结果如下。

```
D:/demo
```

11.4.6　split() 函数——分离文件路径和文件名

os.path 模块提供的 split() 函数用于分离文件路径和文件名。split() 函数的语法格式如下。

```
os.path.split("path")
```

path 表示要分离的文件路径。默认返回元组（dirname ,basename）。

示例 分离文件路径和文件名。

```
import os
path = "D:/demo/test.txt"              # 要分离的文件路径
root = os.path.split(path)             # 分离文件路径与文件名
print(root)
```

程序的运行结果如下。

```
('D:/demo', 'test.txt')
```

11.4.7　splitext() 函数——分离文件路径和扩展名

os.path 模块提供的 splitext( ) 函数用于分离文件路径与扩展名。splitext() 函数的语法格式如下。

```
os.path.splitext(path)
```

path 表示要分离的文件路径。默认返回元组 (fname,fextension)。

示例 分离文件路径和扩展名。

```
import os
path = "D:/demo/test.txt"              # 要分离的文件路径
root = os.path.splitext(path)          # 分离文件路径与扩展名
print(root)
```

程序的运行结果如下。

```
('D:/demo/test', '.txt')
```

第 12 章

函　数

在 Python 中，函数的应用非常广泛。在前面我们已经多次接触过函数。例如，用于输出的 print() 函数、用于输入的 input() 函数，以及用于生成一系列整数的 range() 函数。这些都是 Python 内置的标准函数，可以直接使用。除了可以直接使用的标准函数外，Python 还支持自定义函数，即通过将一段有规律的、重复的代码定义为函数，来达到一次编写、多次调用的目的。使用函数可以提高代码的重复利用率。

12.1　函数的创建和调用

在处理数字时，有时需要对输入的数字进行绝对值处理，我们可以编写如下代码实现。

```
num=float(input('请输入一个数字：'))
if float(num)<0 :
    num=-num
print('输入数字的绝对值为：',num)
```

其实 Python 提供了函数 abs() 来处理绝对值问题，上面的代码可以通过 abs() 函数简化为：

```
num=float(input('请输入一个数字：'))
print('输入数字的绝对值为：',abs(num))
```

运行上面的两段代码，结果都是一样的，如图 12.1 所示。

如果要对一个数字列表的所有元素求和，可以编写如下代码实现。

```
list=[1,2,3,4,5,6,7,8,9,10,11,12,13,14,15,16,17,18,19,20]
num=0
for item in list:
```

```
    num=num+item
print(num)
```

其实，上面的代码可以通过 sum() 函数简化，sum() 函数可以对列表、元组等求和。修改代码如下。

```
list=[1,2,3,4,5,6,7,8,9,10,11,12,13,14,15,16,17,18,19,20]
print(sum(list))
```

运行上面的两段代码，结果也都是一样的，如图 12.2 所示。

```
请输入一个数字：-12
输入数字的绝对值为： 12.0
请输入一个数字：12
输入数字的绝对值为： 12.0
```

图 12.1　绝对值处理运行结果

```
列表的和为： 210
```

图 12.2　元素求和运行结果

我们发现，调用函数可以使程序更简单、代码的重复利用率更高。但如何编写函数呢？

12.1.1　创建函数

创建函数也称为定义函数，可以理解为创建一个具有某种用途的工具，可使用 def 关键字实现，具体的语法格式如下。

```
def functionname([parameterlist]):
    ['''comments''']
    [functionbody]
```

参数说明如下。

- ⊘ functionname：函数名称，在调用函数时使用。
- ⊘ parameterlist：可选参数，用于指定向函数中传递的参数。如果有多个参数，各参数间使用逗号 "," 分隔；如果不指定，则表示该函数没有参数，在调用时，也不指定参数。

⚡注意

即使函数没有参数，也必须保留一对空的圆括号 "()"，否则将显示图 12.3 所示的错误提示对话框。

图 12.3　语法错误对话框

- ⊘ '''comments'''：可选参数，表示为函数指定注释，注释的内容通常是该函数的功能、要传递的参数的作用等，可以为用户提供提示和帮助。

- ☑ functionbody：可选参数，用于指定函数体，即该函数被调用后，要运行的功能代码。如果函数有返回值，可以使用 return 语句返回。

> ⚡注意
>
> 函数体"functionbody"和注释"'''comments'''"相对于 def 关键字必须保持一定的缩进。

> 💡说明
>
> 如果想定义没有任何功能的空函数，可以使用 pass 语句作为占位符。

通过创建函数的方法，我们可以自己编写一个求绝对值的函数 absx()，并且可以直接输出结果，实现代码如图 12.4 所示。

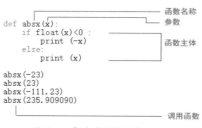

图 12.4　求绝对值的函数 absx()

通过创建函数的方法，也可以编写一个求数字列表元素和的函数 sumx()，可以直接输出求和的结果。实现代码如图 12.5 所示。

```
def sumx(x):
    num=0
    for item in x:
        num=num+item
    print(num)
list1= [1,2,3,4,5,6,7,8,9,10,11,12,13,14,15,16,17,18,19,20]
list2= [11,22,33,44,55,66,77,88]
list3= range(10,50,2)

sumx(list1)
sumx(list2)
sumx(list3)
```

图 12.5　求数字列表元素和的函数 sumx()

运行上面的代码，既不会显示任何内容，也不会抛出异常，因为函数只有被调用才能真正发挥作用。

12.1.2　调用函数

调用函数也就是执行函数。如果把创建函数理解为创建一个具有某种用途的工具，那么调用函数就相当于使用该工具。调用函数的基本语法格式如下。

```
functionname([parametersvalue])
```

参数说明如下。

- ☑ functionname：要调用的函数名称，必须是已经创建好的。
- ☑ parametersvalue：可选参数，用于指定各个参数的值。如果需要传递多个参数值，则各参数值间使用逗号分隔；如果该函数没有参数，则直接写一对圆括号即可。

例如，调用在 12.1.1 小节创建的 absx() 函数，可以在创建函数的代码下使用下面的代码。

```
absx(-23)
absx(23)
absx(-111.23)
absx(235.909090)
```

调用 absx() 函数后，运行结果如下。

```
absx(-23)
absx(23)
absx(-111.23)
absx(235.909090)
```

调用在 12.1.1 小节创建的 sumx() 函数，可以在创建函数的代码下使用下面的代码。

```
list1= [1,2,3,4,5,6,7,8,9,10,11,12,13,14,15,16,17,18,19,20]
list2= [11,22,33,44,55,66,77,88]
list3= range(10,50,2)

sumx(list1)
sumx(list2)
sumx(list3)
```

调用 sumx() 函数后，运行结果如下。

```
210
396
580
```

12.1.3 pass 空语句

在 Python 中有一个 pass 语句，表示空语句，一般起到占位作用。例如，创建一个函数，但我们暂时不知道该函数要实现什么功能，这时就可以使用 pass 语句填充函数的主体，表示"以后会填上"，示例代码如下。

```
def func():
    # pass                          # 占位符
```

> ⚡注意
>
> 在 Python 3.x 中，允许在使用表达式的任何位置使用...（3 个连续的点号，为英文省略号）来省略代码。由于省略号自身没有任何功能，因此，可以将其当作 pass 语句的一种替代方案。例如，上面的示例代码可以用下面的代码代替。

```
def func():
    ...
```

12.2 参数传递

在调用函数时，大多数情况下，主调函数和被调用函数之间有数据传递关系，这就是有参数的函数形式。函数参数的作用是传递数据给函数使用，函数利用接收的数据进行具体的操作处理。

函数参数在定义函数时放在函数名后面的一对圆括号中，如图 12.6 所示。

图 12.6 函数参数

12.2.1 了解形式参数和实际参数

在使用函数时，经常会用到形式参数和实际参数。两者都叫作参数，对于它们之间的区别，我们将先通过它们各自的作用来理解，再通过一个比喻理解。

1. 通过作用理解

形式参数和实际参数在作用上的区别如下。

☑ 形式参数：在定义函数时，函数名后面圆括号中的参数为"形式参数"，简称形参。

☑ 实际参数：在调用一个函数时，函数名后面圆括号中的参数为"实际参数"，也就是函数的调用者提供给函数的参数，简称实参。

通过图 12.7 可以更好地理解这两种参数的区别。

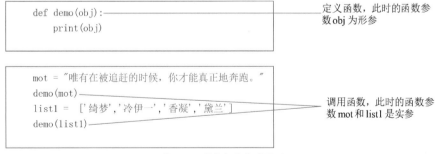

图 12.7 形参与实参的区别

根据实参类型的不同，可以分为将实参的值传递给形参和将实参的引用传递给形参两种情况。当实参为不可变对象时，进行的是值传递；当实参为可变对象时，进行的是引用传递。实际上，值传递和引用传递的基本区别就是，进行值传递后，形参的值改变，实参的值不变；而进行引用传递后，形参的值改变，实参的值也一同改变。

例如，定义一个名称为 demo 的函数，然后为 demo() 函数传递一个字符串类型的变量作为参数（代表值传递），并在函数调用前后分别输出该字符串变量，再为 demo() 函数传递一个列表类型的变量作为参数（代表引用传递），并在函数调用前后分别输出该列表。代码如下。

```python
# 定义函数
def demo(obj):
    print("原值: ",obj)
    obj += obj
    # 调用函数
    print("========= 值传递 ========")
    mot = "唯有在被追赶的时候，你才能真正地奔跑。"
    print("函数调用前: ",mot)
    demo(mot)            # 采用不可变对象——字符串
    print("函数调用后: ",mot)
    print("========= 引用传递  ========")
    list1 =   ['甲','乙','丙']
    print("函数调用前: ",list1)
    demo(list1)            # 采用可变对象——列表
    print("函数调用后: ",list1)
```

上面代码的运行结果如下。

```
========= 值传递 ========
函数调用前:   唯有在被追赶的时候，你才能真正地奔跑。
原值:   唯有在被追赶的时候，你才能真正地奔跑。
函数调用后:   唯有在被追赶的时候，你才能真正地奔跑。
========= 引用传递  ========
函数调用前:  ['甲', '乙', '丙']
原值:  ['甲', '乙', '丙']
函数调用后:   ['甲', '乙', '丙', '甲', '乙', '丙']
```

从上面的运行结果中可以看出，在进行值传递时，改变形参的值后，实参的值不改变；在进行引用传递时，改变形参的值后，实参的值会发生改变。

2. 通过比喻理解

函数定义时参数列表中的参数就是形参，而函数调用时传递进来的参数就是实参，就像剧本选主角一样，剧本的角色相当于形参，而演角色的演员就相当于实参。

12.2.2　位置参数

位置参数也称必备参数，必须按照正确的顺序传到函数中，即调用时的数量和位置必须和定义时是一样的。下面对其进行介绍。

1. 数量必须与定义时一致

在调用函数时，指定的实参数量必须与形参数量一致，否则将抛出 TypeError 异常，提示缺少必要的位置参数。

例如，定义了一个函数 fun_bmi(person,height,weight)，该函数中有 3 个参数，但如果在调用时，只传递两个参数，例如：

```
fun_bmi(" 路人甲 ",1.83)                    # 计算路人甲的 BMI
```

运行时，将显示图 12.8 所示的异常。

```
File  Edit  Shell  Debug  Options  Window  Help
==================== RESTART: G:\Python\Python37\demo.py ====================
Traceback (most recent call last):
  File "G:\Python\Python37\demo.py", line 20, in <module>
    fun_bmi("路人甲",1.83)         # 计算路人甲的BMI
TypeError: fun_bmi() missing 1 required positional argument: 'weight'
>>>
                                                              Ln: 9  Col: 4
```

图 12.8　缺少必要的参数抛出的异常

从图 12.8 所示的异常中可以看出，抛出的异常类型为 TypeError，具体的意思是 "fun_bmi() 方法缺少一个必要的位置参数 weight"。

2. 位置必须与定义时一致

在调用函数时，指定的实参位置必须与形参位置一致，否则将产生以下两种结果。

☑ 抛出 TypeError 异常。

☑ 结果与预期不符。

如果指定的实参与形参的位置不一致，但是它们的数据类型一致，就不会抛出异常，而是产生结果与预期不符的问题。

例如，调用 fun_bmi(person,height,weight) 函数，将第 2 个参数和第 3 个参数的位置调换，代码如下。

```
fun_bmi(" 路人甲 ",60,1.83)               # 计算路人甲的 BMI 指数
```

调用函数后，将显示图 12.9 所示的结果。从结果中可以看出，虽然没有抛出异常，但是得到的结果与预期不符。

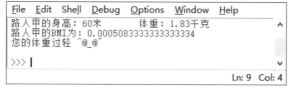

```
File  Edit  Shell  Debug  Options  Window  Help
路人甲的身高：60米          体重：1.83千克
路人甲的BMI为：0.0005083333333333334
您的体重过轻  ~@_@~

>>>
                                                              Ln: 9  Col: 4
```

图 12.9　结果与预期不符

💡 说明

由于调用函数时，传递的实参位置与形参位置不一致并不会总是抛出异常，所以在调用函数时一定要确定好位置，否则容易产生 bug，而且不容易被发现。

12.2.3 关键字参数

关键字参数是指使用形参的名字来确定输入的参数。通过该方式指定实参时，不再需要实参与形参的位置完全一致，只要将参数名写正确即可。这样可以避免用户需要牢记参数位置的麻烦，使得函数的调用和参数的传递更加灵活方便。

例如，调用 fun_bmi(person,height,weight) 函数，通过关键字参数指定各个实参，代码如下。

```
fun_bmi( height = 1.83, weight = 60, person = "路人甲")  # 计算路人甲的 BMI
```

调用函数后运行代码，将显示以下结果。

```
路人甲的身高：1.83 米    体重：60 千克
路人甲的 BMI 为：17.916330735465376
您的体重过轻 ~@_@~
```

从上面的结果中可以看出，虽然在指定实参时，顺序与定义函数时不一致，但是其运行结果与预期是一致的。

12.2.4 为参数设置默认值

调用函数时，如果没有指定某个参数将抛出异常，即在定义函数时，直接指定形参的默认值，那么，当没有传入参数时，则直接使用定义函数时设置的默认值。定义带有默认值参数的函数语法格式如下。

```
def functionname(...,[parameter1 = defaultvalue1]):
    [functionbody]
```

参数说明如下。

- functionname：函数名称，在调用函数时使用。
- parameter1 = defaultvalue1：可选参数，用于指定向函数中传递的参数，并且为该参数设置默认值为 defaultvalue1。
- functionbody：可选参数，用于指定函数体，即该函数被调用后，要执行的功能代码。

注意

在定义函数时，指定默认的形参必须在所有参数的最后，否则将产生语法错误。

多学两招

在 Python 中，可以使用"函数名.__defaults__"查看函数的默认值参数的当前值，其结果是一个元组。例如，查看上面定义的 fun_bmi() 函数的默认值参数的当前值，可以使用"fun_bmi.__defaults__"，结果为"('路人',)"。

另外，使用可变对象作为函数参数的默认值时，多次调用可能会导致意料之外的情况。例如，编写一个名称为 demo() 的函数，并为其设置一个带默认值的参数，代码如下。

```
def demo(obj=[]):                    # 定义函数并为参数 obj 指定默认值
    print("obj 的值: ",obj)
    obj.append(1)
```

调用 demo() 函数,代码如下。

```
demo()              # 调用函数
```

运行代码,将显示以下结果。

```
obj 的值:  []
```

连续两次调用 demo() 函数,并且都不指定实参,代码如下。

```
demo()              # 调用函数
demo()              # 调用函数
```

运行代码,将显示以下结果。

```
obj 的值:  []
obj 的值:  [1]
```

从上面的结果来看,这显然不是我们想要的。为了防止出现这种情况,最好使用 None 作为函数参数的默认值,这时还需要进行代码的检查。修改后的代码如下。

```
def demo(obj=None):    # 定义一个函数
    if obj==None:      # 判断参数是否为空
        obj = []
        print("obj 的值: ",obj)  # 输出 obj 的值
        obj.append(1)      # 连续调用并输出
```

这时再连续两次调用 demo() 函数,将显示以下运行结果。

```
obj 的值:  []
obj 的值:  []
```

> 💡 说明
>
> 定义函数时,为形参设置默认值时要牢记一点,即默认值必须指向不可变对象。

12.2.5 可变参数

在 Python 中,还可以定义可变参数。可变参数也称为不定长参数,即传入函数中的实参可以是零个、一个、两个到任意个。

定义可变参数时，主要有两种形式：一种是 *parameter，另一种是 **parameter。下面分别进行介绍。

1. *parameter

这种形式表示接收任意个实参并将其放到一个元组中。例如，定义一个函数，让其可以接收任意个实参，代码如下。

```
def printplayer(*name):          # 定义输出我喜欢的球员的函数
    print('\n 我喜欢的球员有: ')
    for item in name:
        print(item)              # 输出球员名字
```

3 次调用上面的函数，分别指定不同个数的实参，代码如下。

```
printplayer('甲')
printplayer('甲', '乙', '丙', '丁')
printplayer('甲', '戊', '己', '庚')
```

运行结果如图 12.10 所示。

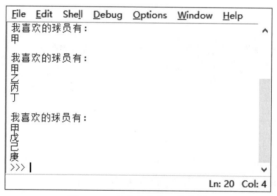

图 12.10　让函数具有可变参数

如果想要使用一个已经存在的列表作为函数的可变参数，可以在列表的名称前加"*"。例如下面的代码。

```
param = ['甲', '丙', '丁']                # 定义一个列表
printplayer(*param)                       # 通过列表指定函数的可变参数
```

通过上面的代码调用 printplayer() 函数后，将显示以下运行结果。

我喜欢的球员有:
甲
丙
丁

----

2. **parameter

这种形式表示接收任意个显式赋值的实参，并将其放到一个字典中。例如，定义一个函数，让其可以接收任意个显式赋值的实参，代码如下。

```
def printsign(**sign):                      # 定义输出名字和绰号的函数
print()                                     # 输出一个空行
for key, value in sign.items():             # 遍历字典
    print("[" + key + "] 的绰号是: " + value)   # 输出组合后的信息
```

两次调用 printsign() 函数，代码如下。

```
01  printsign(甲='子', 戊='辰')
02  printsign(丙='寅', 丁='卯', 庚='午')
```

运行结果如下。

```
[甲] 的绰号是: 子
[戊] 的绰号是: 辰

[丙] 的绰号是: 寅
[丁] 的绰号是: 卯
[庚] 的绰号是: 午
```

如果想要使用一个已经存在的字典作为函数的可变参数，可以在字典的名称前加"**"。例如下面的代码。

```
dict1 = {'甲': '子', '戊': '辰','丙':'寅'} # 定义一个字典
printsign(**dict1)                          # 通过字典指定函数的可变参数
```

通过上面的代码调用 printsign() 函数后，将显示以下运行结果。

```
[甲] 的绰号是: 子
[戊] 的绰号是: 辰
[丙] 的绰号是: 寅
```

12.3 返回值

到目前为止，我们创建的函数都只是为我们服务，完成了就结束。但实际上，有时还需要对结果进行获取。这类似于主管向下级职员下达命令，职员去做，最后需要将结果报告给主管。为函数设置返回值的目的就是将函数的处理结果返回给调用它的程序。

在 Python 中，可以在函数体内使用 return 语句为函数指定返回值。该返回值可以是任意类型的，并且无论 return 语句出现在函数的什么位置，只要其得到执行，就会直接结束函数的执行。

return 语句的语法格式如下。

```
result = return [value]
```

参数说明如下。

- ⊘ result：用于保存返回结果。如果返回一个值，那么 result 中保存的就是返回的一个值，该值可以是任意类型的。如果返回多个值，那么 result 中保存的是一个元组。
- ⊘ value：可选参数，用于指定要返回的值，可以返回一个值，也可返回多个值。

> 💡 说明
>
> 当函数中没有 return 语句时，或者省略了 return 语句的参数时，将返回 None，即返回空值。

例如，定义一个函数，用来根据用户输入的球员名字，获取其绰号，然后在函数体外调用该函数，并获取返回值，代码如下。

```
def fun_checkout(name):
    nickName=""
    if   name == " 甲 ":                # 如果输入的是甲
        nickName = " 子 "
    elif name == " 丙 ":                # 如果输入的是丙
        nickName = " 寅 "
    elif name == " 戊 ":                # 如果输入的是戊
        nickName = " 辰 "
    else:
        nickName = " 无法找到您输入的信息 "
        return nickName                # 返回球员对应的绰号
# *************************** 调用函数 ***************************#
while True:
    name= input(" 请输入球员名字：")          # 接收用户输入
    nickname= fun_checkout(name)           # 调用函数
    print(" 球员：", name, " 绰号：", nickname)   # 显示球员名字及对应的绰号
```

运行结果如图 12.11 所示。

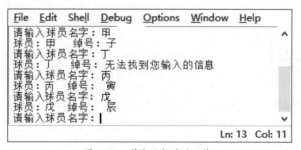

图 12.11　获取函数的返回值

下面的代码实现了输入身份证号，判断所在地、生日、性别等信息的功能，其中所在地判断的代码部分用了两次。

```
dic={'11':'北京市','12':'天津市','13':'河北省','14':'山西省','15':'内蒙古自治区','22':'吉林省'
area=''
instr=input('请输入您的身份证号:\n')
if instr[:16].isdigit() and len(instr) == 18:
    if dic.get(instr[0:2]):
        area=dic[instr[0:2]]
    print('你来自:',area)
    print('你的生日是:' + instr[6:10] + '年' +instr [10:12] + '月' + instr[12:14] + '日')
    gender = '女' if int(instr[16]) % 2 == 0 else '男'
    print('你的性别是:' + gender )

code=input('请输入您所在地区号:\n')
if code.isdigit() and len(code) == 2:
    if dic.get(code):
        area=dic[code]
    print('你来自:',area)
```

代码重复

图 12.12　输入身份证号，判断所在地、生日、性别等信息

可以将所在地判断编写成函数的形式，重复调用，提高程序的简洁性和代码的重复利用率，修改如下。

```
dic={'11':'北京市','12':'天津市','13':'河北省','14':'山西省','15':'内蒙古
自治区','21':'辽宁省','22':'吉林省','23':'黑龙江省','31':'上海市', '32':'
江苏省','33':'浙江省','34':'安徽省','35':'福建省','36':'江西省','37':'山东
省','41':'河南省','42':'湖北省','43':'湖南省','44':'广东省','45':'广西壮族
自治区','46':'海南省','50':'重庆市','51':'四川省','52':'贵州省','53':'云南
省','54':'西藏自治区','61':'陕西省','62':'甘肃省','63':'青海省','64':'宁夏
回族自治区','65':'新疆维吾尔自治区','83':'台湾省','81':'香港','82':'澳门' }
def idget(str):
    newstr=''
    if dic.get(str):
        newstr=dic[str]
    return newstr
instr=input('请输入您的身份证号 :\n')

if instr[:16].isdigit() and len(instr) == 18:
    print('你来自:',idget(instr[0:2]))
    print('你的生日是:' + instr[6:10] + '年' +instr [10:12] + '月' +
instr[12:14] + '日')
    gender = '女' if int(instr[16]) % 2 == 0 else '男'
    print('你的性别是:' + gender )

code=input('请输入您所在地区号 :\n')

if code.isdigit() and len(code) == 2:
    print('你来自:',idget(code))
```

12.4　变量的作用域

变量的作用域是指程序代码能够访问该变量的区域，如果超出该区域，再访问时就会出现错误。在程序中，一般会根据变量的有效范围，将变量分为"局部变量"和"全局变量"。

12.4.1　局部变量

局部变量是指在函数内部定义并使用的变量，它只在函数内部有效。函数内部的名字只在函数运行时才会创建，在函数运行之前或者运行完毕之后，所有的名字就都不存在了。所以，如果在函数外部使用函数内部定义的变量，就会抛出 NameError 异常。

例如，定义一个名称为 f_demo 的函数，在该函数内部定义一个变量 message（称为局部变量），并为其赋值，然后输出该变量，最后在函数体外部再次输出该变量，代码如下。

```
def f_demo():
    message = '唯有在被追赶的时候，你才能真正地奔跑。'
    print('局部变量 message =',message)          # 输出局部变量的值
f_demo()                                       # 调用函数
print('局部变量 message =',message)              # 在函数体外输出局部变量的值
```

运行结果如图 12.13 所示。

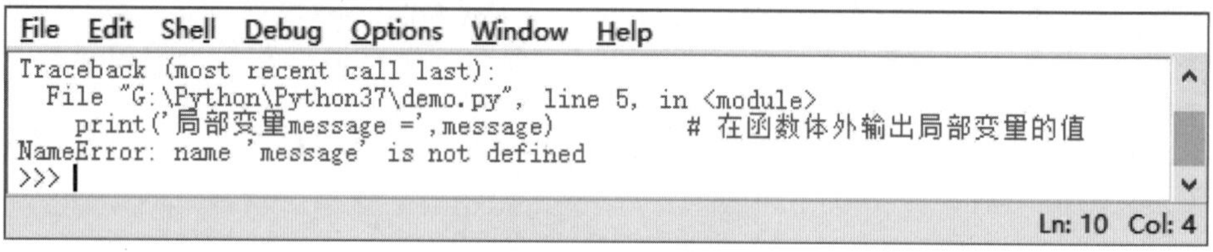

```
File  Edit  Shell  Debug  Options  Window  Help
Traceback (most recent call last):
  File "G:\Python\Python37\demo.py", line 5, in <module>
    print('局部变量message =',message)          # 在函数体外输出局部变量的值
NameError: name 'message' is not defined
>>>
                                                              Ln: 10  Col: 4
```

图 12.13　要访问的变量不存在

12.4.2　全局变量

与局部变量对应，全局变量是能够作用于函数体内外的变量。全局变量主要有以下两种情况。

（1）如果一个变量在函数体外被定义，那么不仅在函数外可以访问到，在函数体内也可以访问到。在函数体以外定义的变量是全局变量。

例如，定义一个全局变量 message，然后定义一个函数，在该函数体内和外均可输出全局变量 message 的值，代码如下。

```
message = '唯有在被追赶的时候，你才能真正地奔跑。'        # 全局变量
def f_demo():
    print('函数体内：全局变量 message =',message)      # 在函数体内输出全局变量的值
    f_demo()                                        # 调用函数
    print('函数体外：全局变量 message =',message)      # 在函数体外输出全局变量的值
```

运行上面的代码，将显示以下内容。

```
函数体内：全局变量 message = 唯有在被追赶的时候，你才能真正地奔跑。
函数体外：全局变量 message = 唯有在被追赶的时候，你才能真正地奔跑。
```

💡 说明

当局部变量与全局变量重名时，对函数体内的变量进行赋值后，不影响函数体外的变量。

（2）在函数体内定义，并且使用 global 关键字修饰后的变量也可以变为全局变量。在函数体外也可以访问到该变量，并且在函数体内还可以对其进行修改。

例如，定义两个同名的全局变量和局部变量，并输出它们的值，代码如下。

```
message = '唯有在被追赶的时候，你才能真正地奔跑。'    # 全局变量
print('函数体外：message =',message)               # 在函数体外输出全局变量的值
def f_demo():
    message = '命运给予我们的不是失望之酒，而是机会之杯。'  # 局部变量
    print('函数体内：message =',message)             # 在函数体内输出局部变量的值
f_demo()                    # 调用函数
print('函数体外：message =',message)               # 在函数体外输出全局变量的值
```

运行上面的代码后，将显示以下内容。

```
函数体外：message = 唯有在被追赶的时候，你才能真正地奔跑。
函数体内：message = 命运给予我们的不是失望之酒，而是机会之杯。
函数体外：message = 唯有在被追赶的时候，你才能真正地奔跑。
```

从上面的结果中可以看出，在函数体内定义的变量即使与全局变量重名，也不影响全局变量的值。想要在函数体内部改变全局变量的值，需要在定义局部变量时，使用 global 关键字修饰。例如，将上面的代码修改为以下内容。

```
message = '唯有在被追赶的时候，你才能真正地奔跑。'  # 全局变量
print('函数体外：message =',message)                 # 在函数体外输出全局变量的值
def f_demo():
    global message                                # 将 message 声明为全局变量
    message = '命运给予我们的不是失望之酒，而是机会之杯。'  # 全局变量
    print('函数体内：message =',message)              # 在函数体内输出全局变量的值
f_demo()                    # 调用函数
print('函数体外：message =',message)                 # 在函数体外输出全局变量的值
```

运行上面的代码后，将显示以下内容。

```
函数体外：message = 唯有在被追赶的时候，你才能真正地奔跑。
函数体内：message = 命运给予我们的不是失望之酒，而是机会之杯。
函数体外：message = 命运给予我们的不是失望之酒，而是机会之杯。
```

从上面的结果中可以看出，在函数体内修改了全局变量的值。

> **⚡ 注意**
>
> 尽管 Python 允许全局变量和局部变量重名，但是在实际开发时，不建议这么做，因为这样容易让代码混乱，很难分清哪些是全局变量，哪些是局部变量。

12.5　匿名函数

匿名函数是指没有名字的函数，它主要应用在需要一个函数，但是又不想费神去命名这个函数的场合。通常情况下，这样的函数只使用一次。在 Python 中，可使用 lambda 表达式创建匿名函数，其语法格式如下。

```
result = lambda [arg1 [,arg2,...,argn]]:expression
```

参数说明如下。

- ☑ result：用于调用 lambda 表达式。
- ☑ [arg1 [,arg2,...,argn]]：可选参数，用于指定要传递的参数列表，多个参数间使用逗号 "," 分隔。
- ☑ expression：必选参数，用于指定一个实现具体功能的表达式。如果有参数，那么在该表达式中将应用这些参数。

> **⚡ 注意**
>
> 使用 lambda 表达式时，参数可以有多个，用逗号 "," 分隔，但是表达式只能有一个，即只能返回一个值，而且也不能出现其他非表达式语句（如 for 语句或 while 语句）。

例如，要定义一个计算圆面积的函数，常规的代码如下。

```
import math                    # 导入 math 模块
def circlearea(r):            # 计算圆面积的函数
    result = math.pi*r*r      # 计算圆面积
    return result             # 返回圆面积
r = 10                        # 半径
print('半径为 ',r,' 的圆面积为: ',circlearea(r))
```

运行上面的代码后，将显示以下内容。

```
半径为 10 的圆面积为: 314.1592653589793
```

使用 lambda 表达式的代码如下。

```
import math                              # 导入 math 模块
r = 10                                   # 半径
result = lambda r:math.pi*r*r            # 计算圆的面积的 lambda 表达式
print('半径为 ',r,' 的圆面积为: ',result(r))
```

运行上面的代码后，将显示以下内容。

```
半径为 10 的圆面积为： 314.1592653589793
```

从上面的示例中可以看出，虽然使用 lambda 表达式比使用自定义函数的代码减少了一些，但是在使用 lambda 表达式时，需要定义一个变量来调用该 lambda 表达式，否则将输出类似下面的结果。

```
<function <lambda> at 0x0000000002FDD510>
```

✎ 技巧

lambda 表达式的首要用途是指定短小的回调函数。

GUI 编程

13.1 初识 GUI

13.1.1 什么是 GUI

GUI 是 Graphical User Interface（图形用户界面）的缩写。GUI 并不只用于输入文本和返回文本，用户在其中还可以看到窗口、按钮、文本框等，而且可以通过鼠标操作，也可以通过键盘输入。GUI 是用户与程序交互的一种方式。GUI 的程序有 3 个基本要素：输入、处理和输出，如图 13.1 所示，图中的输入和输出更丰富、更有趣一些。

图 13.1　GUI 程序的 3 个基本要素

13.1.2 常用的 GUI 框架

对于 Python 的 GUI 开发，有很多工具包供我们选择。其中一些流行的工具包如表 13.1 所示。

表 13.1 流行的 GUI 工具包

工具包	描 述
wxPython	wxPython 是 Python 的一个优秀的 GUI 图形库，允许 Python 程序员很方便地创建完整的、功能健全的 GUI
Kivy	Kivy 是一个开源工具包，能够让使用相同源码创建的程序跨平台运行。它主要关注创新型用户界面开发，如多点触摸应用程序
Flexx	Flexx 是一个纯 Python 工具包，用来创建图形化界面应用程序，使用 Web 技术进行界面的渲染
PyQt	PyQt 是 Qt 库的 Python 版本，支持跨平台
Tkinter	Tkinter（也叫 Tk 接口）是 Tk GUI 工具包标准的 Python 接口。Tk 是一个轻量级的跨平台 GUI 开发工具
pywin32	pywin32 允许用户以像 VC 一样的形式来使用 Python 开发 win32 应用
PyGTK	PyGTK 能让用户用 Python 轻松创建具有 GUI 的程序
pyui4win	pyui4win 是一个开源的采用自绘技术的界面库

每个工具包都有其优缺点，所以工具包的选择取决于用户的应用场景。本章将详细介绍 wxPython 的使用方法。

13.1.3 安装 wxPython

wxPython 是个成熟而且特性丰富的跨平台 GUI 工具包，由 Robin Dunn 以及 Harri Pasanen 开发而成。wxPython 的安装流程非常简单，使用 pip 工具安装 wxPython 只需要一行命令。

```
pip install-U wxPython
```

在 Windows 操作系统的命令提示符窗口下，使用 pip 工具安装 wxPython，如图 13.2 所示。

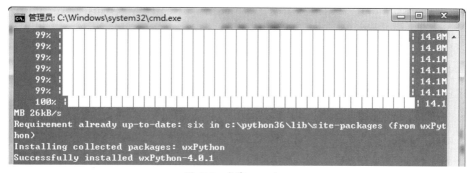

图 13.2 安装 wxPython

13.2 创建应用程序

介绍 wxPython 的使用方法之前,先来了解两个基础对象:应用程序对象和顶级窗口。

☑ 应用程序对象用于管理主事件循环,主事件循环是 wxPython 程序运行的"动力"。如果没有应用程序对象,wxPython 应用程序将不能运行。

☑ 顶级窗口通常用于管理和控制极重要的数据,并呈现给用户。

图 13.3 所示为两个基础对象和应用程序的其他部分之间的关系。

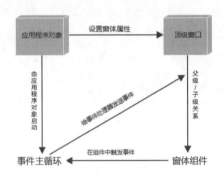

图 13.3 两个基础对象和应用程序的其他部分之间的关系

在图 13.3 中,应用程序对象拥有顶级窗口和主事件循环。顶级窗口管理其窗口中的组件和其他分配给它的数据对象。顶级窗口和它的组件的触发事件基于用户的动作,并接收事件通知以便改变显示。

13.2.1 创建一个 wx.App 的子类

在开始创建应用程序之前,先创建一个没有任何功能的子类。创建一个 wx.App 的子类,需要执行如下 4 个步骤。

☑ 定义这个子类。

☑ 在定义的子类中编写一个初始化方法。

☑ 在程序中创建这个类的一个实例。

☑ 调用应用程序实例的主循环方法。这个方法会将程序的控制权转交给 wxPython。

创建一个没有任何功能的子类,具体代码如下。

```python
# -*- coding:utf-8 -*-
import wx        # 导入 wxPython
class App(wx.App):
    # 初始化方法
    def OnInit(self):
        frame = wx.Frame(parent=None, title='Hello wxPython') # 创建窗口
        frame.Show() # 显示窗口
        return True   # 返回值
```

```
if __name__ == '__main__':
    app = App()        # 创建 App 类的实例
    app.MainLoop()     # 调用 App 类的主循环方法
```

上述代码中，定义了一个子类 App()，它继承了父类 wx.App，子类中包含一个初始化方法 OnInit()。然后在主程序中创建类的实例，再调用主循环方法 MainLoop()。运行结果如图 13.4 所示。

图 13.4　创建子类

13.2.2　直接使用 wx.App 类

通常，如果系统中只有一个窗口，可以不创建 wx.App 的子类，直接使用 wx.App 类。这个类提供了一个基本的 OnInit() 方法，具体代码如下。

```
# -*- coding:utf-8 -*-
import wx              # 导入 wxPython
app   = wx.App()       # 初始化 wx.App 类
frame = wx.Frame(None,title='Hello wxPython')  # 定义了一个顶级窗口
frame.Show()           # 显示窗口
app.MainLoop()         # 调用 wx.App 类的主循环方法
```

上述代码中，wx.App() 初始化了 wx.App 类，包含了 OnInit() 方法。运行结果与图 13.4 所示的结果相同。

13.2.3　使用 wx.Frame 框架

在 GUI 中，框架通常也称为窗口。框架是一个容器，用户可以将它在屏幕上任意移动，并可对它进行缩放，它通常包含标题栏、菜单等。在 wxPython 中，wx.Frame 是所有框架的父类。当你创建 wx.Frame 的子类时，子类应该调用其父类的构造器 wx.Frame.__init__()。wx.Frame 的构造器的语法格式如下。

```
-----------------------------------------------------------------------
wx.Frame(parent, id=-1, title="", pos=wx.DefaultPosition, size=wx.
DefaultSize,
        style=wx.DEFAULT_FRAME_STYLE, name="frame")
-----------------------------------------------------------------------
```

参数说明如下。

- parent：框架的父窗口。如果是顶级窗口，这个值是 None。
- id：关于新窗口的 wxPython ID 号，通常设为 - 1，让 wxPython 自动生成一个新的 ID。
- title：窗口的标题。
- pos：一个 wx.Point 对象，用于指定这个新窗口的左上角在屏幕中的位置。在 GUI 程序中，通常 (0,0) 是显示器的左上角。默认的 (- 1, - 1) 将让系统决定窗口的位置。
- size：一个 wx.Size 对象，用于指定这个窗口的初始尺寸。默认的 (- 1, - 1) 将让系统决定窗口的初始尺寸。
- style：指定窗口类型的常量，可以进行组合。
- name：框架的内在的名字，可以使用它来寻找这个窗口。

创建 wx.Frame 子类的代码如下。

```python
# -*- coding:utf-8 -*-
import wx    # 导入 wxPython
class MyFrame(wx.Frame):
    def __init__(self,parent,id):
        wx.Frame.__init__(self,parent,id, title=" 创建 Frame",pos=(100,
100), size=(300, 300))

if __name__ == '__main__':
    app = wx.App()                          # 初始化应用
    frame = MyFrame(parent=None,id=-1)   # 实例 MyFrame 类，并传递参数
    frame.Show()                            # 显示窗口
    app.MainLoop()                          # 调用主循环方法
```

上述代码中，在主程序中调用 MyFrame 类，并且传递 2 个参数。在 MyFrame 类中，自动执行 __init__() 方法，接收参数。然后调用父类 wx.Frame 的 __init__() 方法，设置顶级窗口的相关属性。运行结果如图 13.5 所示。

图 13.5 使用 wx.Frame 框架

13.3 常用控件

创建完窗口以后，我们可以在窗口内添加一些控件。所谓控件，就是经常使用的按钮、文框、复选框等。

13.3.1 wx.StaticText 文本类

对于所有的 GUI 工具来说，基本的任务就是在屏幕上绘制纯文本内容。在 wxPython 中，可以使用 wx.StaticText 类来完成。使用 wx.StaticText 类能够改变文本内容的对齐方式、字体和颜色等。wx.StaticText 类的构造函数的语法格式如下。

```
wx.StaticText(parent, id, label, pos=wx.DefaultPosition,size=wx.DefaultSize,
                style=0, name="staticText")
```

wx.StaticText 类的构造函数的参数说明如下。

- parent：父窗口部件。
- id：标识符。使用 -1 可以自动创建唯一的标识。
- label：显示在静态控件中的文本内容。
- pos：一个 wx.Point 或一个 Python 元组，它是窗口部件的位置。
- size：一个 wx.Size 或一个 Python 元组，它是窗口部件的尺寸。
- style：样式标记。
- name：对象的名字。

示例 使用 wx.StaticText 类输出 Python 之禅。

在 Python 控制台中输入 import this 后，会输出图 13.6 所示的结果，结果中的英文语句就是通常所说的"Python 之禅"。

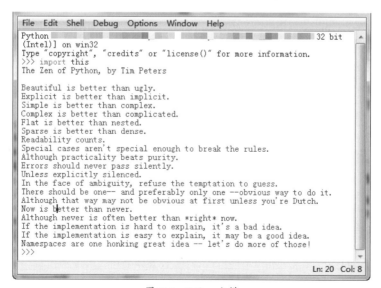

图 13.6 Python 之禅

下面使用 StaticText 类输出中文版的 Python 之禅。具体代码如下。

```python
# -*- coding:utf-8 -*-
import wx
class MyFrame(wx.Frame):
    def __init__(self,parent,id):
        wx.Frame.__init__(self, parent, id, title = " 创建 StaticText 类 ",
                            pos=(100, 100), size=(600, 400))
        panel = wx.Panel(self) # 创建面板
        # 创建标题，并设置字体
        title = wx.StaticText(panel, label='Python 之禅——Tim Peters',
pos=(100,20))
        font = wx.Font(16, wx.DEFAULT, wx.FONTSTYLE_NORMAL, wx.NORMAL)
        title.SetFont(font)
        # 创建文本
        wx.StaticText(panel, label=' 优美胜于丑陋 ',pos=(50,50))
        wx.StaticText(panel, label=' 明了胜于晦涩 ',pos=(50,70))
        wx.StaticText(panel, label=' 简洁胜于复杂 ',pos=(50,90))
        wx.StaticText(panel, label=' 复杂胜于凌乱 ',pos=(50,110))
        wx.StaticText(panel, label=' 扁平胜于嵌套 ',pos=(50,130))
        wx.StaticText(panel, label=' 间隔胜于紧凑 ',pos=(50,150))
        wx.StaticText(panel, label=' 可读性很重要 ',pos=(50,170))
        wx.StaticText(panel, label=' 即便假借特例的实用性之名，也不可违背这些规则 ',
pos=(50,190))
        wx.StaticText(panel, label=' 不要包容所有错误，除非你确定需要这样做 ',
pos=(50,210))
        wx.StaticText(panel, label=' 当存在多种可能，不要尝试去猜测 ',
pos=(50,230))
        wx.StaticText(panel, label=' 而是尽量找一种，最好是唯一一种明显的解决方案 ',
pos=(50,250))
        wx.StaticText(panel, label=' 虽然这并不容易，因为你不是 Python 之父 ',
pos=(50,270))
        wx.StaticText(panel, label=' 做也许好过不做，但不假思索就动手还不如不做 ',
pos=(50,290))
        wx.StaticText(panel, label=' 如果你无法向人描述你的方案，那肯定不是一个好
方案；反之亦然 ',pos=(50,310))
        wx.StaticText(panel, label=' 命名空间是一种绝妙的理念，我们应当多加利用 ',
pos=(50,330))

if __name__ == '__main__':
    app = wx.App()                          # 初始化应用
    frame = MyFrame(parent=None,id=-1)      # 实例 MyFrame 类，并传递参数
    frame.Show()                            # 显示窗口
    app.MainLoop()                          # 调用主循环方法
```

上述代码中，使用了 panel = wx.Panel(self) 来创建面板，并将 panel 当作父类，然后将组件放入窗体中。此外，还使用了 wx.Font 类来设置字体。创建一个字体实例，需要使用的构造函数的语法格式如下。

```
wx.Font(pointSize, family, style, weight, underline=False, faceName="",
        encoding=wx.FONTENCODING_DEFAULT)
```

参数说明如下。

- ☑ pointSize：用于指定字体的整数尺寸，单位为磅。
- ☑ family：用于快速指定一个字体而无须知道该字体的实际名称。
- ☑ style：用于指定字体是否倾斜。
- ☑ weight：用于指定字体的醒目程度。
- ☑ underline：仅在 Windows 操作系统下有效，如果取值为 True，则加下画线，否则不加下画线。
- ☑ faceName：用于指定字体名称。
- ☑ encoding：允许在几个编码中选择一个，大多数情况可以使用默认编码。

运行结果如图 13.7 所示。

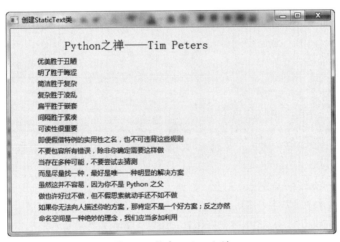

图 13.7　输出 Python 之禅

13.3.2　wx.TextCtrl 输入文本类

wx.StaticText 类只能够用于显示纯粹的静态文本，但是有时需要输入文本与用户进行交互。此时，就需要使用 wx.TextCtrl 类，它允许输入单行和多行文本，也可以作为密码输入控件，掩饰所按的按键。

wx.TextCtrl 类的构造函数的语法格式如下。

```
wx.TextCtrl(parent, id, value = "", pos=wx.DefaultPosition, size=wx.
DefaultSize, style=0, validator=wx.DefaultValidator name=wx.TextCtrlNameStr)
```

参数 parent、id、pos、size、style 和 name 的作用与 wx.StaticText 构造函数中的相同，下面重点介绍一下其他参数。

- ☑ value：显示在该控件中的初始文本。

221

    ✅ **style**：单行 wx.TextCtrl 的样式，取值及说明如下。

      ◆ **wx.TE_CENTER**：控件中的文本居中。

      ◆ **wx.TE_LEFT**：控件中的文本左对齐，为默认值。

      ◆ **wx.TE_NOHIDESEL**：文本始终高亮显示，只适用于 Windows 操作系统。

      ◆ **wx.TE_PASSWORD**：不显示所输入的文本，以星号 "*" 代替显示。

      ◆ **wx.TE_PROCESS_ENTER**：如果使用该参数，那么当用户在控件内按 <Enter> 键时，一个文本输入事件将被触发；否则，按键事件由该文本控件或该对话框管理。

      ◆ **wx.TE_PROCESS_TAB**：如果指定了这个样式，那么通常的字符事件在按 <Tab> 键时被创建（一般意味着一个制表符将被插入文本）；否则，<Tab> 键由对话框来管理，通常用于控件间的切换。

      ◆ **wx.TE_READONLY**：文本控件为只读模式，用户不能修改其中的文本。

      ◆ **wx.TE_RIGHT**：控件中的文本右对齐。

    ✅ **validator**：常用于过滤数据，以确保只能输入要接收的数据。

示例 使用 wx.TextCtrl 实现登录界面的创建。

    使用 wx.TextCtrl 类和 wx.StaticText 类实现一个包含用户名和密码文本框的登录界面的创建。具体代码如下。

```
# -*- coding:utf-8 -*-
import wx
class MyFrame(wx.Frame):
    def __init__(self,parent,id):
        wx.Frame.__init__(self, parent,id, title="创建 TextCtrl 类 ",
size=(400, 300))
        # 创建面板
        panel = wx.Panel(self)
        # 创建文本和用户名、密码文本框
        self.title = wx.StaticText(panel ,label=" 请输入用户名和密码 ",
pos=(140,20))
        self.label_user = wx.StaticText(panel,label=" 用户名 :",pos=(50,50) )
        self.text_user =  wx.TextCtrl(panel,pos=(100,50),size=(235,25),sty
le=wx.TE_LEFT)
        self.label_pwd = wx.StaticText(panel,pos=(50,90),label=" 密码 :")
        self.text_password = wx.TextCtrl(panel,pos=(100,90),size=(235,25),
style=wx.TE_PASSWORD)

if __name__ == '__main__':
    app = wx.App()                              # 初始化应用
    frame = MyFrame(parent=None,id=-1)          # 实例 MyFrame 类，并传递参数
    frame.Show()                                # 显示窗口
    app.MainLoop()                              # 调用主循环方法
```

    上述代码中，使用了 wx.TextCtrl 类生成用户名，并且设置了控件中的文本左对齐。还使用了

wx.TextCtrl 类生成密码，并且设置了文本用星号代替。运行结果如图 13.8 所示。

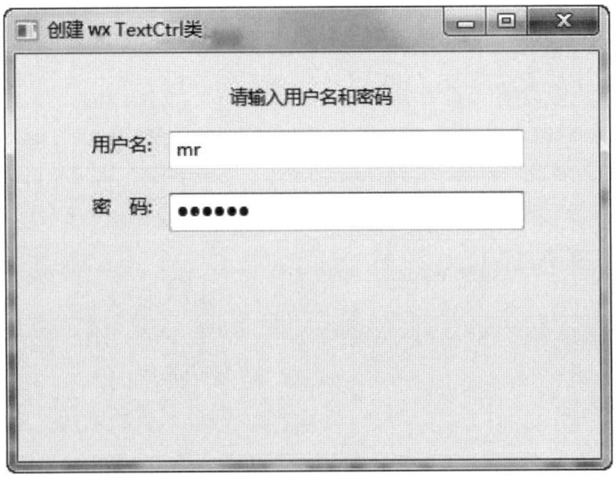

图 13.8　生成用户名和密码文本框

13.3.3　wx.Button 按钮类

按钮是 GUI 中应用较为广泛的控件，它常用于捕获用户生成的单击事件，其较明显的用途是触发绑定到一个处理函数上。

wxPython 类库可提供不同类型的按钮，其中较为简单、常用的是 wx.Button 类。wx.Button 的构造函数的语法格式如下。

```
wx.Button(parent, id, label, pos, size=wxDefaultSize, style=0, validator,
name="button")
```

wx.Button 类的参数与 wx.TextCtrl 类的参数基本相同，其中参数 label 用于显示在按钮上的文本。

示例　为登录界面添加"确定"和"取消"按钮。

使用 wx.Button 类，在前一个示例的基础上添加"确定"和"取消"按钮。具体代码如下。

```
# -*- coding:utf-8 -*-
import wx
class MyFrame(wx.Frame):
    def __init__(self,parent,id):
        wx.Frame.__init__(self, parent,id, title="创建 TextCtrl 类 ",
size=(400, 300))
        #创建面板
        panel = wx.Panel(self)
        # 创建文本和用户名、密码文本框
        self.title = wx.StaticText(panel ,label="请输入用户名和密码 ",
pos=(140,20))
        self.label_user = wx.StaticText(panel,label="用户名 :",pos=(50,50) )
        self.text_user = wx.TextCtrl(panel,pos=(100,50),size=(235,25),sty
le=wx.TE_LEFT)
```

```
        self.label_pwd = wx.StaticText(panel,pos=(50,90),label="密码:")
        self.text_password = wx.TextCtrl(panel,pos=(100,90),size=(235,25),
style=wx.TE_PASSWORD)
        # 创建"确定"和"取消"按钮
        self.bt_confirm = wx.Button(panel,label='确定',pos=(105,130))
        self.bt_cancel  = wx.Button(panel,label='取消',pos=(195,130))

if __name__ == '__main__':
    app = wx.App()                           # 初始化应用
    frame = MyFrame(parent=None,id=-1)        # 实例 MyFrame 类，并传递参数
    frame.Show()                             # 显示窗口
    app.MainLoop()                           # 调用主循环方法
```

运行结果如图 13.9 所示。

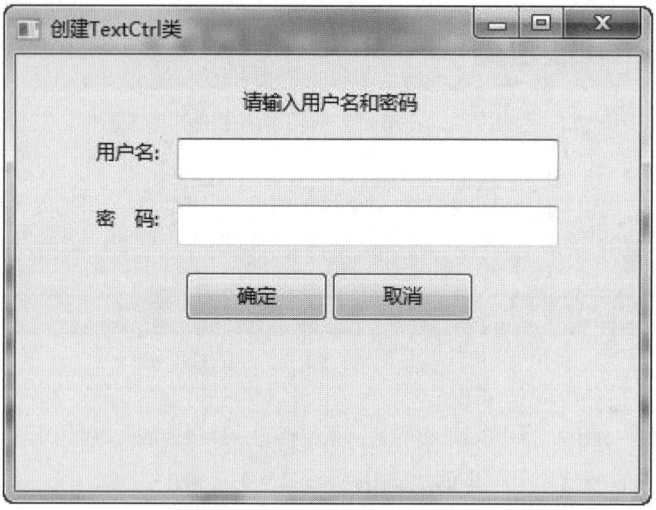

图 13.9 添加按钮后的登录界面

13.4 布局

在前面的例子中，使用了文本和按钮等控件，并将这些控件通过 pos 参数布置在面板上。虽然这种设置位置的方式很容易理解，但是过程很麻烦。此外，控件的几何位置是绝对位置，也就是固定的。当调整窗口大小时，界面会变得不美观。在 wxPython 中有一种更智能的布局方式——sizer（尺寸器）。sizer 是用于自动布局一组窗口控件的算法。Sizer 可被附加到一个容器上，通常是一个框架或面板。在父容器中创建的子窗口控件必须被分别添加到 sizer。当 sizer 被附加到容器上时，它随后就可以管理它所包含的子布局。

wxPython 提供了 5 个 sizer，如表 13.2 所示。

224

表 13.2　wxPython 的 sizer 说明

sizer 名称	描述
BoxSizer	在一条水平或垂直线上的窗口部件的布局。当尺寸改变时，控制窗口部件的行为很灵活，通常用于嵌套的样式。可用于几乎任何类型的布局
GridSizer	一个十分基础的网格布局。当要放置的窗口部件都是同样的尺寸且整齐地放入一个规则的网格中时，可以使用它
FlexGridSizer	对 GridSizer 稍微做了些改变，当窗口部件有不同的尺寸时，可以得到更好的结果
GridBagSizer	GridSizer 系列中最灵活的成员之一，使得网格中的窗口部件可以更随意地放置
StaticBoxSizer	一个标准的 BoxSizer，带有标题和环线

13.4.1　什么是 BoxSizer

BoxSizer 是 wxPython 所提供的 sizer 中最简单和最灵活的一个。单个 BoxSizer 是一个垂直列或水平行，窗口部件在其中从左至右或从上到下布置在一条线上。虽然这听起来好像用处不大，但是 BoxSizer 的嵌套能力使用户能够在每行或每列很容易放置不同数量的项目。由于每个 sizer 都是一个独立的实体，因此布局就有了更多的灵活性。对于大多数的应用程序，水平行和垂直列将能够创建你自己所需要的布局。

13.4.2　使用 BoxSizer

sizer 会管理组件的尺寸，只要将其添加到 sizer 上，再加上一些布局参数即可。下面使用 BoxSizer 实现简单的布局。代码如下。

```python
# -*- coding:utf-8 -*-
import wx
class MyFrame(wx.Frame):
    def __init__(self, parent, id):
        wx.Frame.__init__(self, parent, id, '用户登录', size = (400, 300))
        # 创建面板
        panel = wx.Panel(self)
        self.title = wx.StaticText(panel ,label="请输入用户名和密码")
        # 添加容器，容器中的控件按纵向排列
        vsizer = wx.BoxSizer(wx.VERTICAL)
        vsizer.Add(self.title,proportion=0,flag=wx.BOTTOM|wx.TOP|wx.ALIGN_
                    CENTER, border = 15 )
        panel.SetSizer(vsizer)
if __name__ == '__main__':
    app = wx.App()                          # 初始化应用
    frame = MyFrame(parent=None,id=-1)      # 实例 MyFrame 类，并传递参数
    frame.Show()                            # 显示窗口
    app.MainLoop()                          # 调用主循环方法
```

运行结果如图 13.10 所示。

图 13.10　BoxSizer 基本布局

上述代码中，设置了增加背景控件（wx.Panel），并创建了一个 wx.BoxSizer，它带有一个决定它是水平行还是垂直列的参数（wx.HORIZONTAL 或者 wx.VERTICAL），默认为水平行，然后使用 Add() 方法将控件加入 sizer，最后使用面板的 SetSizer() 方法设定它的 sizer。

Add() 方法的语法格式如下。

```
Box.Add(control, proportion, flag, border)
```

参数说明如下。

- control：要添加的控件。
- proportion：所添加控件在定义的定位方式所代表的方向上占据的空间比例。如果有 3 个按钮，它们的比例值分别为 0、1 和 2，它们都已添加到一个宽度为 30 的 wx.BoxSizer，起始宽度都是 10。当 sizer 的宽度从 30 变成 60 时，按钮 1 的宽度保持不变，仍然是 10，按钮 2 的宽度约为 20[即 10+(60 − 30) × 1/(1+2)]。
- flag：与 border 参数结合使用可以指定边距的值，包括以下选项。
  - wx.LEFT：左边距。
  - wx.RIGHT：右边距。
  - wx.BOTTOM：底边距。
  - wx.TOP：上边距。
  - wx.ALL：上下左右 4 个边距。

可以通过竖线"|"运算符（operator）来联合使用这些标志，比如 wx.LEFT | wx.BOTTOM。此外，flag 参数还可以与 proportion 参数结合，来指定控件本身的对齐（排列）方式，包括以下选项。

  - wx.ALIGN_LEFT：左边对齐。
  - wx.ALIGN_RIGHT：右边对齐。
  - wx.ALIGN_TOP：顶部对齐。
  - wx.ALIGN_BOTTOM：底边对齐。
  - wx.ALIGN_CENTER_VERTICAL：垂直对齐。

- ◆ wx.ALIGN_CENTER_HORIZONTAL: 水平对齐。
- ◆ wx.ALIGN_CENTER: 居中对齐。
- ◆ wx.EXPAND: 所添加控件将占有 sizer 定位方向上所有可用的空间。

☑ border: 控制所添加控件的边距, 就是在控件之间添加一些像素的空白。

示例 使用 BoxSizer 设置登录界面布局。

使用 BoxSizer 实现上个示例的界面布局效果。具体代码如下。

```python
# -*- coding:utf-8 -*-
import wx

class MyFrame(wx.Frame):
    def __init__(self, parent, id):
        wx.Frame.__init__(self, parent, id, '用户登录', size=(400, 300))
        # 创建面板
        panel = wx.Panel(self)


        # 创建 "确定" 和 "取消" 按钮, 并绑定事件
        self.bt_confirm = wx.Button(panel, label=' 确定 ')
        self.bt_cancel = wx.Button(panel, label=' 取消 ')
        # 创建文本, 左对齐
        self.title = wx.StaticText(panel, label=" 请输入用户名和密码 ")
        self.label_user = wx.StaticText(panel, label=" 用户名 :")
        self.text_user = wx.TextCtrl(panel, style=wx.TE_LEFT)
        self.label_pwd = wx.StaticText(panel, label=" 密码 :")
        self.text_password = wx.TextCtrl(panel, style=wx.TE_PASSWORD)
        # 添加容器, 容器中控件横向排列
        hsizer_user = wx.BoxSizer(wx.HORIZONTAL)
        hsizer_user.Add(self.label_user, proportion=0, flag=wx.ALL, border=5)
        hsizer_user.Add(self.text_user, proportion=1, flag=wx.ALL, border=5)
        hsizer_pwd = wx.BoxSizer(wx.HORIZONTAL)
        hsizer_pwd.Add(self.label_pwd, proportion=0, flag=wx.ALL, border=5)
        hsizer_pwd.Add(self.text_password, proportion=1, flag=wx.ALL,
border=5)
        hsizer_button = wx.BoxSizer(wx.HORIZONTAL)
        hsizer_button.Add(self.bt_confirm, proportion=0, flag=wx.ALIGN_
CENTER, border=5)
        hsizer_button.Add(self.bt_cancel, proportion=0, flag=wx.ALIGN_
CENTER, border=5)
        # 添加容器, 容器中控件纵向排列
        vsizer_all = wx.BoxSizer(wx.VERTICAL)
        vsizer_all.Add(self.title,proportion=0,flag=wx.BOTTOM|wx.TOP |
wx.ALIGN_CENTER, border=15)
```

```
        vsizer_all.Add(hsizer_user,proportion=0,flag=wx.EXPAND|wx.LEFT  |
wx.RIGHT, border=45)
        vsizer_all.Add(hsizer_pwd,proportion=0,flag=wx.EXPAND|wx.LEFT  |
wx.RIGHT, border=45)
        vsizer_all.Add(hsizer_button,proportion=0,flag=wx.ALIGN_CENTER  |
wx.TOP, border=15)
        panel.SetSizer(vsizer_all)

if __name__ == '__main__':
    app = wx.App()                          # 初始化应用
    frame = MyFrame(parent=None,id=-1)      # 实例化 MyFrame 类，并传递参数
    frame.Show()                            # 显示窗口
    app.MainLoop()                          # 调用主循环方法
```

在上述代码中，首先创建了按钮和文本控件，然后将其添加到了容器中，并且设置了横向排列。接着，设置了纵向排列。在布局的过程中，通过设置每个控件的 flag 和 border 参数，实现了控件位置间的布局。至此，绝对位置布局更改为相对位置布局。运行结果如图 13.11 所示。

图 13.11　使用 BoxSizer 设置登录界面布局

13.5　事件处理

13.5.1　什么是事件

完成布局以后，接下来就是输入用户名和密码。当单击"确定"按钮时，检验输入的用户名和密码是否正确，并输出相应的提示信息。当单击"取消"按钮时，清空已经输入的用户名和密码。要实现这样的功能，就需要使用 wxPython 的事件处理功能。

那么什么是事件呢？用户执行的动作就叫作事件（event），比如，单击按钮就是一个单击事件。

13.5.2 绑定事件

当发生事件时，需要让程序注意这些事件并且做出反应。这时，可以将函数绑定到所涉及事件可能发生的控件上。当事件发生时，函数就会被调用。利用控件的 Bind() 方法可以将事件处理函数绑定到给定的事件上。例如，为"确定"按钮添加一个单击事件，其语法格式如下：

```
bt_confirm.Bind(wx.EVT_BUTTON,OnclickSubmit)
```

参数说明如下。

- ☑ wx.EVT_BUTTON：事件类型为按钮类型。在 wxPython 中有很多以 wx.EVT_ 开头的事件类型，例如，类型 wx.EVT_MOTION 产生于用户移动鼠标时，类型 wx.ENTER_WINDOW 和 wx.LEAVE_WINDOW 产生于当鼠标指针进入或离开一个窗口控件时，类型 wx.EVT_MOUSEWHEEL 被绑定到鼠标滚轮的活动。
- ☑ OnclickSubmit：方法名。事件发生时执行该方法。

示例 使用事件判断用户登录。

在上个示例的基础上，分别为"确定"和"取消"按钮添加单击事件。当用户输入用户名和密码后，单击"确定"按钮，如果输入的用户名为"mr"并且密码为"mrsoft"，则弹出对话框提示"登录成功"，否则提示"用户名和密码不匹配"。当用户单击"取消"按钮时，清空用户输入的用户名和密码。关键代码如下。

```python
# -*- coding:utf-8 -*-
import wx

class MyFrame(wx.Frame):
    def __init__(self, parent, id):
        wx.Frame.__init__(self, parent, id, '用户登录', size=(400, 300))
        # 创建面板
        panel = wx.Panel(self)

        # 创建"确定"和"取消"按钮，并绑定事件
        self.bt_confirm = wx.Button(panel, label='确定')
        self.bt_confirm.Bind(wx.EVT_BUTTON,self.OnclickSubmit)
        self.bt_cancel = wx.Button(panel, label='取消')
        self.bt_cancel.Bind(wx.EVT_BUTTON,self.OnclickCancel)
        # 省略其余代码

    def OnclickSubmit(self,event):
        """ 单击"确定"按钮，执行方法 """
        message = ""
        username = self.text_user.GetValue()        # 获取输入的用户名
```

```
        password = self.text_password.GetValue() # 获取输入的密码
        if username == "" or password == "" :      # 判断用户名或密码是否为空
            message = '用户名或密码不能为空'
        elif username =='mr' and password =='mrsoft': # 用户名和密码正确
            message = '登录成功'
        else:
            message = '用户名和密码不匹配'                  # 用户名或密码错误
        wx.MessageBox(message)                           # 弹出对话框

    def OnclickCancel(self,event):
        """ 单击"取消"按钮,执行方法 """
        self.text_user.SetValue("")        # 清空输入的用户名
        self.text_password.SetValue("")    # 清空输入的密码

if __name__ == '__main__':
    app = wx.App()                                # 初始化应用
    frame = MyFrame(parent=None, id=-1)    # 实例 MyFrame 类,并传递参数
    frame.Show()                               # 显示窗口
    app.MainLoop()                             # 调用主循环方法
```

上述代码中,使用了 Bind() 方法分别为 bt_confirm 和 bt_cancel 绑定单击事件,单击"确定"按钮时,执行 OnclickSubmit() 方法判断用户名和密码是否正确,然后使用 wx.MessageBox() 弹出对话框。单击"取消"按钮时,执行 OnclickCancel() 方法。用户名和密码正确的运行结果如图 13.12 所示,否则运行结果如图 13.13 所示。

图 13.12　用户名和密码正确

图 13.13　用户名或密码错误

异常处理及程序调试

14.1 异常

在程序开发过程中，伴随开发者的除了攻克一个个开发问题带来的喜悦，还有如影随形的各种错误和 bug，即使几行代码，也存在错误的可能，代码如下。

```
oreder=1
phone='huawei'
print(order+phone )
```

运行程序，将抛出图 14.1 所示的 NameErrorr 异常。

NameError: name 'order' is not defined

图 14.1　抛出了 NameErrorr 异常

检查代码，发现第一行代码变量 "order" 写成了 "oreder"，修改代码中的 "oreder" 为 "order" 后，运行程序，将抛出图 14.2 的 TypeErrorr 异常。

TypeError: unsupported operand type(s) for +: 'int' and 'str'

图 14.2　抛出了 TypeErrorr 异常

在 Python 中，不允许将字符串变量和整型变量直接连接，修改第 3 行代码中的连接符为 ","即可，即代码如下。

```
print(order , phone )
```

运行程序，没再继续抛出异常，输出结果如下。

```
-----------------------------------------------------------------------------
1 huawei
-----------------------------------------------------------------------------
```

程序在运行的时候，如果 Python 解释器遇到一个错误，会停止程序的运行，并且提示一些错误的信息，这就是异常。以上的错误统称为"异常"。除非将异常消除掉，或者注释掉异常代码，否则这些异常将直接导致程序不能运行。这类异常是显式的，在开发阶段很容易发现。还有一类异常是隐式的，通常和使用者的程序设计计算法有关。例如，在 IDLE 中创建一个名称为 division_apple.py 的文件，然后在该文件中定义一个除法运算的函数 division()。在该函数中，要求输入被除数和除数，然后进行计算，最后调用 division() 函数，代码如下。

```python
def division():
    num1 = int(input("请输入被除数："))       # 用户输入提示，并记录
    num2 = int(input("请输入除数："))
    result = num1//num2               # 执行除法运算
    print(result)
if __name__ == '__main__':
    division()                  # 调用函数
```

运行程序，如果在输入除数时，输入为 0，将得到图 14.3 所示的结果。

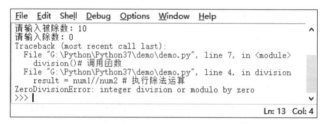

图 14.3　抛出了 ZeroDivisionError 异常

产生 ZeroDivisionError（除数为 0 异常）的根源在于算术表达式"10/0"中，0 作为除数出现，所以正在执行的程序被中断（第 6 行代码以后，包括第 6 行的代码都不会被执行）。

除了 ZeroDivisionError 外，Python 中还有很多异常。表 14.1 所示为 Python 中常见的异常。

表 14.1　Python 中常见的异常

异　　　常	描　　　述
NameError	尝试访问一个没有声明的变量引发的错误
IndexError	索引超出序列范围引发的错误
IndentationError	缩进错误
ValueError	传入的值错误
KeyError	请求一个不存在的关键字引发的错误
IOError	输入输出错误（如要读取的文件不存在）
ImportError	当 import 语句无法找到模块或无法在模块中找到相应的名称时引发的错误
AttributeError	尝试访问未知的对象属性引发的错误
TypeError	类型不合适引发的错误
MemoryError	内存不足
ZeroDivisionError	除数为 0 引发的错误

表 14.1 所示的异常并不需要记住，只需要简单了解即可。

在开发程序时，隐式异常通常不容易被发现，一旦软件用于商业环境，就会成为软件埋藏的"定时炸弹"。如果不能及时解决这些异常，就有可能给企业造成巨大的损失。为了帮助开发人员有效解决程序开发中遇到的各种异常，从而保证程序的健壮性和稳定性，Python 提供了 try 语句来检测异常。

try 语句有两种主要形式：try...except 和 try...finally，这两条语句是互斥的，也就是说你只能使用其中的一种。一条 try 语句可以对应一条或多条 except 子句，但只能对应一条 finally 子句或一条 try...except...finally 复合语句。

14.2　try...except 语句

14.2.1　简单 try...except 语句

Python 提供了 try...except 语句来捕获并处理异常。通过捕获异常可以针对突发事件做集中处理。在使用时，把可能产生异常的代码放在 try 语句块中，把处理结果放在 except 语句块中。这样，当 try 语句块中的代码出现错误时，就会执行 except 语句块中的代码，如果 try 语句块中的代码没有错误，那么 except 语句块将不会被执行。具体的语法格式如下。

```
try:
    block1
except [ExceptionName [as alias]]:
    block2
```

参数说明如下。

- ⊘ block1：表示可能出现错误的代码块。
- ⊘ ExceptionName [as alias]：可选参数，用于指定要捕获的异常。其中，ExceptionName 表示要捕获的异常名称，如果在其右侧加上 as alias，则表示为当前的异常指定一个别名，通过该别名，可以记录异常的具体内容。

在使用 try...except 语句捕获异常时，如果在 except 后面不指定异常名称，则表示捕获全部异常。

- ⊘ block2：表示进行异常处理的代码块。在这里可以输出固定的提示信息，也可以通过别名输出异常的具体内容。

使用 try...except 语句捕获异常后，当程序出错时，输出错误信息后，程序会继续运行。

例如，在执行除法运算时，对可能出现的异常进行处理，代码如下。

```python
def division():
    num1 = int(input("请输入被除数: "))        # 用户输入提示，并记录
    num2 = int(input("请输入除数: "))
    result = num1/num2          # 执行除法运算
    print(result)
if __name__ == '__main__':
    try:            # 捕获异常
        division()          # 调用除法的函数
    except ZeroDivisionError:        # 处理异常
        print("输入错误: 除数不能为 0")      # 输出错误原因
```

14.2.2 带有多个 except 语句块的 try 语句块

为了能够尽可能解决程序开发中遇到的不可预料的异常，可以将能够想到的各种异常进行分类，并使用带有多个 except 语句块的 try 语句块处理这些异常。例如将一个变量转换为整型，可以想到可能出现的异常有"不能将非数值型转换为 int 的异常（ValueError）""不能将 object type 转换为整型的异常（TypeError）"，甚至可能会出现"内存不足（MemoryError）"，实现代码如下。

```python
def intx(obj):
    try:                            # 捕获异常
        int(obj)                    # 调用函数
    except ValueError:              # 处理 ValueError 异常
        print("\n出错了: 不能将非数值型转换为整型! ")
    except TypeError:               # 处理 TypeError 异常
        print("\n出错了: 不能将 object type 转换为整型! ")
    except MemoryError:             # 处理 MemoryError 异常
        print("\n出错了: 内存不足! ")
intx('abc')
intx(['huawei'])
intx('123')
```

运行程序，结果如下。

出错了: 不能将非数值型转换为整型!

出错了: 不能将 object type 转换为整型!

14.2.3 处理多个异常的 except 语句块

我们还可以在一个 except 语句块里处理多个异常，将多个异常放在一个元组里，实现代码如下。

```
def intx(obj):
    try:        # 捕获异常
        int(obj)            # 调用函数
    except (ValueError,TypeError):        # 处理两个异常
        print("\n 出错了：只能将数值型转换为整型！")
    except MemoryError:        # 处理 MemoryError 异常
        print("\n 出错了：内存不足！")        # 输出错误原因
intx('abc')
intx(['huawei'])
```

运行程序，结果如下。

```
出错了：只能将数值型转换为整型！
出错了：只能将数值型转换为整型！
```

14.2.4　捕获所有异常

在程序开发的时候，很难将所有的特殊情况都考虑到，这给开发者带来了比较大的困难。通过捕获所有异常来进行异常处理就简单多了。可通过 intx() 函数，把捕获的所有异常统一处理，实现代码如下。

```
def intx(obj):
    try:        # 捕获异常
        int(obj)            # 调用函数
    except Exception as e:        # 处理所有异常
        print("\n 出错了：只能将数值型转换为整型！")
intx('abc')
intx(['huawei'])
```

14.3　try...except...else 语句

在 Python 中，还有另一种异常处理结构，它是 try...except...else 语句，也就是在原来 try...except 语句的基础上再添加一个 else 子句，用于指定当 try 语句块中没有发现异常时要执行的语句块。该语句块中的内容在 try 语句块中发现异常时，将不被执行。例如，在执行除法运算时，实现当 division() 函数执行没有抛出异常时，输出文字"程序执行完成……"，实现代码如下。

```
def division():
    num1 = int(input("请输入被除数："))        # 用户输入提示，并记录
    num2 = int(input("请输入除数："))
    result = num1/num2        # 执行除法运算
```

```
    print(result)
if __name__ == '__main__':
    try:                    # 捕获异常
        division()          # 调用函数
    except ZeroDivisionError:          # 处理异常
        print("\n出错了：除数不能为 0！")
    except ValueError as e:          # 处理 ValueError 异常
        print("输入错误：", e)        # 输出错误原因
    else:            # 没有抛出异常时执行
        print("程序执行完成……")
```

运行上面的代码，将显示图 14.4 所示的运行结果。

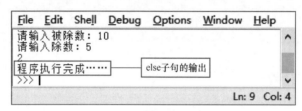

图 14.4　不抛出异常时提示相应信息

编写一个猜数游戏，让用户猜给定范围内的整数，并根据用户的每次输入，提示"价格高了""价格低了"，直到用户猜对为止。这个游戏要求用户只能输入整数，所以需要对输入进行异常处理，并在 try 语句块的 else 子句中判断输入是否正确，如果正确，则退出循环，实现代码如下。

```
import random

rnd =random.randint(0,1000)
while 1:
    guess = input('请输入竞猜价格（只能输入整数）:')
    try:
        num = int(guess)
    except:
        print('请输入整数竞猜价格！！')
    else:
        break
while num != rnd:
    if num < rnd:
        print('价格低了！')
    elif num > rnd:
        print('价格高了！')
    while 1:
        guess = input('请输入竞猜价格（只能输入整数）:')
```

```
        try:
            num = int(guess)
        except:
            print('请输入整数竞猜价格！！')
        else:
            break
 else:
    print('太棒了，你赢了！！')
```

运行程序，输出结果如图 14.5 所示。

```
请输入竞猜价格（只能输入整数）:e
请输入整数竞猜价格！！
请输入竞猜价格（只能输入整数）:500
价格高了！
请输入竞猜价格（只能输入整数）:300
价格高了！
请输入竞猜价格（只能输入整数）:200
价格低了！
请输入竞猜价格（只能输入整数）:260
价格低了！
请输入竞猜价格（只能输入整数）:280
价格高了！
请输入竞猜价格（只能输入整数）:270
价格低了！
请输入竞猜价格（只能输入整数）:275
价格高了！
请输入竞猜价格（只能输入整数）:273
价格高了！
请输入竞猜价格（只能输入整数）:272
价格高了！
请输入竞猜价格（只能输入整数）:271
太棒了，你赢了！！
```

图 14.5   竞猜输出结果

使用了 try...except...else 异常处理语句之后，当用户输入的不是整数时，try 语句块就可以捕获到异常，并在 except 中处理该异常，提醒用户输入整数。使用异常处理语句是控制用户输入的常用方法。

14.4   try...except...finally 语句

完整的异常处理语句应该包含 finally 语句块，通常情况下，无论程序中有无异常产生，finally 语句块中的代码都会被执行。其基本语法格式如下。

```
try:
    block1
except [ExceptionName [as alias]]:
    block2
finally:
    block3
```

对于 try...except...finally 语句的理解并不复杂，它只是比 try...except 语句多了一个 finally 语句块。如果程序中有一些在任何情形中都必须执行的代码，就可以将它们放在 finally 语句块中。

💡 说明

使用 except 语句块是为了允许处理异常。无论是否引发了异常，使用 finally 语句块都可以执行。如果分配了有限的资源（如打开文件），则应将释放这些资源的代码放置在 finally 语句块中。

例如，在执行除法运算时，实现当 division() 函数在执行时无论是否抛出异常，都输出文字"释放资源，并关闭"。修改后的代码如下。

```python
def division():
    num1 = int(input("请输入被除数："))     # 用户输入提示，并记录
    num2 = int(input("请输入除数："))
    result = num1/num2          # 执行除法运算
    print(result)
if __name__ == '__main__':
    try:                 # 捕获异常
        division()           # 调用函数
    except ZeroDivisionError:       # 处理异常
        print("\n出错了：除数不能为 0！")
    except ValueError as e:        # 处理 ValueError 异常
        print("输入错误：", e)        # 输出错误原因
    else:          # 没有抛出异常时执行
        print("程序执行完成……")
    finally:             # 无论是否抛出异常都执行
        print("释放资源，并关闭")
```

运行代码，将显示图 14.6 所示的运行结果。

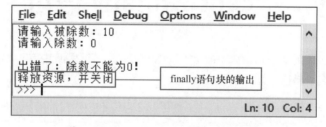

图 14.6 try...except...finally 语句的运行结果

在程序中，如果有一段代码必须要执行，即无论异常是否产生都要执行，那么此时就需要使用 finally 语句块。例如文件关闭，释放锁，把数据库连接返还给连接池等。实现代码如下。

```
try:
    f1 = open("test.txt","rU")
    for i in f1:
        i=i.strip()
        print(i)
except Exception as E_results:
    print(" 捕捉有异常: ",E_results)
finally: #finally 语句块中的代码是肯定执行的，不管是否有异常，finally 语句块是可选的
    f1.close
    print(" 程序执行。")
```

当执行 try …finally 语句时，无论异常是否发生，在程序结束前，finally 语句块中的代码都会被执行。

```
a=3
b=2
for i in range(3):
    try:
        a = a - 1
        c=b/a
        print(c)

    except Exception as e:
        print(e)
    else:
        print(" 正常运行 ")
    finally:
        print("finally")
```

至此，已经介绍了异常处理语句的 try…except、try…except…else 和 try…except…finally 等形式。下面通过图 14.7 说明异常处理语句的各个语句块的执行关系。

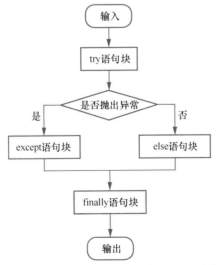

图 14.7 异常处理语句的各个语句块的执行关系

239

14.5 使用 raise 语句抛出异常

如果某个函数或方法可能会产生异常，但不想在当前函数或方法中处理这个异常，则可以使用 raise 语句在函数或方法中抛出异常。raise 语句的基本语法格式如下。

```
raise [ExceptionName[(reason)]]
```

其中，ExceptionName[(reason)] 为可选参数，用于指定抛出的异常名称，以及异常信息的相关描述，如果省略，就会把当前的异常原样抛出。

> 💡 说明
>
> ExceptionName(reason) 参数中的 (reason) 也可以省略，如果省略，则在抛出异常时，不附带任何描述信息。

例如，在执行除法运算时，在 division() 函数中实现。当除数为 0 时，应用 raise 语句抛出 ValueError 异常，接着在最后一行语句的下方添加 except 语句块处理 ValueError 异常，代码如下。

```python
def division():
num1 = int(input("请输入被除数："))        # 用户输入提示，并记录
    num2 = int(input("请输入除数："))
    if num2 == 0:
        raise ValueError("除数不能为0")
        result = num1/num2          # 执行除法运算
        print(result)
if __name__ == '__main__':
        try:                 # 捕获异常
            division()         # 调用函数
        except ZeroDivisionError:            # 处理异常
 print("\n出错了：除数不能为0！")
        except ValueError as e:        # 处理 ValueError 异常
            print("输入错误：", e)          # 输出异常原因
```

在输入密码时，往往需要用户输入指定长度的密码，如密码长度为 6 位，若密码超过 6 位则抛出异常，提示密码长度不够，实现代码如下。

```python
def passwd():
    pwd = input('请输入密码：')
    if len(pwd) >=8:
        return pwd
    print('主动抛出异常')
    ex = Exception('密码长度不够')
    raise ex
```

```
try:
    print(passwd())
except Exception as re:
    print(re)
```

14.6　常见的异常

Python 中常见的异常如下。

AttributeError：试图访问一个对象没有的属性，比如 foo.x，但是 foo 没有属性 x。

IOError：输入输出异常，一般表现为无法打开文件。

ImportError：无法引入模块或包，一般为路径问题或名称错误。

IndentationError：语法异常（的子类），代码没有正确缩进。

IndexError：索引超出序列边界，比如当 x 只有 3 个元素，却试图访问 x[5]。

KeyError：试图访问字典里不存在的键。

NameError：尝试访问一个没有声明的变量。

SyntaxError Python：代码非法，即代码不能编译。

TypeError：传入对象类型与要求的不符合。

UnboundLocalError：试图访问一个还未被设置的局部变量，主要由于另有一个同名的全局变量，导致以为正在访问它。

ValueError：传入一个调用者不期望的值，即使值的类型是正确的。

BaseException：所有异常的基类。

SystemExit：解释器请求退出。

KeyboardInterrupt：用户中断执行（通常是输入 ^C）。

Exception：常规错误的基类。

StopIteration：迭代器没有更多的值。

GeneratorExit：生成器（Generator）发生异常来通知退出。

StandardError：所有的内建标准异常的基类。

ArithmeticError：所有数值计算错误的基类。

FloatingPointError：浮点数计算错误。

OverflowError：数值运算超出最大限制。

ZeroDivisionError：除（或取模）零（所有数据类型）。

AssertionError：断言语句失败。

EOFError：没有内建输入，到达 EOF（End Of File，文件结束符）标记。

EnvironmentError：操作系统错误的基类。

OSError：操作系统错误。

WindowsError：系统调用失败。

LookupError：无效数据查询的基类。

MemoryError：内存溢出错误（对于 Python 解释器不是致命的）。

ReferenceError：弱引用（weak reference）试图访问已经垃圾回收的对象。

RuntimeError：一般的运行时错误。

NotImplementedError：尚未实现的方法。

TabError：<Tab> 键和 Space 键混用。

SystemError：一般的解释器系统错误。

UnicodeError：Unicode 相关的错误。

UnicodeDecodeError：Unicode 解码时的错误。

UnicodeEncodeError：Unicode 编码时的错误。

UnicodeTranslateError：Unicode 转换时的错误。

Warning：警告的基类。

DeprecationWarning：关于被弃用的特征的警告。

FutureWarning：关于构造将来语义会有改变的警告。

OverflowWarning：旧的关于自动提升为长整型（long）的警告。

PendingDeprecationWarning：关于特性将会被废弃的警告。

RuntimeWarning：可疑的运行时的行为。

14.7　程序调试

在程序开发过程中，免不了会出现一些错误，有语法方面的，也有逻辑方面的。语法方面的错误比较好检测，因为程序会直接停止，并且给出错误提示，而逻辑错误就不太容易发现了，因为程序可能会一直运行下去，但结果是错误的。所以作为一名程序员，掌握一定的程序调试方法，可以说是一项必备技能。

14.7.1　使用自带的 IDLE 进行程序调试

多数的集成开发工具都提供了程序调试功能，例如我们一直在使用的 IDLE。使用 IDLE 进行程序调试的基本步骤如下。

（1）打开 IDLE（Python Shell），在主菜单上选择"Debug"→"Debugger"命令，将打开"Debug Control"对话框（此时该对话框是空白的），同时 Python Shell 窗口中将显示"[DEBUG

ON]"（表示已经处于调试状态），如图 14.8 所示。

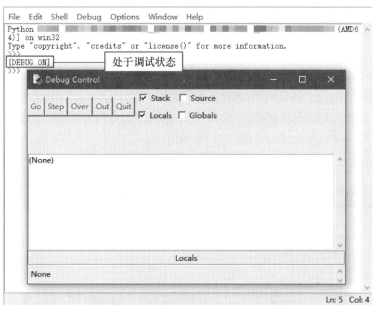

图 14.8　处于调试状态的 Python 3.7.0 Shell

（2）在 Python 3.7.0 Shell 窗口中，选择"File"→"Open"命令，打开要调试的文件，然后添加需要的断点。

💡 说明

断点的作用是设置断点后，程序运行到断点时就会暂时中断运行，程序可以随时继续。

添加断点的方法是：在想要添加断点的代码行上，单击鼠标右键，在弹出的快捷菜单中选择"Set Breakpoint"命令。添加断点的行将以黄色底纹标记，如图 14.9 所示。

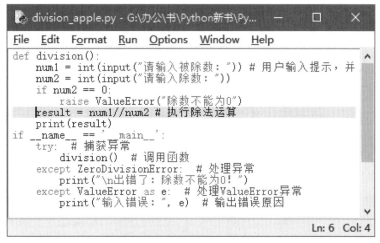

图 14.9　添加断点

> **说明**
>
> 　　如果想要删除已经添加的断点，可以选中已经添加断点的行，然后单击鼠标右键，在弹出的快捷菜单中选择"Clear Breakpoint"命令即可。

　　（3）添加所需的断点（添加断点的原则是程序运行到这个位置时，想要查看某些变量的值，就在这个位置添加一个断点）后，按快捷键 <F5>，执行程序。这时"Debug Control"对话框中将显示程序的运行信息，勾选"Globals"复选框，将显示全局变量，默认只显示局部变量。此时的"Debug Control"对话框显示程序的运行信息，如图 14.10 所示。

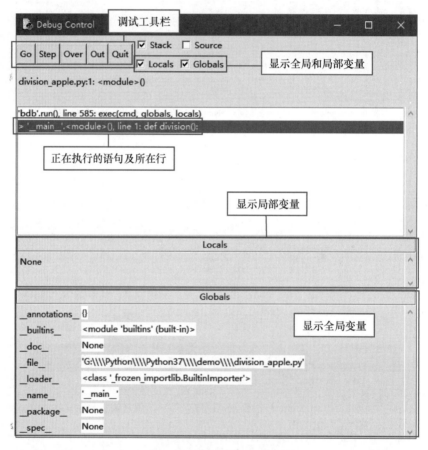

图 14.10　显示程序的运行信息

　　（4）在图 14.10 所示的调试工具栏中，提供了 5 个工具按钮。这里单击"Go"按钮运行程序，直到所设置的第一个断点。由于在示例代码文件中，第一个断点之前需要获取用户的输入，所以需要先在 Python 3.7.0 Shell 窗口中输入除数和被除数。输入后，"Debug Control"对话框中的数据将发生变化，如图 14.11 所示。

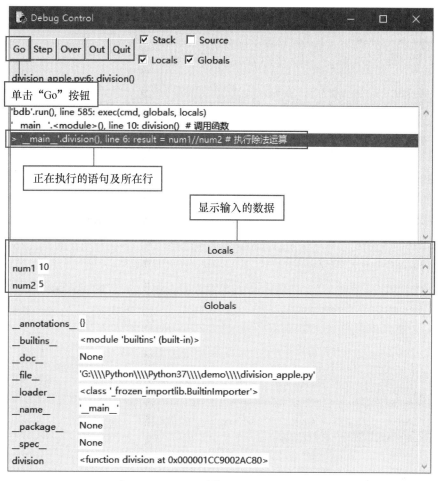

图 14.11　显示运行到第一个断点时的变量信息

💡 说明

　　"Go"按钮用于执行跳至断点操作；"Step"按钮用于进入要执行的函数；"Over"按钮表示单步执行；"Out"按钮表示跳出所在的函数；"Quit"按钮表示结束调试。

❗ 多学两招

　　在调试过程中，如果所设置的断点处有其他函数调用，还可以单击"Step"按钮进入函数内部。当确定该函数没有问题时，可以单击"Out"按钮跳出该函数或者在调试的过程中发现的问题的原因。需要进行修改时，可以直接单击"Quit"按钮结束调试。另外，如果调试的目的不是很明确（不确认问题的位置），也可以直接单击"Step"按钮进行单步执行，这样可以清晰地观察程序的执行过程和数据的变量，方便找出问题。

　　（5）继续单击"Go"按钮，将执行下一个断点。查看变量的变化，直到全部断点都执行完毕。调试工具栏上的按钮将变为不可用状态，全部断点均执行完毕的结果如图 14.12 所示。

　　（6）程序调试完毕后，可以关闭"Debug Control"对话框，此时在 Python 3.7.0 Shell 窗口中将显示"[DEBUG OFF]"（表示已经结束调试）。

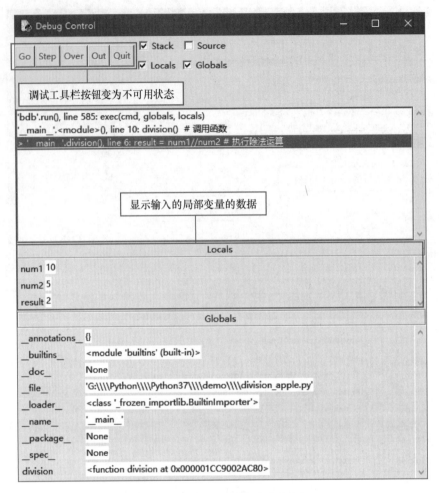

图 14.12　全部断点均执行完毕的结果

14.7.2　使用 assert 语句调试程序

在程序开发过程中，除了可以使用开发工具自带的调试工具进行调试外，还可以在代码中通过 print() 函数把可能出现问题的变量输出来进行查看，但是这种方法会产生很多"垃圾信息"。所以调试之后还需要将其删除，比较麻烦。Python 还提供了另外的方法，即使用 assert 语句调试。

assert 的中文意思是断言，它一般用于对程序某个时刻必须满足的条件进行验证。assert 语句的基本语法格式如下。

```
assert expression [,reason]
```

参数说明如下。

- ✅ expression：条件表达式，如果该表达式的值为 True，则什么都不做；如果该表达式的值为 False，则抛出 AssertionError 异常。
- ✅ reason：可选参数，用于对判断条件进行描述，为了以后更好地知道哪里出现了问题。

例如，在执行除法运算的 division() 函数中，使用 assert 语句调试程序，代码如下：

```
def division():
    num1 = int(input("请输入被除数: "))        # 用户输入提示, 并记录
    num2 = int(input("请输入除数: "))
    assert num2 != 0, "除数不能为0"             # 应用assert语句进行调试
    result = num1//num2                        # 执行除法运算
    print(result)
if __name__ == '__main__':
        division()                             # 调用函数
```

运行程序,输入除数 0,将抛出图 14.13 所示的 AssertionError 异常。

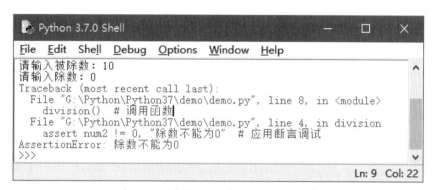

图 14.13　除数为 0 时抛出 AssertionError 异常

通常情况下,assert 语句可以和异常处理语句结合使用。所以,可以将上面代码的第 8 行修改为以下内容:

```
try:
    division()                                 # 调用函数
except AssertionError as e:                    # 处理AssertionError异常
    print("\n 输入有误: ",e)
```

assert 语句只在调试阶段有效。我们可以通过在执行 Python 命令时加入 "-O"(大写)参数来停止执行 assert 语句。例如,在 "命令提示符" 窗口中输入以下代码执行 "E:\program\Python\Code" 目录下的 Demo.py 文件,即停止执行 Demo.py 文件中的 assert 语句。

```
E:
cd E:\program\Python\Code
python -O Demo.py
```

## 第 15 章

Web 编程

15.1 Web 基础

当用户想浏览明日学院官网时,可打开浏览器,输入网址 www.mingrisoft.com,然后按 <Enter> 键,浏览器中就会显示明日学院官网的内容。在这个看似简单的用户行为背后,到底隐藏了些什么呢?

15.1.1 HTTP

在用户输入网址访问明日学院官网的例子中,浏览器被称为客户端,而明日学院官网被称为服务器。这个过程实质上就是客户端向服务器发送请求,服务器接收请求后,将处理后的信息(也称为响应)传给客户端。这个过程是通过 HTTP 实现的。

HTTP(HyperText Transfer Protocol),即超文本传送协议,是互联网上应用最为广泛的一种网络协议。HTTP 是利用 TCP 在两台计算机(通常是 Web 服务器和客户端)之间传输信息的协议。客户端使用 Web 浏览器发送 HTTP 请求给 Web 服务器,Web 服务器发送被请求的信息给客户端。

15.1.2 Web 服务器

在浏览器输入 URL 后,浏览器会先请求 DNS 服务器,获得请求站点的 IP 地址(根据 URL——www.mingrisoft.com 获取其对应的 IP 地址,如 101.201.120.85),然后发送 HTTP 请求(request)给拥有该 IP 地址的主机(明日学院的阿里云服务器),接着就会接收到服务器返回的 HTTP 响应(response),经过浏览器渲染后,以一种较好的效果呈现给用户。HTTP 基本原理如图 15.1 所示。

图 15.1　HTTP 基本原理

我们重点来介绍 Web 服务器。Web 服务器的工作原理可以概括为如下 4 个步骤。

（1）建立连接：客户端通过 TCP/IP 建立到服务器的 TCP 连接。

（2）请求过程：客户端向服务器发送 HTTP 请求包，请求服务器里的资源文档。

（3）应答过程：服务器向客户端发送 HTTP 响应包，如果请求包含动态语言的内容，那么服务器会调用动态语言的解释引擎处理"动态内容"，并将处理后得到的数据返回给客户端，由客户端解释 HTML 文档，在客户端屏幕上渲染结果。

（4）关闭连接：客户端与服务器断开。

步骤 2 客户端向服务器端发送 HTTP 请求时，常用的请求方法如表 15.1 所示。

表 15.1　HTTP 的常用请求方法

方法	描述
GET	请求指定的页面信息，并返回实体主体
POST	向指定资源提交数据进行处理请求（例如提交表单或者上传文件）。数据被包含在请求体中。POST 请求可能会导致新的资源的建立或已有资源的修改
HEAD	类似于 GET 请求，只不过返回的响应中没有具体的内容，用于获取报头
PUT	从客户端向服务器传送的数据取代指定的文档的内容
DELETE	请求服务器删除指定的页面
OPTIONS	允许客户端查看服务器的性能

步骤 3 服务器返回给客户端的状态码可以分为 5 种类型，由它们的第一位数字表示，如表 15.2 所示。

表 15.2　HTTP 状态码含义

代码	含义
1**	信息，请求收到，继续处理
2**	成功，行为被成功地接受、理解和采纳
3**	重定向，为了完成请求，必须进一步执行的动作
4**	客户端错误，请求包含语法错误或者请求无法实现
5**	服务器错误，服务器不能实现一种明显无效的请求

例如，状态码为 200，表示请求成功已完成；状态码为 404，表示服务器找不到给定的资源。

下面，我们用浏览器访问明日学院官网，查看请求和响应的流程。步骤如下。

（1）在浏览器中输入网址：www.mingrisoft.com，按 <Enter> 键，进入明日学院官网。

（2）按 <F12> 键（或单击鼠标右键，在弹出的快捷菜单中选择"检查"命令），审查页面元素。运行结果如图 15.2 所示。

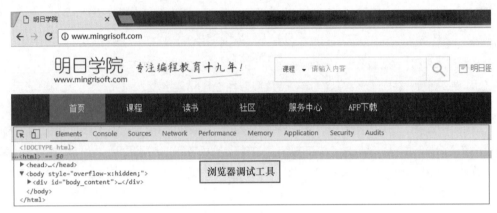

图 15.2　打开浏览器调试工具

（3）单击浏览器调试工具的"Network"选项，按 <F5> 键（或手动刷新页面），单击调试工具中"Name"下的"www.mingrisoft.com"，查看请求与响应的信息，如图 15.3 所示。

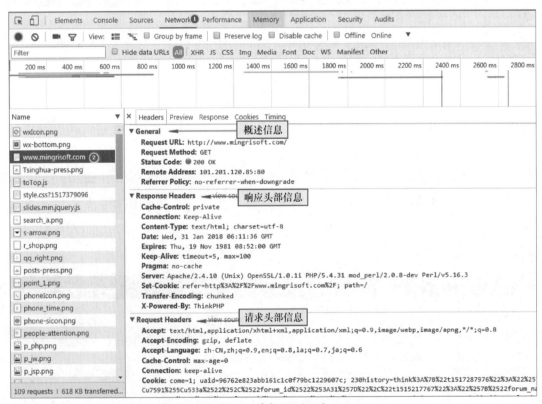

图 15.3　请求和响应信息

图 15.3 中的 General 信息如下。

☑ Request URL：请求的 URL，也就是服务器的 URL。

☑ Request Method：请求方式是 GET。

☑ Status Code：状态码是 200，即成功返回响应。

☑ Remote Address：服务器 IP 地址是 101.201.120.85，端口号是 80。

15.1.3 前端基础

Web 开发，通常分为前端（ front-end ）开发和后端（ back-end ）开发。前端是与用户直接交互的部分，包括 Web 页面的结构、Web 页面的外观和视觉表现，以及 Web 层面的交互实现。后端更多的是与数据库进行交互以处理相应的业务逻辑，需要考虑的是如何实现功能、数据的存取、平台的稳定性与性能等。后端的编程语言包括 Python、Java、PHP、ASP.NET 等，而前端的编程语言主要包括 HTML、CSS 和 JavaScript 等。

对于浏览网站的普通用户而言，关注更多的是网站前端的美观程度和交互效果，很少考虑后端的实现情况。所以使用 Python 进行 Web 开发，需要具备一定的前端基础。

1. HTML 简介

HTML 指的是超文本标记语言（Hyper Text Markup Language，HTML），它不是一种编程语言，而是一种标记语言。标记语言包括一套标记标签，这种标记标签通常被称为 HTML 标签，它们是由角括号包围的关键词组成的，比如 <html>。HTML 标签通常是成对出现的，比如 <h1> 和 </h1>。标签对中的第一个标签是开始标签，第二个标签是结束标签。Web 浏览器的作用是读取 HTML 文档，并以网页的形式显示。Web 浏览器不会显示 HTML 标签，而是使用标签来解释页面的内容。

显示页面内容如图 15.4 所示。

图 15.4 显示页面内容

在图 15.4 中，左侧是 HTML 代码，右侧是显示的页面内容。在 HTML 代码中，第一行的 "<!DOCTYPE html>" 表示使用的是 HTML5（最新 HTML 版本），其余的标签都成对出现，并且在右侧的页面中，只显示标签里的内容，不显示标签。

若想了解更多 HTML 知识，请查阅相关教程。对于 Python Web 初学者，只要求掌握基本的 HTML 知识。

2. CSS 简介

CSS 是 Cascading Style Sheets（串联样式表）的缩写。CSS 也是一种标记语言，用于为 HTML 文档定义布局。例如，CSS 涉及字体、颜色、边距、高度、宽度、背景图像、高级定位等方面。使用 CSS 可以让页面变得美观，就像化妆前和化妆后的效果一样。使用 CSS 前后效果对比如图 15.5 所示。

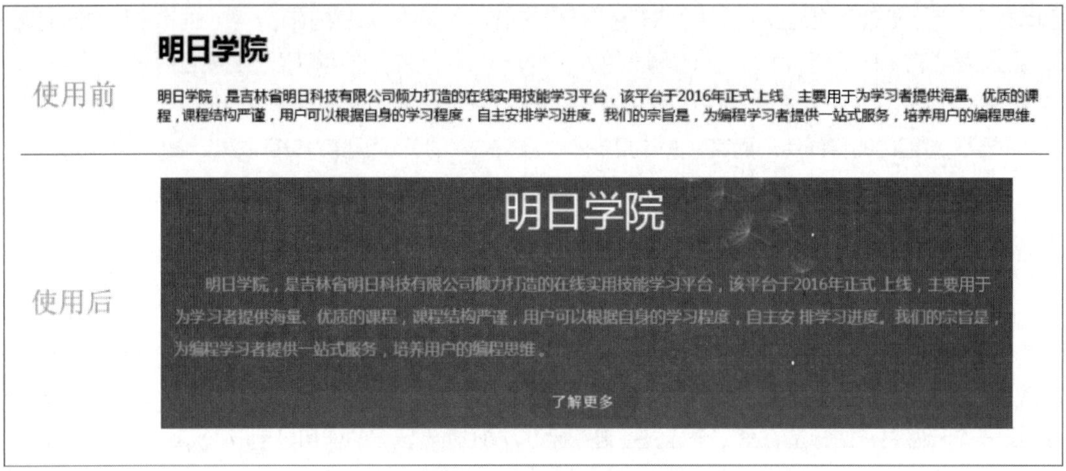

图 15.5　使用 CSS 前后效果对比

若想了解更多 CSS 知识，请查阅相关教程。对于 Python Web 初学者，只要求掌握基本的 CSS 知识。

3. JavaScript 简介

通常，我们所说的前端技术就是指 HTML、CSS 和 JavaScript 这 3 项技术。

- ☑ HTML：定义网页的内容。
- ☑ CSS：描述网页的样式。
- ☑ JavaScript：描述网页的行为。

JavaScript 是一种可以嵌入在 HTML 代码中由客户端浏览器运行的脚本语言。在网页中使用 JavaScript，不仅可以实现网页特效，还可以响应用户请求，以实现动态交互的功能。例如，在用户注册页面中，需要对用户输入信息的合法性进行验证，包括是否填写了"邮箱"和"手机号"、填写的"邮箱"和"手机号"格式是否正确等。JavaScript 验证邮箱是否为空的提示信息如图 15.6 所示。

图 15.6　JavaScript 验证邮箱是否为空的提示信息

> 💡 **说明**
>
> 　　若想了解更多 JavaScript 知识，请查阅相关教程。对于 Python Web 初学者，只要求掌握基本的 JavaScript 知识。

15.1.4　静态服务器

　　在使用 Socket 实现服务器和浏览器通信时，我们通过浏览器访问服务器，服务器会发送"Hello World"给浏览器。而对于 Web 开发，我们需要让用户在浏览器中看到完整的 Web 页面（也就是 HTML 格式的页面）。

　　在 Web 中，纯粹 HTML 格式的页面通常被称为"静态页面"，早期的网站通常是由静态页面组成的。如马云早期的创业项目"中国黄页"就是由静态页面组成的静态网站。

　　下面，通过实例结合 Python 的 Web 编程知识，创建一个静态服务器。通过该服务器，可以访问包含两个静态页面的明日学院网站。

示例　创建明日学院网站静态页面。

　　创建明日学院网站静态页面，当用户输入网址为 127.0.0.1:8000 或 127.0.0.1:8000/index.html 时，访问网站首页。当用户输入网址为 127.0.0.1:8000/contact.html 时，访问"联系我们"页面。可以按照如下步骤实现该功能。

　　（1）创建 Views 文件夹，在 Views 文件夹下创建 index.html 页面作为明日学院网站首页，创建 index.html 页面关键代码如下。

```
<!DOCTYPE html>
<html lang="UTF-8">
<head>
```

```
<title>
    明日科技
</title>
</head>
  <body class="bs-docs-home">
  <!-- Docs master nav -->
  <header class="navbar navbar-static-top bs-docs-nav" id="top">
  <div class="container">
    <div class="navbar-header">
      <a href="/" class="navbar-brand"> 明日学院 </a>
    </div>
    <nav id="bs-navbar" class="collapse navbar-collapse">
      <ul class="nav navbar-nav">
        <li>
          <a href="http://www.mingrisoft.com/selfCourse.html" > 课程 </a>
        </li>
        <li>
          <a href="http://www.mingrisoft.com/book.html"> 读书 </a>
        </li>
        <li>
          <a href="http://www.mingrisoft.com/bbs.html"> 社区 </a>
        </li>
        <li>
          <a href="http://www.mingrisoft.com/servicecenter.html"> 服务 </a>
        </li>
        <li>
          <a href="/contact.html"> 联系我们 </a>
        </li>
      </ul>
    </nav>
  </div>
</header>
    <!-- Page content of course! -->
    <main class="bs-docs-masthead" id="content" tabindex="-1">
  <div class="container">
    <span class="bs-docs-booticon bs-docs-booticon-lg bs-docs-booticon-
outline">MR</span>
    <pclass="lead"> 明日学院, 是吉林省明日科技有限公司倾力打造的在线实用技能学习平台,
该平台于 2016 年正式上线, 主要用于为学习者提供海量、优质的课程, 课程结构严谨, 用户可以根
据自身的学习程度, 自主安排学习进度。我们的宗旨是, 为编程学习者提供一站式服务, 培养用户的
编程思维。</p>
    <p class="lead">
```

```
        <a href="/contact.html" class="btn btn-outline-inverse btn-lg">联系
我们</a>
    </p>
  </div>
</main>
</body>
</html>
```

（2）在 Views 文件夹下创建 contact.html 文件，作为明日学院的"联系我们"页面。关键代码如下。

```
<div class="bs-docs-header" id="content" tabindex="-1">
    <div class="container">
        <h1> 联系我们 </h1>
        <div class="lead">
         <address>
                电子邮件: <strong>mingrisoft@mingrisoft.com</strong>
                <br> 地址: 吉林省长春市南关区财富领域
                <br> 邮政编码: <strong>131200</strong>
                <br><abbr title="Phone"> 联系电话 :</abbr> 0431-8497XXXX
         </address>
        </div>
      </div>
    </div>
```

（3）在 Views 文件夹同级目录下，创建 web_server.py 文件，用于实现客户端和服务器的 HTTP 通信，具体代码如下。

```python
# coding:utf-8
import socket       # 导入 Socket 模块
import re           # 导入 re 正则模块
from multiprocessing import Process  # 导入 Process 多线程模块

HTML_ROOT_DIR = "./Views"    # 设置静态文件根目录

class HTTPServer(object):
    def __init__(self):
        """ 初始化方法 """
        # 创建 Socket 对象
        self.server_socket = socket.socket(socket.AF_INET, socket.SOCK_
STREAM)
    def start(self):
        """ 开始方法 """
        self.server_socket.listen(128)     # 设置最多连接数
        print ('服务器等待客户端连接......')
        # 执行死循环
```

```
        while True:
            # 建立客户端连接
            client_socket, client_address = self.server_socket.accept()
            print("[%s, %s]用户连接上了 " % client_address)
            # 实例化线程类
             handle_client_process = Process(target=self.handle_client,
args=(client_socket,))
            handle_client_process.start()        # 开启线程
            client_socket.close()                    # 关闭客户端 Socket

    def handle_client(self, client_socket):
        """ 处理客户端请求 """
        # 获取客户端请求数据
        request_data = client_socket.recv(1024)        # 获取客户端请求数据
        print("request data:", request_data)
        request_lines = request_data.splitlines()    # 按照行 ('\r', '\r\n',
\n') 分隔
        # 输出每行信息
        for line in request_lines:
            print(line)
        request_start_line = request_lines[0]        # 解析请求报文
        print("*" * 10)
        print(request_start_line.decode("utf-8"))
        # 使用正则表达式，提取用户请求的文件名
         file_name = re.match(r"\w+ +(/[^ ]*) ", request_start_line.
decode("utf-8")).group(1)
        # 如果文件名是根目录，设置文件名为 file_name
        if "/" == file_name:
            file_name = "/index.html"
        # 打开文件，读取内容
        try:
            file = open(HTML_ROOT_DIR + file_name, "rb")
        except IOError:
            # 如果存在异常，返回 404
            response_start_line = "HTTP/1.1 404 Not Found\r\n"
            response_headers = "Server: My server\r\n"
            response_body = "The file is not found!"
        else:
            # 读取文件内容
            file_data = file.read()
            file.close()
            # 构造响应数据
            response_start_line = "HTTP/1.1 200 OK\r\n"
```

```
                response_headers = "Server: My server\r\n"
                response_body = file_data.decode("utf-8")
            # 拼接返回数据
            response = response_start_line + response_headers + "\r\n" +
response_body
            print("response data:", response)
            client_socket.send(bytes(response, "utf-8"))  # 向客户端返回响应数据
            client_socket.close()         # 关闭客户端连接

    def bind(self, port):
        """ 绑定端口 """
        self.server_socket.bind(("", port))

def main():
    """ 主函数 """
    http_server = HTTPServer()          # 实例化 HTTPServer() 类
    http_server.bind(8000)              # 绑定端口
    http_server.start()                 # 调用 start() 方法

if __name__ == "__main__":
    main()                              # 执行 main() 函数
```

上述代码中定义了一个 HTTPserver() 类，其中 __init__() 方法用于创建 Socket 实例；start() 方法用于建立客户端连接，开启线程；handle_client() 方法用于处理客户端请求，主要功能是通过正则表达式提取用户请求的文件名。如果用户输入 "127.0.0.1：8000/"，则读取 Views/index.html 文件，否则访问具体的文件名。例如，用户输入 "127.0.0.1：8000/contact.html"，读取 Views/contact.html 文件内容，将其作为响应的主体内容。如果读取的文件不存在，则将 "The file is not found!" 作为响应主体内容。最后，拼接数据返回客户端。

运行 web_server.py 文件，然后使用浏览器访问 "127.0.0.1：8000/"，明日学院网站主页效果如图 15.7 所示。

图 15.7　明日学院网站主页效果

单击"联系我们"按钮，页面将跳转至"127.0.0.1：8000/contact.html"，"联系我们"页面效果如图 15.8 所示。尝试访问一个不存在的文件，例如，在浏览器中访问"127.0.0.1：8000/test.html"，文件不存在时页面效果如图 15.9 所示。

图 15.8 "联系我们"页面效果

图 15.9 文件不存在时页面效果

15.2 WSGI

15.2.1 CGI 简介

上述示例中我们实现了静态页面的创建，但是当今 Web 开发已经很少使用纯静态页面了，更多的是使用动态页面，如网站的登录页面和注册功能页面等。当用户登录网站时，需要输入用户名和密码，然后提交数据。Web 服务器不能处理表单中传递过来的与用户相关的数据，这不是 Web 服务器的职责。于是 CGI 应运而生。

CGI 是 Common Gateway Interface 的缩写，即公共网关接口，它是一段程序，运行在服务器上。Web 服务器将请求发送给 CGI，再将 CGI 动态生成的 HTML 页面发送回客户端。CGI 在 Web 服务器和应用之间发挥了交互作用，这样才能够处理用户数据，生成并返回最终的动态 HTML 页面。CGI 的工作方式如图 15.10 所示。

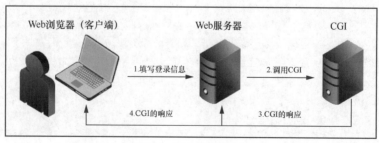

图 15.10 CGI 的工作方式

CGI 有明显的局限性。例如，CGI 进程针对每个请求进行创建。如果应用程序接收数千个请求，就会创建大量的语言解释器进程，这将导致服务器停机，于是 CGI 的加强版 FastCGI 应运而生。

FastCGI 使用进程 / 线程池来处理一连串的请求。这些进程 / 线程池由 FastCGI 服务器管理，而不是 Web 服务器。FastCGI 致力于减少网页服务器与 CGI 之间交互的开销，从而使服务器可以同时处理更多的网页请求。

15.2.2 WSGI 简介

FastCGI 的工作模式实际上没有什么太大缺陷，但是在 FastCGI 标准下编写异步的 Web 服务还是不方便，所以 WSGI 就被创造出来了。

WSGI 是 Web Server Gateway Interface 的缩写，即 Web 服务器网关接口，是 Web 服务器和 Web 应用程序或框架之间的一种简单而通用的接口，从层级上来讲要比 CGI/FastCGI 更高级。WSGI 中存在两种角色：接收请求的服务器（server）和处理请求的应用程序（application），它们底层是通过 FastCGI 沟通的。当服务器收到一个请求后，可以通过 Socket 把环境变量和一个 callback() 回调函数传给后端应用程序，应用程序在完成页面组装后通过 callback() 回调函数把内容返回给服务器，最后服务器再将响应返回给客户端。WSGI 工作流程如图 15.11 所示。

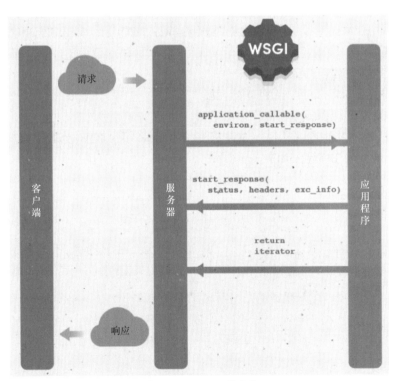

图 15.11 WSGI 工作流程

15.2.3 定义 WSGI

WSGI 的定义非常简单，它只要求 Web 开发者实现一个函数，就可以响应 HTTP 请求。我们来看一个简单的 Web 版本的"Hello World!"，代码如下。

```
def application(environ, start_response):
    start_response('200 OK', [('Content-Type', 'text/html')])
    return [b'<h1>Hello, World!</h1>']
```

上面的 application() 函数就是符合 WSGI 标准的一个 HTTP 处理函数，它接收如下两个参数。

- ☑ environ：一个包含所有 HTTP 请求信息的字典对象。
- ☑ start_response()：一个发送 HTTP 响应的函数。

整个 application() 函数本身没有涉及任何解析 HTTP 的部分。也就是说，把底层 Web 服务器解析部分和应用程序逻辑部分进行了分离，这样开发者就可以专心研究一个领域了。

可是要如何调用 application() 函数呢？environ 和 start_respons 这两个参数需要从服务器获取，所以 application() 函数必须由符合 WSGI 规范的服务器来调用。现在，很多服务器都符合 WSGI 规范，如 Apache 和 nginx 等。此外 Python 内置了一个符合 WSGI 规范的模块，这就是 wsgiref 模块。它是用 Python 编写的符合 WSGI 规范的服务器的参考实现的。所谓"参考实现"是指该实现完全符合 WSGI 规范，但是不考虑任何运行效率，仅供开发和测试使用。

15.2.4 运行 WSGI 服务

使用 Python 的 wsgiref 模块可以不用考虑服务器和客户端的连接、数据的发送和接收等问题，而专注于业务逻辑的实现。下面，我们通过一个示例应用 wsgiref 模块创建明日学院网站课程页面。

示例 创建明日学院网站课程页面。

创建明日学院网站课程页面，当用户输入网址"127.0.0.1：8000/courser.html"时，访问课程介绍页面。可以按照如下步骤实现该功能。

（1）复制 Views 文件夹，在 Views 文件夹下创建 course.html 页面作为明日学院网站课程页面，创建 course.html 页面的关键代码如下。

```
<!DOCTYPE html>
<html lang="UTF-8">
<head>
<meta http-equiv="Content-Type" content="text/html; charset=UTF-8">
<meta http-equiv="X-UA-Compatible" content="IE=edge">
<meta name="viewport" content="width=device-width, initial-scale=1">
<title>
    明日科技
</title>
<!-- Bootstrap core CSS -->
<link rel="stylesheet" href="https://cdn.bootcss.com/bootstrap/3.3.7/css/
bootstrap.min.css"
</head>
  <body class="bs-docs-home">
    <!-- Docs master nav -->
```

```
<header class="navbar navbar-static-top bs-docs-nav" id="top">
  <div class="container">
    <div class="navbar-header">
      <a href="/" class="navbar-brand"> 明日学院 </a>
    </div>
    <nav id="bs-navbar" class="collapse navbar-collapse">
      <ul class="nav navbar-nav">
        <li>
          <a href="/course.html" > 课程 </a>
        </li>
        <li>
          <a href="http://www.mingrisoft.com/book.html"> 读书 </a>
        </li>
        <li>
          <a href="http://www.mingrisoft.com/bbs.html"> 社区 </a>
        </li>
        <li>
          <a href="http://www.mingrisoft.com/servicecenter.html"> 服务 </a>
        </li>
        <li>
          <a href="/contact.html"> 联系我们 </a>
        </li>
      </ul>
    </nav>
  </div>
</header>
    <!-- Page content of course! -->
    <main class="bs-docs-masthead" id="content" tabindex="-1">
    <div class="container">
      <div class="jumbotron">
        <h1 style="color: #573e7d"> 明日课程 </h1>
        <p style="color: #573e7d"> 海量课程，随时随地，想学就学。由多名专业讲师精
心打造精品课程，让学习创造属于你的生活 o</p>
        <p><a class="btn btn-primary btn-lg" href="http://www.mingrisoft.
com/selfCourse.html"
          role="button"> 开始学习 </a></p>
      </div>
    </div>
</main>
</body>
</html>
```

（2）在 Views 文件夹同级目录下，创建 application.py 文件，用于实现 Web 应用程序的 WSGI 处理函数，具体代码如下。

```python
def app(environ, start_response):
    start_response('200 OK', [('Content-Type', 'text/html')])  # 响应信息
    file_name = environ['PATH_INFO'][1:] or 'index.html'        # 获取 URL 参数
    HTML_ROOT_DIR = './Views/'                    # 设置 HTML 文件目录
    try:
        file = open(HTML_ROOT_DIR + file_name, "rb")        # 打开文件
    except IOError:
        response_body = "The file is not found!"            # 如果异常，返回 404
    else:
        file_data = file.read()                    # 读取文件内容
        file.close()                        # 关闭文件
        response = file_data.decode("utf-8")            # 构造响应数据

    return [response.encode('utf-8')]  # 返回数据
```

上述代码中，使用 application() 函数接收 2 个参数——environ 请求信息和 start_response() 函数。通过 environ 来获取 URL 参数中的文件扩展名，如果为"/"，则读取 index.html 文件；如果不存在，则返回"The file is not found!"。

（3）在 Views 文件夹同级目录下，创建 web_server.py 文件，用于启动 WSGI 服务器，加载 application() 函数，具体代码如下。

```python
# 从 wsgiref 模块导入
from wsgiref.simple_server import make_server
# 导入编写的 application() 函数
from application import app


# 创建一个服务器，IP 地址为空，端口是 8000，处理函数是 app
httpd = make_server('', 8000, app)
print('Serving HTTP on port 8000...')
# 开始监听 HTTP 请求
httpd.serve_forever()
```

运行 web_server.py 文件，当显示"Serving HTTP on port 8000..."时，在浏览器的地址栏中输入网址"127.0.0.1:8000"，访问明日学院网站主页，如图 15.12 所示。然后单击顶部导航栏的"课程"，进入明日学院网站的课程页面，如图 15.13 所示。

图 15.12　明日学院网站主页

图 15.13　明日学院网站的课程页面

Web 框架

16.1　Web 框架简介

如果你从零开始建立了一些网站，可能会不得不一次又一次地解决一些相同的问题。这样做是令人厌烦的，并且违反了良好编程习惯的核心原则之一——DRY（不要重复代码）。

有经验的 Web 开发人员在创建新站点时也会遇到类似的问题。当然，总有一些特殊情况会因网站而异，但在大多数情况下，开发人员通常需要处理 4 项任务——数据的创建、读取、更新和删除，也称为 CRUD。幸运的是，可通过使用 Web 框架解决这些问题。

16.1.1　什么是 Web 框架

Web 框架是用来简化 Web 开发的软件框架。框架的存在是为了避免重新"发明轮子"，并且在创建一个新的网站时帮助减少一些开销。典型的框架可提供如下常用功能。

- ☑ 管理路由。
- ☑ 访问数据库。
- ☑ 管理会话和 Cookies。
- ☑ 创建模板来显示 HTML。
- ☑ 提高代码的重复利用率。

事实上，框架根本就不是什么新的事物，它只是一些能够实现常用功能的 Python 文件。我们可以把框架看作工具的集合，而不是特定的事物。框架的存在使得建立网站更快、更容易。

16.1.2　常用的 Web 框架

前面我们学习了 WSGI，它是 Web 服务器和 Web 应用程序或框架之间的一种简单而通用的接口。也就是说，只要遵循 WSGI 规则，就可以自主开发 Web 框架。所以，各种开源 Web 框架至少有上百个，关于 Python 框架优劣的讨论也仍在继续。对于初学者，应该选择一些主流的 Web 框架来学习。这是因为主流 Web 框架文档齐全，技术积累较多，社区繁盛，并且能得到更好的支持。下面，介绍几种 Python 的主流 Web 框架。

1. Flask

Flask 是一个轻量级 Web 应用框架，它的名字暗示了它基本上就是一个微型的"胶水"框架。它把 Werkzeug 和 Jinja 合在了一起，所以它很容易被扩展。Flask 也有许多的扩展可以供你使用，Flask 也有一群忠诚的"粉丝"和不断增加的用户群。它有一份很完善的文档，甚至还有一份唾手可得的常见范例。Flask 很容易使用，你只需要几行代码就可以编写出一个"Hello World"。

2. Django

Django 可能是最广为人知和应用最广泛的 Python Web 框架之一了。Django 有世界上最大的社区、最多的包。它的文档非常完善，并且提供了一站式的解决方案，包括缓存、ORM、管理后台、验证、表单处理等，使得开发复杂的数据库驱动的网站变得简单。但是，Django 系统耦合度较高，替换掉内置的功能比较麻烦。

3. Bottle

Bottle 相对来说比较新。Bottle 才是名副其实的微框架——它只有大约 4500 行代码。它除了 Python 标准库以外没有任何其他的依赖，甚至它还有自己独特的模板语言。Bottle 的文档很详细，并且说明了事物的实质。它很像 Flask，也使用装饰器来定义路径。

4. Tornado

Tornado 不单单是个框架，还是个 Web 服务器。它一开始是给 FriendFeed 使用的，后来在 2009 年的时候也给 Facebook 使用。它是为了解决实时服务而诞生的。为了做到这一点，Tornado 使用了异步非阻塞 I/O，所以它的运行速度非常快。

以上 4 种框架各有优劣，使用时需要根据自身的应用场景选择适合的 Web 框架。本章中，我们将着重介绍 Flask 和 Django。

16.2　Flask 的使用

Flask 依赖两个外部库：Werkzeug 和 Jinja2。Werkzeug 是一个 WSGI 工具集。Jinja2 负责渲染模板。所以，在安装 Flask 之前，需要安装这两个外部库。较简单的方式就是使用 virtualenv 创建虚拟环境。

16.2.1　虚拟环境

安装 Flask 较简单的方式是使用 virtualenv 创建虚拟环境。virtualenv 能为每个不同项目提供一个 Python 运行环境。它并没有真正安装多个 Python 副本，但是它确实提供了一种巧妙的方式来让各项目环境保持独立。

1. 安装 virtualenv

virtualenv 的安装过程非常简单，可以使用如下命令进行安装。

```
pip install virtualenv
```

安装完成后，可以使用如下命令查看 virtualenv 版本。

```
virtualenv --version
```

如果运行结果如图 16.1 所示，则说明安装成功。

图 16.1 查看 virtualenv 版本

2. 创建虚拟环境

下一步是使用 virtualenv 命令在当前文件夹中创建 Python 虚拟环境。这个命令只有一个必需的参数，即虚拟环境的名称。创建虚拟环境后，当前文件夹中会出现一个子文件夹，名称就是上述命令中指定的参数，与虚拟环境相关的文件都将保存在这个子文件夹中。按照惯例，一般虚拟环境会被命名为 venv。运行如下代码。

```
virtualenv venv
```

运行完成后，在运行的目录下，会新增一个 venv 文件夹，如图 16.2 所示，它保存一个全新的虚拟环境，其中有一个私有的 Python 解释器。

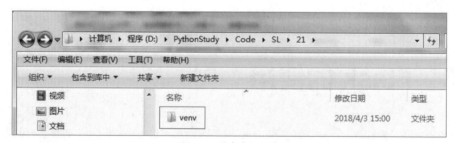

图 16.2 创建虚拟环境

3. 激活虚拟环境

在使用这个虚拟环境之前，需要先将其激活。可以通过下面的命令激活这个虚拟环境。

```
venv\Scripts\activate
```

激活虚拟环境后结果如图 16.3 所示。

266

图 16.3 激活虚拟环境后结果

16.2.2 安装 Flask

大多数 Python 包都可使用 pip 工具安装，使用 virtualenv 创建虚拟环境时会自动安装 pip 工具。激活虚拟环境后，pip 工具所在的路径会被添加进 PATH。使用如下命令安装 Flask。

```
pip install flask
```

运行结果如图 16.4 所示。

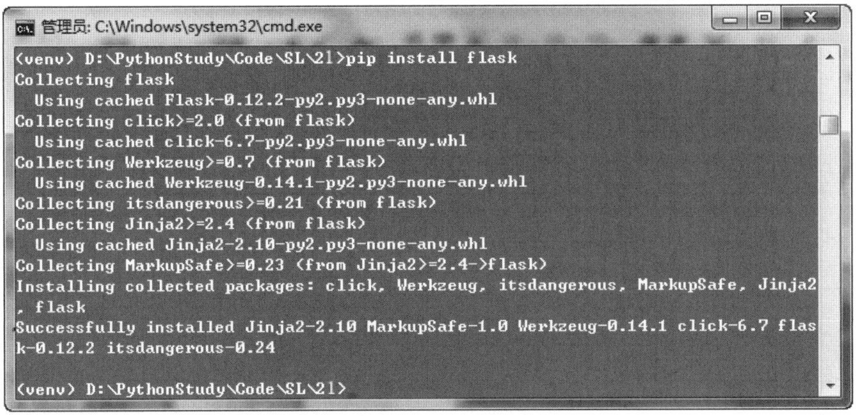

图 16.4 安装 Flask

安装完成以后，可以通过如下命令查看所有安装包。

```
pip list --format columns
```

运行结果如图 16.5 所示。

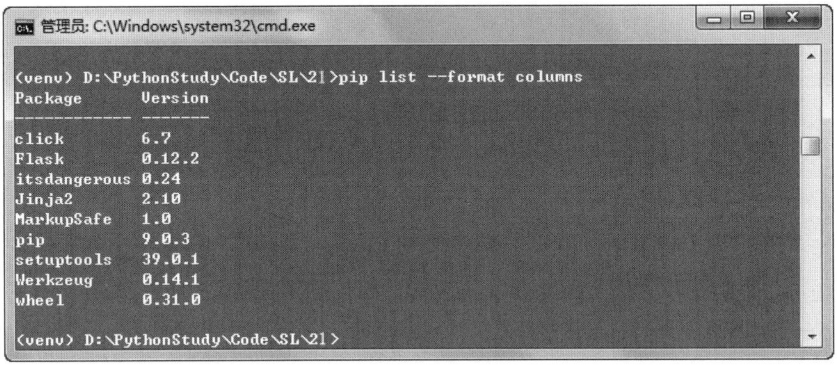

图 16.5 查看所有安装包

从图 16.5 中可以看到，已经成功安装了 Flask，并且也成功安装了 Flask 的 2 个外部依赖库：Werkzeug 和 Jinja2。

16.2.3　第一个 Flask 程序

一切准备就绪，现在我们开始编写第一个 Flask 程序。由于是第一个 Flask 程序，当然要从简单的输出"Hello World！"开始。

示例　输出"Hello World!"。

在 venv 文件夹同级目录下，创建一个 01.py 文件，代码如下。

```python
from flask import Flask
app = Flask(__name__)


@app.route('/')
def hello_world():
    return 'Hello World!'


if __name__ == '__main__':
    app.run()
```

运行 hello.py 文件，运行结果如图 16.6 所示。

图 16.6　运行 hello.py 文件

然后在浏览器中，输入网址"http://127.0.0.1:5000/"，按 <Enter> 键，结果如图 16.7 所示。

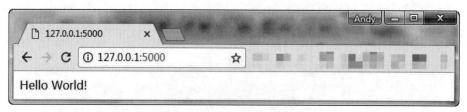

图 16.7　输出"Hello World！"

那么，这段代码的功能是什么？

☑ 首先，我们导入了 Flask 类。这个类的实例将会是我们的 WSGI 应用程序。

☑ 接下来，我们创建了一个该类的实例，第一个参数是应用模块或者包的名称。如果你使用单一的模块（如本例），你应该使用 __name__，因为模块的名称将会因其作为单独应用启动还是作为模块导入而不同（也即'__main__'或实际的导入名）。这是必须的，因为这样 Flask 才知道到哪去找模板、静态文件等。详情见 Flask 文档。

- ✓ 然后，我们使用了 route() 装饰器告诉 Flask，什么样的 URL 能触发我们的函数。

- ✓ 再者，这个函数的名字也在生成 URL 时被特定的函数采用，这个函数返回我们想要显示在用户浏览器中的信息。

- ✓ 最后，我们用 run() 方法来让应用运行在本地服务器上。其中 if __name__ == '__main__':确保服务器只会在该脚本被 Python 解释器直接执行的时候才会运行，而不是在模块导入的时候。

> 💡 说明
>
> 关闭服务器，按 <Ctrl+C> 键。

16.2.4 开启调试模式

虽然 run() 方法适用于启动本地的开发服务器，但是每次修改代码后都要手动重启它，这样并不够优雅，而且 Flask 可以做得更好。如果你启用了调试支持，服务器会在代码修改后自动重新载入，并在发生错误时提供一个相当有用的调试器。

有两种途径来启用调试模式，一种是直接在应用对象上设置。

```
app.debug = True
app.run()
```

另一种是作为 run() 方法的一个参数传入。

```
app.run(debug=True)
```

这两种途径的结果完全相同。

16.2.5 路由

客户端（例如 Web 浏览器）把请求发送给 Web 服务器，Web 服务器再把请求发送给 Flask 程序实例。程序实例需要知道对每个 URL 请求运行哪些代码，所以保存了一个 URL 到 Python 函数的映射关系。处理 URL 和函数之间关系的程序称为路由。

在 Flask 程序中定义路由的较简便的方式，是使用程序实例提供的 app.route() 修饰器，把修饰的函数注册为路由。下面的例子说明了如何使用这个修饰器来声明路由。

```
@app.route('/')
def index():
return '<h1>Hello World!</h1>'
```

> 💡 说明
>
> 修饰器是 Python 的标准特性，可以使用不同的方式修改函数的行为。惯用方法是使用修饰器把函数注册为事件的处理程序。

但是，不仅如此！你可以构造含有动态部分的 URL，也可以在一个函数上附着多个规则。

1. 变量规则

要给 URL 添加变量部分，你可以把这些特殊的字段标记为 <variable_name>，这个部分将会作为命名参数传递到你的函数。规则可以用 <converter:variable_name> 指定一个可选的转换器。

示例 根据参数输出相应信息。

创建 02.py 文件，以上个示例的代码为基础，添加如下代码。

```
@app.route('/user/<username>')
def show_user_profile(username):
    # 显示该用户名的用户信息
    return 'User %s' % username


@app.route('/post/<int:post_id>')
def show_post(post_id):
    # 根据 ID 显示文章，ID 是整型数据
    return 'Post %d' % post_id
```

上述代码中使用了转换器。转换类型有下面几种。

- ☑ int：接受整数。
- ☑ float：同 int，但是接受浮点数。
- ☑ path：和默认的相似，但也接受斜线。

运行 02.py 文件，运行结果如图 16.8 和图 16.9 所示。

图 16.8　获取用户信息

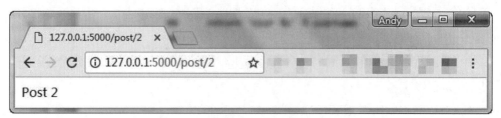

图 16.9　获取文章信息

2. 构造 URL

如果 Flask 能匹配 URL，那么 Flask 可以生成它们吗？当然可以。你可以用 url_for() 函数来给指定的函数构造 URL。它接受函数名作为第一个参数，也接受对应 URL 规则的变量部分的命名参数。未

知变量部分会添加到 URL 末尾作为查询参数。

示例 使用 url_for() 函数获取 URL 信息。

创建 03.py 文件，以上个示例的代码为基础添加如下代码。

```python
from flask import Flask , url_for
app = Flask(__name__)


# 省略其余代码


@app.route('/url/')
def get_url():
    # 根据 ID 显示文章，ID 是整型数据
    return url_for('show_post',post_id=2)


if __name__ == '__main__':
    app.run(debug=True)
```

上述代码中，设置"/url/"路由，访问该路由时，返回 url-for() 函数的 URL 信息。运行结果如图 16.10 所示。

图 16.10 url_for() 函数运行结果

3. HTTP 访问 URL 的方法

HTTP 有许多不同的访问 URL 的方法。默认情况下，路由只回应 GET 请求，但是通过 route() 装饰器传递 methods 参数可以改变这个行为。例如：

```python
@app.route('/login', methods=['GET', 'POST'])
def login():
    if request.method == 'POST':
        do_the_login()
    else:
        show_the_login_form()
```

HTTP 的这些方法（也经常被叫作"谓词"）可告知服务器，客户端想对请求的页面做些什么。常用的 HTTP 访问 URL 的方法如表 16.1 所示。

表 16.1 常用的 HTTP 访问 URL 的方法

方法名	说明
GET	浏览器告知服务器：只获取页面上的信息并发给我。这是极常用的方法
HEAD	浏览器告诉服务器：欲获取信息，但是只关心消息头。应用应像处理 GET 请求一样来处理它，但是不分发实际内容。在 Flask 中你完全无须人工干预，底层的 Werkzeug 库已经替你处理好了
POST	浏览器告诉服务器：想在 URL 上发布新信息，并且，服务器必须确保数据已存储且仅存储一次。这是 HTML 表单通常发送数据到服务器的方法
PUT	类似 POST 但是服务器可能触发了存储过程多次，多次覆盖掉旧值。你可能会问这有什么用，当然这是有原因的。考虑到传输中连接可能会丢失，在这种情况下浏览器和服务器之间的系统可能安全地第二次接收请求，而不破坏其他东西。因为 POST 只触发一次，所以用 POST 是不可能的
DELETE	删除给定位置的信息
OPTIONS	给客户端提供一个敏捷的途径来弄清这个 URL 支持哪些 HTTP 方法。从 Flask0.6 开始，实现了自动处理

16.2.6 静态文件

动态 web 应用也会需要静态文件，通常是 CSS 和 JavaScript 文件。理想状况下，你已经配置好了 Web 服务器来提供静态文件，但是在开发中，Flask 也可以提供。只要在你的包中或是模块的所在目录中创建一个名为 static 的文件夹，在应用中使用"/static" 即可访问。

给静态文件生成 URL，使用特殊的"static"端点名。

```
url_for('static', filename='style.css')
```

这个文件应该存储在文件系统上的 static/style.css 中。

16.2.7 模板

模板是一个包含响应数据的文件，其中包含用占位变量表示的动态部分，其具体值只在请求的上下文中才能知道。使用真实值替换变量，再返回最终得到的响应数据，这一过程称为渲染。为了渲染模板，Flask 使用了一个名为 Jinja2 的强大模板引擎。

1. 渲染模板

默认情况下，Flask 在程序文件夹中的 templates 子文件夹中寻找模板。下面通过一个示例学习如何渲染模板。

示例 使用 url_for() 函数获取 URL 信息。

在 venv 文件夹同级目录下创建 templates 文件夹，然后创建 2 个文件并分别命名为 index.html 和 user.html。再在 venv 文件夹同级目录下创建 04.py 文件，渲染这些模板。目录结构如图 16.11 所示。

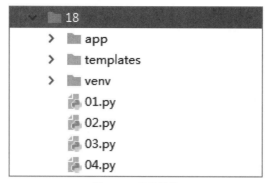

图 16.11　目录结构

Templates/index.html 代码如下。

```html
<!DOCTYPE html>
<html lang="en">
<head>
    <meta charset="UTF-8">
    <title></title>
</head>
<body>
    <h1>Hello World!</h1>
</body>
</html>
```

Templates/user.html 代码如下。

```html
<!DOCTYPE html>
<html lang="en">
<head>
    <meta charset="UTF-8">
    <title>Title</title>
</head>
<body>
    <h1>Hello, {{ name }}!</h1>
</body>
</html>
```

04.py 代码如下。

```python
from flask import Flask
app = Flask(__name__)


@app.route('/')
def hello_world():
```

```
    return render_template('index.html')

@app.route('/user/<username>')
def show_user_profile(username):
    # 显示该用户名的用户信息
    return render_template('user.html', name=name)

if __name__ == '__main__':
    app.run(debug=True)
```

Flask 提供的 render_template() 函数把 Jinja2 模板引擎集成到了程序中。render_template() 函数的第一个参数是模板的文件名，随后的参数都是键值对，表示模板中变量对应的真实值。在这段代码中，第二个模板收到一个名为 name 的变量。name=name 是关键字参数，这类关键字参数很常见，但如果你不熟悉它们，可能会觉得迷惑且难以理解。左边的 "name" 表示参数名，就是模板中使用的占位符；右边的 "name" 表示当前作用域中的变量，表示同名参数的值。

2. 变量

本示例在模板中使用的 {{ name }} 结构表示一个变量，它是一种特殊的占位符，告诉模板引擎这个位置的值从渲染模板时使用的数据中获取。Jinja2 能识别所有类型的变量，例如列表、字典和对象等。在模板中使用的变量如下。

```
<p>从字典中取一个值：{{ mydict['key'] }}.</p>
<p>从列表中取一个值：{{ mylist[3] }}.</p>
<p>从列表中取一个带索引的值：{{ mylist[myintvar] }}.</p>
<p>从对象的方法中取一个值：{{ myobj.somemethod() }}.</p>
```

可以使用过滤器修改变量，过滤器名添加在变量名之后，中间使用竖线分隔。例如，下述模板以首字母大写形式显示变量 name 的值。

```
Hello, {{ name|capitalize }}
```

Jinja2 提供的部分常用过滤器如表 16.2 所示。

表 16.2　部分常用过滤器

名称	说明
safe	渲染值时不转义
capitalize	把值的首字母转换成大写形式，把其他字母转换成小写形式
lower	把值转换成小写形式
upper	把值转换成大写形式

名称	说明
title	把值中每个单词的首字母都转换成大写形式
trim	把值的首尾空格去掉
striptags	渲染之前把值中所有的 HTML 标签都删掉

safe 过滤器值得特别说明一下。默认情况下，出于安全考虑，Jinja2 会转义所有变量。例如，如果一个变量的值为 '<h1>Hello</h1>'，Jinja2 会将其渲染成 '<h1>Hello</h1>'，浏览器会显示这个 h1 元素，但不会进行解释。很多情况下需要显示变量中存储的 HTML 代码，这时就可使用 safe 过滤器。

3. 控制结构

Jinja2 提供了多种控制结构，可用来改变模板的渲染流程。这里使用简单的例子介绍其中较为有用的控制结构。

下面这个例子展示了如何在模板中使用条件控制语句。

```
{% if user %}
Hello, {{ user }}!
{% else %}
Hello, Stranger!
{% endif %}
```

另一种常见需求是在模板中渲染一组元素。下例展示了如何使用 for 循环实现这一需求。

```
<ul>
{% for comment in comments %}
<li>{{ comment }}</li>
{% endfor %}
</ul>
```

Jinja2 还支持宏。宏类似于 Python 中的函数。例如：

```
{% macro render_comment(comment) %}
<li>{{ comment }}</li>
{% endmacro %}
<ul>
{% for comment in comments %}
{{ render_comment(comment) }}
{% endfor %}
</ul>
```

为了重复使用宏，我们可以将其保存在单独的文件中，然后在需要使用的模板中导入。

```
{% import 'macros.html' as macros %}
<ul>
{% for comment in comments %}
{{ macros.render_comment(comment) }}
{% endfor %}
</ul>
```

需要在多处重复使用的模板代码片段可以写入单独的文件，再包含在所有模板中，以避免重复。

```
{% include 'common.html' %}
```

另一种重复使用代码的强大方式是模板继承，它类似于 Python 中的类继承。首先，创建一个名为 base.html 的基模板。

```
<html>
<head>
{% block head %}
<title>{% block title %}{% endblock %} - My Application</title>
{% endblock %}
</head>
<body>
{% block body %}
{% endblock %}
</body>
</html>
```

block 标签定义的元素可在衍生模板中修改。在本例中，我们定义了名为 head、title 和 body 的块。注意，title 包含在 head 中。下面是基模板的衍生模板。

```
{% extends "base.html" %}
{% block title %}Index{% endblock %}
{% block head %}
{{ super() }}
<style>
</style>
{% endblock %}
{% block body %}
<h1>Hello, World!</h1>
{% endblock %}
```

extends 指令声明了这个模板衍生自 base.html。在 extends 指令之后，基模板中的 3 个块被重新定义了，模板引擎会将其插入适当的位置。注意新定义的 head 块，在基模板中其内容不是空的，所以使用 super() 获取原来的内容。

16.3　Django 的使用

Django 是基于 python 的重量级开源 Web 框架。Django 拥有高度定制的 ORM 和大量的 API，以及简单灵活的视图编写、优雅的 URL、适于快速开发的模板、强大的管理后台，这使得它在 Python Web 开发领域处于不可动摇的地位。Instagram、FireFox、国家地理杂志等著名网站都在使用 Django 进行开发。

16.3.1　安装 Django

安装 Django 有 3 种方式，分别是使用 pip 安装、使用 virtualenv 安装和使用 Anaconda 安装，下面分别进行介绍。

1. 使用 pip 安装 Django

在"命令提示符"窗口中执行 pip install django==2.0 命令，即可安装指定的 2.0 版本的 Django 了，如图 16.12 所示。

```
C:\Users\zhang>D:\Webprojects\environments\django2.0\Scripts\activate
(django2.0) C:\Users\zhang>pip install django==2.0
Collecting django==2.0
  Using cached Django-2.0-py3-none-any.whl
Requirement already satisfied: pytz in d:\webprojects\environments\django2.0\lib\site-packages (from django==2.0)
Installing collected packages: django
Successfully installed django-2.0
```

图 16.12　使用 pip 安装 Django

2. 使用 virtualenv 安装 Django

在多个项目的复杂工作中，常常会碰到不同版本的 Python 包，而虚拟环境能很好地帮助你处理各个包之间的隔离问题。virtualenv 是一种虚拟环境，该环境中可以安装 Django，步骤如下。

在"命令提示符"窗口中执行 pip install virtualenv 命令即可。安装完成后，在"命令提示符"窗口中执行 virtualenv D:\Web_projects\venv 命令即可在 D:\ 盘的 Web_projects\ 下创建一个名为 venv 的虚拟环境。

继续执行 D:\Web_projects\venv\Scripts\activate 命令即可激活虚拟环境。

接着在激活后的 venv 中执行 pip install django==1.11.2 命令就可以安装 1.11.2 版本的 Django 了，如图 16.13 所示。

```
C:\Users\zhang>pip install virtualenv
Collecting virtualenv
  Using cached virtualenv-15.2.0-py2.py3-none-any.whl
Installing collected packages: virtualenv
Successfully installed virtualenv-15.2.0

C:\Users\zhang>virtualenv D:\Webprojects\venv
Using base prefix 'c:\\python36'
New python executable in D:\Webprojects\venv\Scripts\python.exe
Installing setuptools, pip, wheel...done.

C:\Users\zhang>D:\Webprojects\venv\Scripts\activate

(venv) C:\Users\zhang>pip install django==1.11.2
Collecting django==1.11.2
  Using cached Django-1.11.2-py2.py3-none-any.whl
Collecting pytz (from django==1.11.2)
  Downloading pytz-2018.4-py2.py3-none-any.whl (510kB)
    100% |████████████████████████████████| 512kB 1.2MB/s
Installing collected packages: pytz, django
Successfully installed django-1.11.2 pytz-2018.4
```

图 16.13　使用 virtualenv 安装 Django

3. 使用 Anaconda 安装 Django

Anaconda 也是一种虚拟环境。严格来说 Anaconda 是一种包管理工具。下载完成后按照提示安装即可。安装完成后输入 conda create -n venv1 python=3.6 命令。

执行上面的命令，创建一个基于 Python 3.6 的虚拟环境。执行 activate venv1 命令激活环境，然后执行 conda install django 命令安装 Django，如图 16.14 所示。

```
## Package Plan ##

  environment location: D:\Webprojects\venv1

  added / updated specs:
    - django


The following packages will be downloaded:

    package                    |            build
    ---------------------------|-----------------
    django-2.0.2               |  py36hd476221_0         4.7 MB

The following NEW packages will be INSTALLED:

    django: 2.0.2-py36hd476221_0
    pytz:   2018.3-py36_0

Proceed ([y]/n)? y


Downloading and Extracting Packages
django 2.0.2: ##############################################################################################################
######################################################################################################################## | 100%
Preparing transaction: done
Verifying transaction: done
Executing transaction: |
```

图 16.14　使用 Anaconda 安装 Django

16.3.2　创建一个 Django 项目

本小节我们将开始讲解如何创建一个 Django 项目。

首先需要一个保存项目文件的目录，这里选择的是 D:\Webprojects\。

然后在 Webprojects 下面创建一个 environments 目录用来放置虚拟环境，创建环境命令如下。

```
virtualenv D:\Webprojects\environments\django2.0
```

激活环境命令如下。

```
D:\Webprojects\environments\django2.0\Scripts\activate
```

接下来使用 django-admin startproject demo 命令创建一个名为 demo 的 Django 项目。

使用 PyCharm 打开项目，查看目录结构，如图 16.15 所示。

图 16.15　Django 项目目录结构

项目已经创建完成，Django 项目中的文件及说明如表 16.3 所示。

表 16.3　Django 项目中的文件及说明

文件	说明
manage.py	Django 程序运行的入口
db.sqlite3	SQLite 的数据库文件，Django 默认使用这种小型数据库存取数据，非必须
templates	Django 生成的 HTML 模板文件夹，我们也可以在每个 App 中使用模板文件夹
demo	Django 生成的和项目同名的配置文件夹
settings.py	Django 总的配置文件，可以配置 App、数据库、中间件、模板等诸多选项
urls.py	Django 默认的路由配置文件，可以在其中包含其他路径下的 urls.py 文件
wsgi.py	Django 实现的 WSGI 的文件，用来处理 Web 请求

在 PyCharm 中单击运行项目，或者在虚拟环境"命令提示符"窗口中执行以下命令来运行项目。

```
python manage.py runserver
```

可以看到开发服务器已经开始监听 8000 端口的请求了。在浏览器中输入" http://127.0.0.1:8000"
即可看到一个 Django 页面，如图 16.16 所示。

图 16.16　Django 页面

是不是很简单？然而 Django 比想象的还要强大。执行以下命令。

```
python manage.py migrate   # 执行数据库迁移生成数据表
python manage.py createsuperuser   # 按照提示输入账户和密码，密码强度符合一定的规
则要求
```

结果如图 16.17 所示。

```
(django2.0) D:\Webprojects\demo>python manage.py migrate
Operations to perform:
  Apply all migrations: admin, auth, contenttypes, sessions
Running migrations:
  Applying contenttypes.0001_initial... OK
  Applying auth.0001_initial... OK
  Applying admin.0001_initial... OK
  Applying admin.0002_logentry_remove_auto_add... OK
  Applying contenttypes.0002_remove_content_type_name... OK
  Applying auth.0002_alter_permission_name_max_length... OK
  Applying auth.0003_alter_user_email_max_length... OK
  Applying auth.0004_alter_user_username_opts... OK
  Applying auth.0005_alter_user_last_login_null... OK
  Applying auth.0006_require_contenttypes_0002... OK
  Applying auth.0007_alter_validators_add_error_messages... OK
  Applying auth.0008_alter_user_username_max_length... OK
  Applying auth.0009_alter_user_last_name_max_length... OK
  Applying sessions.0001_initial... OK

(django2.0) D:\Webprojects\demo>python manage.py createsuperuser
Username (leave blank to use 'zhang'): hugo
Email address: demo@demo.org
Password:
Password (again):
Superuser created successfully.
```

图 16.17　为 Django 项目创建账户和密码

重新启动服务器，在浏览器中访问 http://127.0.0.1:8000/admin。使用刚刚创建的用户信息登录，即可看到后台的管理界面，如图 16.18 所示。

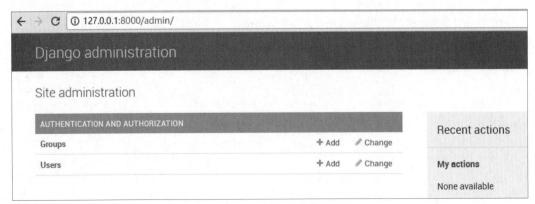

图 16.18　Django 项目后台管理界面

16.3.3 创建一个 App

在 Django 项目中，推荐使用 App 来完成不同模块的任务。创建一个 App 非常简单，执行以下命令即可。

```
python manage.py startapp app1
```

你会看到项目根目录下又多了一个 app1 的目录，如图 16.19 所示。

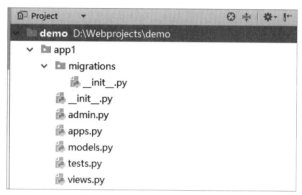

图 16.19　Django 项目的 app1 目录

Django 项目中的部分文件如表 16.4 所示。

表 16.4　Django 项目中 app1 目录的部分文件

文件	说明
migrations	执行数据库迁移生成的脚本
admin.py	配置 Django 管理后台的文件
apps.py	单独配置我们添加的每个 App 的文件
models.py	创建数据库数据模型对象的文件
tests.py	编写测试脚本的文件
views.py	编写视图控制器的文件

把我们创建的 App 添加到 settings.py 配置文件中，激活这个 App，否则 App 内的文件都不会生效，结果如图 16.20 所示。

```
33    INSTALLED_APPS = [
34        'django.contrib.admin',
35        'django.contrib.auth',
36        'django.contrib.contenttypes',
37        'django.contrib.sessions',
38        'django.contrib.messages',
39        'django.contrib.staticfiles',
40        'app1',
41    ]
```

图 16.20　将创建的 App 添加到 settings.py 配置文件中

16.3.4 数据模型

1. 在 App 中添加数据模型

在 app1 的 models.py 文件中添加如下代码。

```
from django.db import models  # 引入 django.db.models 模块
class Person(models.Model):
    """
    编写 Person 模型类，数据模型应该继承自 models.Model 或其子类
    """
    # 第一个字段为 models.CharField 类型
    first_name = models.CharField(max_length=30)
    # 第二个字段为 models.CharField 类型
    last_name = models.CharField(max_length=30)
```

Person 模型中每一个属性都指明了 models 下面的一个数据类型，代表了数据库中的一个字段。
上面的类在数据库中会创建如下的表。

```
CREATE TABLE myapp_person (
    "id" serial NOT NULL PRIMARY KEY,
    "first_name" varchar(30) NOT NULL,
"last_name" varchar(30) NOT NULL
);
```

对于一些公有的字段，为了优雅地简化代码，可以使用如下的实现方式。

```
from django.db import models  # 引入 django.db.models 模块
class CreateUpdate(models.Model):  # 创建抽象数据模型，同样要继承自 models.
Model
    # 创建时间，使用 models.DateTimeField
    created_at = models.DateTimeField(auto_now_add=True)
    # 修改时间，使用 models.DateTimeField
    updated_at = models.DateTimeField(auto_now=True)
    class Meta:  # 元数据，除了字段以外的所有属性
        # 设置 model 为抽象类。指定该表不应该在数据库中创建
        abstract = True

class Person(CreateUpdate):  # 继承 CreateUpdate 基类
    first_name = models.CharField(max_length=30)
    last_name = models.CharField(max_length=30)

class Order(CreateUpdate):  # 继承 CreateUpdate 基类
    order_id = models.CharField(max_length=30, db_index=True)
    order_desc = models.CharField(max_length=120)
```

这时我们需要创建日期和修改日期的数据模型都可以继承自 CreateUpdate 基类了。

上面讲解了表的创建方式，下面我们来看看 Django 数据模型中常见的字段类型，如表 16.5 所示。

表 16.5　Django 数据模型中常见的字段类型

字段类型	说明
AutoField	一个 ID 自增的字段，但创建表过程中 Django 会自动添加一个自增的主键字段
BinaryField	一个保存二进制源数据的字段
BooleanField	一个布尔型字段，应该指明默认值，管理后台中默认呈现为 CheckBox 形式
NullBooleanField	可以为 None 值的布尔型字段
CharField	字符型字段，必须指明参数 max_length 的值，管理后台中默认呈现为 TextInput 形式
TextField	文本域字段，对于大量文本应该使用 TextField。管理后台中默认呈现为 Textarea 形式
DateField	日期字段，代表 Python 中 datetime.date 的实例。管理后台默认呈现 TextInput 形式
DateTimeField	时间字段，代表 Python 中 datetime.datetime 实例。管理后台默认呈现 TextInput
EmailField	邮件字段，是 CharField 的实现，用于检查该字段值是否符合邮件地址格式
FileField	上传文件字段，管理后台默认呈现 ClearableFileInput 形式
ImageField	图片上传字段，是 FileField 的实现。管理后台默认呈现 ClearableFileInput 形式
IntegerField	整型字段，在管理后台默认呈现 NumberInput 或者 TextInput 形式
FloatField	浮点型字段，在管理后台默认呈现 NumberInput 或者 TextInput 形式
SlugField	只保存字母、数字、下画线和连接符，用于生成 URL 的短标签
UUIDField	保存一般统一标识符的字段，代表 Python 中 UUID 的实例，建议提供默认值 default
ForeignKey	外键关系字段，需提供外键的模型参数和 on_delete 参数（指定当该模型实例删除的时候，是否删除关联模型），如果要外键的模型出现在当前模型的后面，需要在第一个参数中使用单引号 'Manufacture'
ManyToManyField	多对多关系字段，与 ForeignKey 类似
OneToOneField	一对一关系字段，常用于扩展其他模型

2. 执行数据库迁移

创建完数据模型后，开始进行数据库迁移。如果我们不希望用 Django 默认自带的 SQLite 数据库，想使用当下功能比较强大的 MySQL 数据库，可以在项目的 settings.py 配置文件中找到如下的配置。

```
DATABASES = {
    'default': {
        'ENGINE': 'django.db.backends.sqlite3',
        'NAME': os.path.join(BASE_DIR, 'db.sqlite3'),
    }
```

```
}
将其替换为：
DATABASES = {
    'default': {
        'ENGINE': 'django.db.backends.mysql',
        'NAME': 'demo',
        'USER': 'root',
        'PASSWORD': '您的数据库密码'
    }
}
```

首先创建数据库，在终端连接你的数据库，执行以下命令：

```
mysql -u root -p
```

按照提示输入您的数据库密码，连接成功后执行如下命令创建数据库：

```
create database demo default character set utf8;
```

创建成功后，即可在 Django 中进行数据库迁移，在 MySQL 中创建数据表。创建数据库命令执行结果如图 16.21 所示。

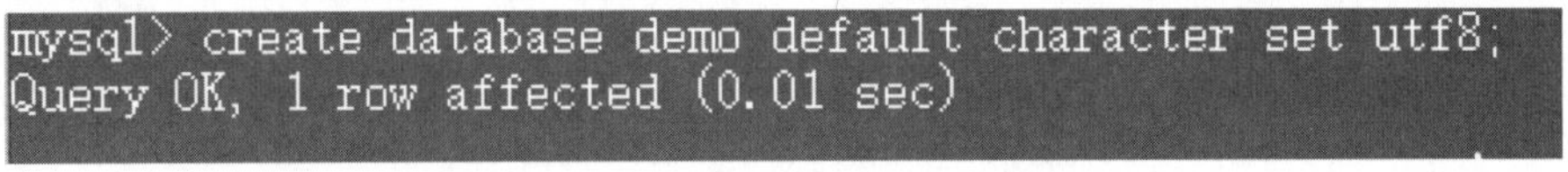

图 16.21　创建数据库命令执行结果

然后安装数据库的驱动，在 Python 3.x 中我们使用 PyMySQL 作为 MySQL 的驱动，命令如下：

```
pip install pymysql
```

然后找到 D:\Webprojcets\demo\demo__init__.py 文件，在行首添加如下代码：

```
import pymysql
pymysql.install_as_MySQLdb()    # 为了将 PyMySQL 发挥最大数据库操作性能
```

再运行如下代码，创建数据表：

```
python manage.py makemigrations    # 生成迁移文件
python manage.py migrate    # 迁移数据库，创建新表
```

创建数据表的结果如图 16.22 所示。

```
(django2.0) D:\Webprojects\demo>python manage.py makemigrations
Migrations for 'app1':
  app1\migrations\0001_initial.py
    - Create model Order
    - Create model Person

(django2.0) D:\Webprojects\demo>python manage.py migrate
Operations to perform:
  Apply all migrations: admin, app1, auth, contenttypes, sessions
Running migrations:
  Applying contenttypes.0001_initial... OK
  Applying auth.0001_initial... OK
  Applying admin.0001_initial... OK
  Applying admin.0002_logentry_remove_auto_add... OK
  Applying app1.0001_initial... OK
  Applying contenttypes.0002_remove_content_type_name... OK
  Applying auth.0002_alter_permission_name_max_length... OK
  Applying auth.0003_alter_user_email_max_length... OK
  Applying auth.0004_alter_user_username_opts... OK
  Applying auth.0005_alter_user_last_login_null... OK
  Applying auth.0006_require_contenttypes_0002... OK
  Applying auth.0007_alter_validators_add_error_messages... OK
  Applying auth.0008_alter_user_username_max_length... OK
  Applying auth.0009_alter_user_last_name_max_length... OK
  Applying sessions.0001_initial... OK
```

图 16.22 创建数据表的结果

创建完成后，即可在数据库中查看这两张数据表，Django 会默认按照"App 名称 + 下画线 + 模型类名称小写"的形式创建数据表。对于上面这两个模型，Django 创建了如下数据表。

   ⊘ Person 类对应 app1_person 表。

   ⊘ Order 类对应 app1_order 表。

CreateUpdate 是个抽象类，不会创建表结构。在数据库管理软件中查看创建的数据表，结果如图 16.23 所示。

图 16.23 在数据库管理软件中查看创建的数据表

3. 了解 Django 数据 API

这里的所有的命令将在 Django 的交互命令行中执行，在项目根目录下启用交互命令行，执行以下命令。

```
python manage.py shell   # 启用交互命令行
```

导入数据模型命令如下。

```
from app1.models import Person, Order   # 导入 Person 和 Order 两个类
```

（1）创建数据。

创建数据有两种方法，其命令分别如下。

   ⊘ 方法 1 命令如下。

```
p = Person.objects.create(first_name="hugo", last_name="zhang")
```

☑ 方法2命令如下。

```
p=Person(first_name="hugo", last_name="zhang")
p.save()    # 必须调用 save() 方法才能将数据保存到数据库
```

（2）查询数据。

☑ 查询所有数据命令如下。

```
Person.objects.all()
```

☑ 查询单个数据命令如下。

```
Person.objects.get(first_name="hugo")    # 括号内需要加入确定的条件，因为 get() 方
法只返回一个确定值
```

☑ 查询指定条件的数据，代码如下。

```
Person.objects.filter(first_name__exact="hugo")  # 指定 first_name 字段值必须为 hugo
Person.objects.filter(last_name__iexact="zhang")   # 不区分大小写查找值必须为 hugo
的，如 hUgo
Person.objects.filter(id__gt=1)   # 查找所有 ID 值大于 1 的
Person.objects.filter(id__lt=100)   # 查找所有 ID 值小于 100 的
# 排除所有创建时间大于现在时间的，exclude 的作用是排除，和 filter 正好相反
Person.objects.exclude(created_at__gt=datetime.datetime.now(tz=datetime.
timezone.utc))
# 过滤出所有 first_name 字段值包含 h 的，然后将之前的查询结果按照 ID 值大小进行排序
Person.objects.filter(first_name__contains="h").order_by('id').
Person.objects.filter(first_name__icontains="h")    # 查询所有 first_name 字段值不
包含 h 的
```

（3）修改查询到的数据。

修改之前需要查询到的对应的数据或者数据集，代码如下。

```
p = Person.objects.get(first_name="hugo")
```

然后按照需求进行修改，例如：

```
p.first_name = "john"
p.last_name = "wang"
p.save()
```

当然也可以使用 get_or_create() 方法，如果数据存在就修改，不存在就创建，代码如下。

```
p, is_created = Person.objects.get_or_create(
    first_name="hugo",
    defaults={"last_name": "wang"}
)
```

get_or_create() 方法会返回一个元组、一个数据对象和一个布尔值，defaults 参数是一个字典。当获取数据的时候，defaults 参数里面的值不会被传入，也就是获取的对象只是 defaults 之外的关键字参数的值。

（4）删除数据。

删除数据同样需要先查找到对应的数据，然后进行删除，代码如下。

```
Person.objects.get(id=1).delete()
(1,({'app1.Person':1}))
```

✎技巧

大多数情况下我们不会直接删除数据库中的数据，我们希望在定义数据模型的时候，添加一个 status 字段，值为 True 和 False，用来标记该数据是否处于可用状态。在想要删除该数据的时候，将其值设为 False 即可。

16.3.5　管理后台

定义好数据模型，就可以配置管理后台了，按照如下代码编辑 app1 下面的 admin.py 文件。

```
from django.contrib import admin  # 引入 admin 模块
from app1.models import Person, Order  # 引入数据模型类

class PersonAdmin(admin.ModelAdmin):
    """
    创建 PersonAdmin 类，继承自 admin.ModelAdmin 类
    """
    # 配置展示列表，在 Person 模型下的列表展示
    list_display = ('first_name', 'last_name')
    # 配置过滤查询字段，在 Person 板块下右侧过滤框
    list_filter = ('first_name', 'last_name')
    # 配置可以搜索的字段，在 Person 模型下右侧搜索框
    search_fields = ('first_name',)
    # 配置只读字段展示，设置后该字段不可编辑
    readonly_fields = ('created_at', 'updated_at')
# 绑定 Person 模型到 PersonAdmin 类管理后台
admin.site.register(Person, PersonAdmin)
```

配置完成后，启动开发服务器，访问 http://127.0.0.1:8000/admin，Django 项目后台管理页面如

图 16.24 所示。

图 16.24　Django 项目后台管理页面

16.3.6　路由

Django 的 URL 路由流程如下。

（1）Django 查找全局 urlpatterns 变量（urls.py）。

（2）按照先后顺序，为 URL 逐一匹配 urlpatterns 的每个元素。

（3）找到第一个匹配元素时停止查找，根据匹配结果执行对应的处理函数。

（4）如果没有找到匹配元素或出现异常，Django 将进行错误处理。

Django 支持 3 种格式来表达路由，分别如下。

（1）精确字符串格式：articles/2017/。

> **格式说明**
>
> 　　一个精确 URL 匹配一个操作函数；最简单的形式之一，适合对静态 URL 的响应；URL 字符串不以"/"开头，但要以"/"结尾。

（2）Django 的转换格式：<类型：变量名>,articles/<int:year>/。

> **格式说明**
>
> 　　是一个 URL 模版，匹配 URL 的同时在其中获得一批变量作为参数；是一种常用形式，目的是通过 URL 进行参数获取和传递。

表 16.6 所示为格式转换类型说明。

表 16.6　格式转换类型说明

格式转换类型	说明
str	匹配除分隔号"/"外的非空字符，默认类型 <year> 等价于 <str:year>
int	匹配 0 和正整数
slug	匹配字母、数字、半字线、下画线组成的字符串，str 的子集
uuid	匹配格式化的 UUID，如 075194d3-6885-417e-a8a8-6c931e272f00
path	匹配任何非空字符串，包括路径分隔符，是全集

（3）正则表达式格式：如 articles/(?p<year>[0-9]{4})/。

　　借助正则表达式丰富语法表达一类 URL（而不是一个）；可以通过"< >"提取变量作为处理函数的参数，这是高级用法；使用该格式时，前面不能使用 path() 函数，必须使用 re_path() 函数；表达的全部是 str 类型，不能是其他类型。在使用正则表达式时，有两种形式，分别如下。

✓ 不提取参数：比如 re_path(articles/([0-9]{4}/ 表示 4 位数字，每一位数字都是 0 ~ 9 的任意数字。

✓ 提取参数：命名形式为（? P<name>pattern)，比如 re_path（articles/(?P<year>[0-9]{4}）/ 将正则表达式提取的 4 位数字（每一位数字都是 0 ~ 9 的任意数字）命名为 year。

⚡ 注意

　　当网站功能较多时，可以在该功能文件夹里建一个 urls.py 文件，将该功能模块下的 URL 全部写在该文件里，但是要在全局的 urls.py 文件中使用 include() 方法实现 URL 映射和分发。

编写 URL 的 3 种方法如下。

✓ 普通 url：re_path('^index/',view.index)，re_path('^home/',view.Home.as_view())。

✓ 顺序传参：re_path(r'^detail-(\d+)-(\d+).html/',views.detail)，用 *args 接收。

✓ 关键字传参：re_path(r'^detail-(?P<nid>\d+)-(?P<uid>\d+).html/',views.detail)。

推荐使用关键字传参的路由方法，找到项目根目录的配置文件夹 demo 下面的 urls.py 文件，打开该文件，并添加如下代码：

```
from django.contrib import admin   # 引入默认后台的模块，其中包括管理界面的 urls
路由规则
from django.urls import path, include   # 引入 urls 模块中 path() 方法
urlpatterns = [
    path('admin/', admin.site.urls),
    path('app1/',include('app1.urls'))
]
```

然后在 app1 下面创建一个 urls.py 文件，并在其中编写属于这个模块的 URL 规则：

```
from app1 import views as app1_views
urlpatterns = [
    # 精确匹配视图
    path('articles/2003/', app1_views.special_case_2003),
    # 匹配一个整数
    path('articles/<int:year>/', app1_views.year_archive),
    # 匹配两个位置的整数
    path('articles/<int:year>/<int:month>/', app1_views.month_archive),
    # 匹配两个位置的整数和一个 slug 类型的字符串
    path('articles/<int:year>/<int:month>/<slug:slug>/', app1_views.
article_detail),
]
```

如果想使用正则表达式匹配，则可使用下面的代码：

```
from django.urls import re_path
from app1 import views as views

urlpatterns = [
    # 精确匹配
    path('articles/2003/', views.special_case_2003),
    # 按照正则表达式匹配 4 位数字年份
    re_path(r'^articles/(?P<year>[0-9]{4})/$', views.year_archive),
    # 按照正则表达式匹配 4 位数字年份和 2 位数字月份
     re_path(r'^articles/(?P<year>[0-9]{4})/(?P<month>[0-9]{2})/$', views.
month_archive),
    # 按照正则表达式匹配 4 位数字年份、2 位数字月份以及一个至少 1 位的 slug 类型的字符串
     re_path(r'^articles/(?P<year>[0-9]{4})/(?P<month>[0-9]{2})/
(?P<slug>[\w-]+)/$', views.article_detail),
]
```

接下来即可通过 /app1/articles/2003/12/11/my_day 来访问 app1_views.article_detail 这个视图方法，如图 16.25 所示。

图 16.25　访问视图方法

16.3.7　表单

在 app1 文件夹下创建一个 forms.py 文件，添加如下代码。

```
from django import forms
class PersonForm(forms.Form):
    first_name = forms.CharField(label='你的名字', max_length=20)
    last_name = forms.CharField(label='你的姓氏', max_length=20)
```

上面的代码定义了一个 PersonForm 表单类，两个字段类型为 forms.CharField，类似于 models.CharField，first_name 指字段的 label 为"你的名字"，并且指定该字段最大长度为 20 个字符。max_length 参数可以指定 forms.CharField 的验证长度。

PersonForm 类将呈现为下面的 HTML 代码。

```
<label for="你的名字">你的名字：</label>
<input id="first_name" type="text" name="first_name" maxlength="20" required />
<label for="你的姓氏">你的姓氏：</label>
<input id="last_name" type="text" name="last_name" maxlength="20" required />
```

Person Form 表单类有一个 is_valid() 方法，可以在 views.py 文件中验证提交的表单是否符合规则。
对于提交的内容，我们在 views.py 文件中编写如下代码。

```python
from django.shortcuts import render
from django.http import HttpResponse, HttpResponseRedirect
from app1.forms import PersonForm


def get_name(request):
    # 判断请求方法是否为 POST
    if request.method == 'POST':
        # 将请求数据填充到 PersonForm 实例中
        form = PersonForm(request.POST)
        # 判断 form 是否为有效表单
        if form.is_valid():
            # 使用 form.cleaned_data 获取请求的数据
            first_name = form.cleaned_data['first_name']
            last_name = form.cleaned_data['last_name']
            # 响应拼接后的字符串
            return HttpResponse(first_name + '' + last_name)
        else:
            return HttpResponseRedirect('/error/')
    # 请求为 GET 方法
    else:
        return render(request, 'name.html', {'form': PersonForm()})
```

那么在 HTML 文件中该如何使用这个返回的表单呢？代码如下。

```html
<form action="/app1/get_name" method="post"> {% csrf_token %}
    {{ form }}
    <button type="submit"> 提交 </button>
</form>
```

{{form}} 是 Django 模板的语法，用来获取页面返回的数据，这个数据是一个 PersonForm 实例，
所以 Django 就按照规则来渲染表单。

但是请注意，渲染的只是表单的字段，如上面 PersonForm 类呈现的 HTML 代码，所以我们要
在 HTML 中手动写出 <form></form> 标签，并指出它需要提交的路由 /app1/get_name 和请求的方法
POST。并且，form 标签的后面需要加上 Django 的防止跨站请求伪造模板标签 {% csrf_token %}。
这样一个简单的标签，就很好地解决了 form 表单提交出现跨站请求伪造攻击的情况。

添加 URL 到我们创建的 app1/urls.py 文件中，代码如下。

```python
path('get_name', app1_views.get_name)
```

此时通过 http://127.0.0.1:8000/app1/get_name 访问页面，在 Django 项目中创建的表单如图
16.26 所示。

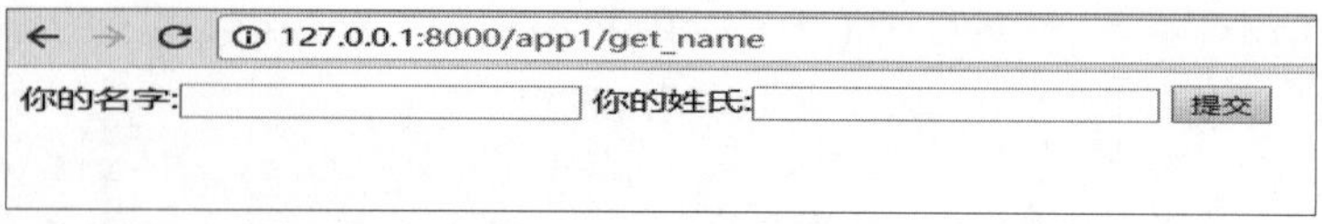

图 16.26　在 Django 项目中创建的表单

16.3.8　视图

下面通过一个例子讲解如何在 Django 项目中定义视图，代码如下。

```python
from django.http import HttpResponse  # 导入响应对象
import datetime  # 导入时间模块

def current_datetime(request):  # 定义一个视图方法，必须带有请求对象作为参数
    now = datetime.datetime.now()  # 请求的时间
    html = "<html><body>It is now %s.</body></html>" % now  # 生成 HTML 代码
    return HttpResponse(html)  # 将响应对象返回，数据为生成的 HTML 代码
```

上面的代码定义了一个函数，返回了一个 HttpResponse 对象，这就是 Django 的 FBV（Function-Based View）基于函数的视图。每个视图函数都要有一个 HttpRequest 对象作为参数，用来接收来自客户端的请求，并且必须返回一个 HttpResponse 对象，作为响应给客户端。

django.http 模块下有诸多继承自 HttpReponse 的对象，其中的大部分我们在开发中都可以利用。例如，我们想在获取不到数据时，返给客户端一个 HTTP 404 的错误页面，可以利用 django.http 下面的 Http404 对象实现，代码如下。

```python
from django.shortcuts import render
from django.http import HttpResponse, HttpResponseRedirect, Http404
from app1.forms import PersonForm
from app1.models import Person

def person_detail(request, pk):  # URL 参数 pk
    try:
        p = Person.objects.get(pk=pk)  # 获取 Person 数据
    except Person.DoesNotExist:
        raise Http404('Person Does Not Exist')  # 获取不到 Person 数据，抛出
Http404 错误页面
return render(request, 'person_detail.html', {'person': p})  # 返回详细信息视图
```

在浏览器输入 http://127.0.0.1:8000/app1/person_detail/100/，按 <Enter> 键，会抛出异常，定义的 HTTP 404 错误页面如图 16.27 所示。

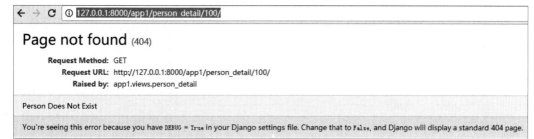

图 16.27　定义的 HTTP 404 错误页面

　　上面是一个基于函数的视图示例，下面讲解一个基于类的视图示例（CBV）。基于类的视图非常简单，和基于函数的视图大同小异。首先定义一个类视图，这个类视图需要继承一个基础的类视图，所有的类视图都继承自 views.View，或其他的类视图，如 Template.View、List.View 等。类视图的初始化参数需要给出。将 get_name() 方法改成基于类的视图，代码如下。

```python
from django.shortcuts import render
from django.http import HttpResponse, HttpResponseRedirect, Http404
from django.views import View
from app1.forms import PersonForm
from app1.models import Person


class PersonFormView(View):
    form_class = PersonForm  # 定义表单类
    initial = {'key': 'value'}  # 定义表单初始化展示参数
    template_name = 'name.html'  # 定义渲染的模板

    def get(self, request, *args, **kwargs):  # 定义 GET 请求的方法
            return render(request, self.template_name, {'form': self.form_
class(initial=self.initial)})  # 渲染表单

    def post(self, request, *args, **kwargs):  # 定义 POST 请求的方法
        form = self.form_class(request.POST)  # 填充表单实例
        if form.is_valid():  # 判断请求是否有效
            # 使用 form.cleaned_data 获取请求的数据
            first_name = form.cleaned_data['first_name']
            last_name = form.cleaned_data['last_name']
            # 响应拼接后的字符串
            return HttpResponse(first_name + '' + last_name)  # 返回拼接后的字符串
        return render(request, self.template_name, {'form': form})  # 如果表单无
效，返回表单
```

　　接下来定义一个 URL，代码如下。

```python
from django.urls import path
from app1 import views as app1_views
```

```
urlpatterns = [
    path('get_name', app1_views.get_name),
        path('get_name1', app1_views.PersonFormView.as_view()),
        path('person_detail/<int:pk>/', app1_views.person_detail),
]
```

> 💡 说明
>
> form_class 是指定类使用的表单，template_name 是指定视图渲染的模板。

在浏览器中输入"127.0.0.1:8000/app1/get_name"，会调用 PersonFormViews 视图的方法，请求定义的视图如图 16.28 所示。

图 16.28　请求定义的视图

输入 hugo 和 zhang 如图 16.29 所示，并单击"提交"按钮。

图 16.29　请求视图结果

16.3.9　Django 模板

Django 指定的模板引擎在 settings.py 文件中定义，代码如下。

```
TEMPLATES = [{
            'BACKEND': 'django.template.backends.django.
DjangoTemplates',  # 模板引擎，默认为 Django 模板
        'DIRS': [],  # 模板所在的目录
        'APP_DIRS': True,  # 是否启用 App 目录
        'OPTIONS': {
        },
    },
]
```

下面通过一个简单的例子，介绍如何使用模板，代码如下。

```
{% extends "base_generic.html" %}
{% block title %}{{ section.title }}{% endblock %}
{% block content %}
```

294

```
<h1>{{ section.title }}</h1>
{% for story in story_list %}
<h2>
  <a href="{{ story.get_absolute_url }}">
    {{ story.headline|upper }}
  </a>
</h2>
<p>{{ story.tease|truncatewords:"100" }}</p>
{% endfor %}
{% endblock %}
```

Django 模板引擎使用"{% %}"来描述 Python 语句，以区别于 HTML 标签，使用"{{ }}"来描述 Python 变量。Django 模板引擎中的标签及说明如表 16.7 所示。

表 16.7　Django 模板引擎中的标签及说明

标签	说明
{%extends 'base_generic.html' %}	扩展一个母模板
{%block title%}	指定母模板中的一段代码块，此处为 title，在母模板中定义 title 代码块，可以在子模板中重写该代码块。block 标签必须是封闭的，要由 {% endblock %} 结尾
{{section.title}}	获取变量的值
{% for story in story_list %}、{% endfor %}	和 Python 中的 for 循环用法相似，必须是封闭的

Django 模板的过滤器非常实用，可用来将返回的变量值做一些特殊处理，常用的过滤器如下。

✓ {{value|default:"nothing"}}：用来指定默认值。

✓ {{value|length}}：用来计算返回的列表或者字符串长度。

✓ {{value|filesizeformat}}：用来将数字转换成可读的文件大小，如 13KB、128MB 等。

✓ {{value|truncatewords:30}}：用来将返回的字符串取固定的长度，此处为 30 个字符。

✓ {{value|lower}}：用来将返回的数据变为小写形式。

第 17 章

51商城——Flask+MySQL+virtualenv 实现

购物网站是很多人日常生活中不可或缺的一部分，人们只要有网络和相应的设备就能做到足不出户进行商品的选购，并且可以享受送货上门服务。虽然国内已经有很多的购物网站，但是没有一个网站会把自己的制作细节介绍给大家，本章将使用 Python 开发一个购物网站，并详细介绍开发时需要了解和掌握的相关开发细节。

17.1　功能分析

作为一个商城系统，为满足用户的基本购物需求，本系统应该具备以下功能。

- 首页幻灯片展示功能。
- 首页商品展示功能，包括展示最新上架商品、打折商品和热门商品等。
- 商品请求功能，可以用于展示商品的详细信息。
- 加入购物车功能，用户可以将商品添加至购物车。
- 查看购物车功能，用户可以查看购物车中的所有商品，可以更改购买商品的数量，可以清空购物车等。
- 填写订单功能，用户可以填写地址信息，用于接收商品。
- 提交订单功能，用户提交订单后，显现支付宝收款码。
- 查看订单功能，用户提交订单后可以查看订单详情。
- 会员管理功能，包括用户账号的注册、登录和注销等。
- 后台管理商品功能，包括新增商品、编辑商品、删除商品和查看商品排行等。
- 后台管理会员功能，包括查看会员信息等。
- 后台管理订单功能，包括查看订单信息等。

17.2 系统功能设计

17.2.1 系统功能结构

51 商城共分为两个部分，前台主要实现商品展示及销售，后台主要是对商城中的商品信息、会员信息，以及订单信息进行有效的管理等。其详细功能结构如图 17.1 所示。

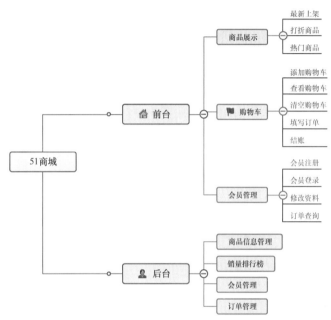

图 17.1 51 商城功能结构

17.2.2 系统业务流程

在开发 51 商城前，需要先了解商城的业务流程。根据对其他网上商城的业务分析，并结合自己的需求，设计出图 17.2 所示的 51 商城的系统业务流程图。

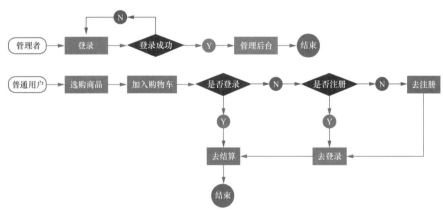

图 17.2 51 商城的系统业务流程图

17.3　系统开发必备

17.3.1　系统开发环境

本系统的软件开发及运行环境具体如下。

◆ 操作系统：Windows 7 及以上。

◆ 虚拟环境：virtualenv。

◆ 数据库：PyMySQL 驱动和 MySQL。

◆ 开发工具：PyCharm 、Sublime Text 3 等。

◆ Python Web 框架：Flask。

◆ 浏览器：谷歌浏览器。

17.3.2　项目组织结构

本项目我们采用的是 Flask 微型 Web 框架进行开发。由于 Flask 的灵活性，我们可任意组织项目的目录结构。在 51 商城项目中，我们使用包和模块组织结构。项目组织结构如图 17.3 所示。

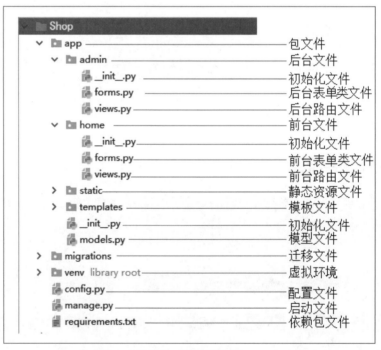

图 17.3　项目组织结构

在图 17.3 所示的项目组织结构中，有 3 个顶级包。

✓ app：Flask 程序的包名，一般都命名为 app。该包下还包含两个包，home（前台）和 admin（后台）；每个包下又包含 3 个文件，__init__.py（初始化文件）、forms.py（表单类文件）和 views.py（路由文件）。

- ✓ migrations：迁移文件。
- ✓ venv：Python 虚拟环境。

同时还创建了如下一些新文件。

- ✓ config.py：配置文件，用于存储配置。
- ✓ manage.py：启动文件，用于启动程序以及其他的程序任务。
- ✓ requirements.txt：依赖包文件，用于列出所有依赖包，便于在其他计算机中重新生成相同的虚拟环境。

在本项目中，使用 Flask-Script 扩展，在命令提示符窗口中生成数据库表和启动服务。生成数据表的命令如下。

```
python  manage.py  db  init       # 创建迁移仓库，首次使用
python  manage.py  db  migrate     # 创建迁移文件
python  manage.py  db  upgrade     # 把迁移应用到数据库中
```

启动服务的命令如下。

```
python  manage.py  runserver
```

17.4 数据库设计

17.4.1 数据库概要说明

本项目采用 MySQL 数据库，数据库名称为 shop，包含 8 张数据表，数据表名称、含义及作用如表 17.1 所示。

表 17.1 数据表名称、含义及作用

表名	含义	作用
admin	管理员表	用于存储管理员用户信息
user	用户表	用于存储用户的信息
goods	商品表	用于存储商品信息
cart	购物车表	用于存储购物车信息
orders	订单表	用于存储订单信息
orders_detail	订单明细表	用于存储订单明细信息
supercat	商品大分类表	用于存储商品大分类信息
subcat	商品小分类表	用于存储商品小分类信息

17.4.2　数据表模型

本项目使用 SQLAlchemy 进行数据库操作，将所有的模型放到一个单独的 models 模块中，使程序的结构更加明晰。SQLAlchemy 是一个常用的数据库抽象层和数据库对象关系映射（ORM）包，并且需要一些设置才可以使用，因此使用 Flask-SQLAlchemy 扩展来操作它。

由于篇幅有限，这里只给出 models.py 模型文件中的比较重要的代码。关键代码如下。

＜代码位置：第 17 章源码 \Shop\app\models.py ＞

```python
from . import db
from datetime import datetime


# 会员数据模型
class User(db.Model):
    __tablename__ = "user"
    id = db.Column(db.Integer, primary_key=True)  # 编号
    username = db.Column(db.String(100)) # 用户名
    password = db.Column(db.String(100))  # 密码
    email = db.Column(db.String(100), unique=True)  # 邮箱
    phone = db.Column(db.String(11), unique=True)  # 手机号
    consumption = db.Column(db.DECIMAL(10, 2), default=0)  # 消费额
    addtime = db.Column(db.DateTime, index=True, default=datetime.
now)  # 注册时间
    orders = db.relationship('Orders', backref='user')  # 订单外键关系关联

    def __repr__(self):
        return '<User %r>' % self.name

    def check_password(self, password):
        """
        检测密码是否正确
        :param password: 密码
        :return: 返回布尔值
        """
        from werkzeug.security import check_password_hash
        return check_password_hash(self.password, password)


# 管理员
class Admin(db.Model):
    __tablename__ = "admin"
    id = db.Column(db.Integer, primary_key=True)  # 编号
    manager = db.Column(db.String(100), unique=True)  # 管理员账号
    password = db.Column(db.String(100))  # 管理员密码

    def __repr__(self):
```

```python
        return "<Admin %r>" % self.manager

    def check_password(self, password):
        """
        检测密码是否正确
        :param password: 密码
        :return: 返回布尔值
        """
        from werkzeug.security import check_password_hash
        return check_password_hash(self.password, password)


# 大分类
class SuperCat(db.Model):
    __tablename__ = "supercat"
    id = db.Column(db.Integer, primary_key=True)  # 编号
    cat_name = db.Column(db.String(100))  # 大分类名称
    addtime = db.Column(db.DateTime, index=True, default=datetime.
now)  # 添加时间
    subcat = db.relationship("SubCat", backref='supercat')  # 外键关系关联
    goods = db.relationship("Goods", backref='supercat')  # 外键关系关联

    def __repr__(self):
        return "<SuperCat %r>" % self.cat_name


# 小分类
class SubCat(db.Model):
    __tablename__ = "subcat"
    id = db.Column(db.Integer, primary_key=True)  # 编号
    cat_name = db.Column(db.String(100))  # 小分类名称
    addtime = db.Column(db.DateTime, index=True, default=datetime.
now)  # 添加时间
    super_cat_id = db.Column(db.Integer, db.ForeignKey('supercat.
id'))  # 所属大分类
    goods = db.relationship("Goods", backref='subcat')  # 外键关系关联

    def __repr__(self):
        return "<SubCat %r>" % self.cat_name


# 商品
class Goods(db.Model):
    __tablename__ = "goods"
    id = db.Column(db.Integer, primary_key=True)  # 编号
    name = db.Column(db.String(255))  # 名称
```

```python
    original_price = db.Column(db.DECIMAL(10,2))   # 原价
    current_price  = db.Column(db.DECIMAL(10,2))   # 现价
    picture = db.Column(db.String(255))   # 图片
    introduction = db.Column(db.Text)   # 商品简介
    views_count = db.Column(db.Integer,default=0)  # 浏览次数
    is_sale = db.Column(db.Boolean(), default=0)  # 是否为特价
    is_new = db.Column(db.Boolean(), default=0)  # 是否为新品

    # 设置外键
    supercat_id = db.Column(db.Integer, db.ForeignKey('supercat.id'))  # 所属大分类
    subcat_id = db.Column(db.Integer, db.ForeignKey('subcat.id'))  # 所属小分类
    addtime = db.Column(db.DateTime, index=True, default=datetime.now)  # 添加时间
    cart = db.relationship("Cart", backref='goods')  # 订单外键关系关联
    orders_detail = db.relationship("OrdersDetail", backref='goods')  # 订
单外键关系关联

    def __repr__(self):
        return "<Goods %r>" % self.name

# 购物车
class Cart(db.Model):
    __tablename__ = 'cart'
    id = db.Column(db.Integer, primary_key=True)  # 编号
    goods_id = db.Column(db.Integer, db.ForeignKey('goods.id'))  # 所属商品
    user_id = db.Column(db.Integer)  # 所属用户
    number = db.Column(db.Integer, default=0)  # 购买数量
    addtime = db.Column(db.DateTime, index=True, default=datetime.
now)  # 添加时间
    def __repr__(self):
        return "<Cart %r>" % self.id

# 订单
class Orders(db.Model):
    __tablename__ = 'orders'
    id = db.Column(db.Integer, primary_key=True)  # 编号
    user_id = db.Column(db.Integer, db.ForeignKey('user.id'))  # 所属用户
    receive_name = db.Column(db.String(255))  # 收货人姓名
    receive_address = db.Column(db.String(255))  # 收货人地址
    receive_tel = db.Column(db.String(255))  # 收货人电话
    remark = db.Column(db.String(255))  # 备注信息
    addtime = db.Column(db.DateTime, index=True, default=datetime.
now)  # 添加时间
    orders_detail = db.relationship("OrdersDetail", backref='orders')  # 外键关
系关联
```

```
    def __repr__(self):
        return "<Orders %r>" % self.id

class OrdersDetail(db.Model):
    __tablename__ = 'orders_detail'
    id = db.Column(db.Integer, primary_key=True)  # 编号
    goods_id = db.Column(db.Integer, db.ForeignKey('goods.id'))  # 所属商品
    order_id = db.Column(db.Integer, db.ForeignKey('orders.id'))  # 所属订单
    number = db.Column(db.Integer, default=0)  # 购买数量
```

17.4.3　数据表关系

　　本项目的数据表之间存在着多个数据关系，如每个大分类（supercat 表）对应着多个小分类（subcat 表），而每个大分类和小分类下又对应着多个商品（goods 表）。每个购物车（cart 表）对应着多个商品，每个订单（orders 表）又对应着多个订单明细（orders_detail 表）。我们使用实体－联系（E-R）图来直观地展现数据表之间的关系，主要数据表关系如图 17.4 所示。

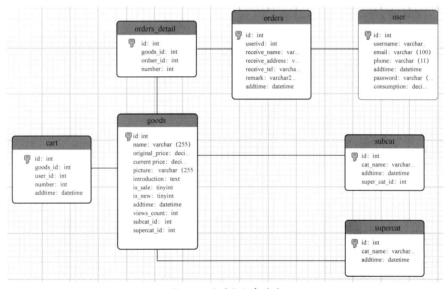

图 17.4　主要数据表关系

17.5　会员注册模块设计

17.5.1　会员注册模块概述

　　会员注册模块主要用于实现新用户注册成为网站会员的这一功能。在会员注册页面中，用户需要填

写会员信息，然后单击"同意协议并注册"按钮，程序将自动验证输入的账户是否唯一；如果唯一，就把填写的会员信息保存到数据库中，否则将给出提示，修改成唯一的后，方可完成注册。另外，程序还将验证输入的信息是否合法。例如，不能输入中文的账户名称等。会员注册实现流程如图 17.5 所示，会员注册页面运行结果如图 17.6 所示。

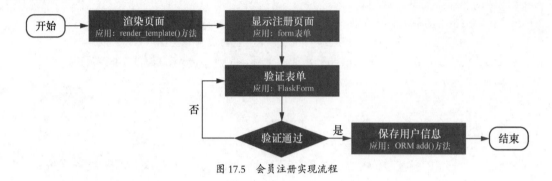

图 17.5　会员注册实现流程

图 17.6　会员注册页面运行结果

17.5.2　会员注册页面

在会员注册页面中，用户需要填写账户、密码、确认密码、联系电话和邮箱等信息。对于用户提交的信息，网站后台必须进行验证，验证内容包括账户和密码是否为空、密码和确认密码是否一致、联系电话和邮箱格式是否正确等。在本项目中，使用 Flak-WTF 来创建表单。

1. 创建会员注册页面表单

在 app\home\forms.py 文件中，创建 RegisterForm 类来继承 FlaskForm 类。在 RegisterForm 类中，定义会员注册页面表单中的每个字段类型和验证规则以及字段的相关属性等信息。例如，定义 username 表示账户，该字段类型是字符串类型，所以需要从 wtforms 导入 StringField。对于账户，我们设置规则为不能为空，长度在 3 ~ 50。所以，将 validators 设置为一个列表，包含 DataRequired()

和 Length() 两个函数。而由于 Flask-WTF 并没有验证邮箱和验证联系电话格式的功能，所以需要自定义 validate_email() 和 validate_phone() 这 2 个函数来实现。具体代码如下。

< 代码位置：第 17 章源码 \Shop\app\home\forms.py >

```python
from flask_wtf import FlaskForm
from wtforms import StringField, PasswordField, SubmitField, TextAreaField
from wtforms.validators import DataRequired, Email, Regexp, EqualTo, Vali
dationError,Length

class RegisterForm(FlaskForm):
    """
    用户注册表单
    """
    username = StringField(
        label= " 账户 : ",
        validators=[
            DataRequired(" 账户不能为空！ "),
            Length(min=3, max=50, message=" 账户长度必须在 3 ~ 50")
        ],
        description=" 账户 ",
        render_kw={
            "type": "text",
            "placeholder": " 请输入账户！ ",
            "class":"validate-username",
            "size" : 38,
        }
    )
    phone = StringField(
        label=" 联系电话 : ",
        validators=[
            DataRequired(" 联系电话不能为空！ "),
            Regexp("1[34578][0-9]{9}", message=" 联系电话格式不正确 ")
        ],
        description=" 联系电话 ",
        render_kw={
            "type": "text",
            "placeholder": " 请输入联系电话！ ",
            "size": 38,
        }
    )
    email = StringField(
        label = " 邮箱 : ",
        validators=[
            DataRequired(" 邮箱不能为空！ "),
```

```
                Email(" 邮箱格式不正确！ ")
            ],
            description=" 邮箱 ",
            render_kw={
                "type": "email",
                "placeholder": " 请输入邮箱！ ",
                "size": 38,
            }
    )
    password = PasswordField(
        label=" 密码 : ",
        validators=[
            DataRequired(" 密码不能为空！ ")
        ],
        description=" 密码 ",
        render_kw={
            "placeholder": " 请输入密码！ ",
            "size": 38,
        }
    )
    repassword = PasswordField(
        label= " 确认密码 : ",
        validators=[
            DataRequired(" 请输入确认密码！ "),
            EqualTo('password', message=" 两次密码不一致！ ")
        ],
        description=" 确认密码 ",
        render_kw={
            "placeholder": " 请输入确认密码！ ",
            "size": 38,
        }
    )
    submit = SubmitField(
        ' 同意协议并注册 ',
        render_kw={
            "class": "btn btn-primary login",
        }
    )

    def validate_email(self, field):
        """
        检测注册邮箱是否已经存在
        :param field: 字段名
        """
```

```
        email = field.data
        user = User.query.filter_by(email=email).count()
        if user == 1:
            raise ValidationError(" 邮箱已经存在！ ")
    def validate_phone(self, field):
        """
        检测联系电话是否已经存在
        :param field: 字段名
        """
        phone = field.data
        user = User.query.filter_by(phone=phone).count()
        if user == 1:
            raise ValidationError(" 联系电话已经存在！ ")
```

⚡ **注意**

　　自定义验证函数的格式为"validate_+字段名"，如自定义的验证联系电话的函数为"validate_ phone"。

2. 显示会员注册页面

　　本项目中，所有模板文件均存储在"app/templates/"路径下。如果是前台模板文件，则存储在 "app/templates/home/"路径下。在该路径下，创建 register.html 作为前台注册页面模板。接下来， 需要使用 @home.route() 装饰器定义路由，并且使用 render_template() 函数来渲染模板。关键代码 如下。

　　＜代码位置：第 17 章源码 \Shop\app\home\views.py ＞

```
@home.route("/login/", methods=["GET", "POST"])
def login():
    """
    登录
    """
    form = LoginForm()                 # 实例化 LoginForm 类
    # 省略部分代码

    return render_template("home/login.html",form=form) # 渲染登录页面模板
```

　　上述代码中，实例化了 LoginForm 类并赋值了 form 变量，最后在 render_template() 函数中传 递了该参数。

　　我们已经使用了 FlaskForm 来设置表单字段，那么在模板文件中，直接可以使用 form 变量来设置 表单中的字段。如账户字段（username）就可以使用 form.username 来代替。关键代码如下。

　　＜代码位置：第 17 章源码 \Shop\app\templates\home\register.html ＞

```html
<form  action="" method="post" class="form-horizontal">
    <fieldset>
        <div class="form-group">
            <div class="col-sm-4 control-label">
                {{form.username.label}}
            </div>
            <div class="col-sm-8">
                <!-- 账户文本框 -->
                {{form.username}}
                {% for err in form.username.errors %}
             <span class="error">{{ err }}</span>
                {% endfor %}
            </div>
        </div>
        <div class="form-group">
            <div class="col-sm-4 control-label">
                {{form.password.label}}
            </div>
            <div class="col-sm-8">
                <!-- 密码文本框 -->
                {{form.password}}
                {% for err in form.password.errors %}
                <span class="error">{{ err }}</span>
                {% endfor %}
            </div>
        </div>
        <div class="form-group">
            <div class="col-sm-4 control-label">
                {{form.repassword.label}}
            </div>
            <div class="col-sm-8">
                <!-- 确认密码文本框 -->
                {{form.repassword}}
                {% for err in form.repassword.errors %}
                <span class="error">{{ err }}</span>
                {% endfor %}
            </div>
        </div>
        <div class="form-group">
            <div class="col-sm-4 control-label">
                {{form.phone.label}}
            </div>
            <div class="col-sm-8" style="clear: none;">
```

```
            <!-- 输入联系电话的文本框 -->
            {{form.phone}}
            {% for err in form.phone.errors %}
            <span class="error">{{ err }}</span>
            {% endfor %}
        </div>
    </div>
    <div class="form-group">
        <div class="col-sm-4 control-label">
            {{form.email.label}}
        </div>
        <div class="col-sm-8" style="clear: none;">
            <!-- 输入邮箱的文本框 -->
            {{form.email}}
            {% for err in form.email.errors %}
            <span class="error">{{ err }}</span>
            {% endfor %}
        </div>
    </div>
    <div class="form-group">
        <div style="float: right; padding-right: 216px;">
            51 商城 <a href="#" style="color: #0885B1;">《使用条款》</a>
        </div>
    </div>
    <div class="form-group">
        <div class="col-sm-offset-4 col-sm-8">
            {{ form.csrf_token }}
            {{ form.submit }}
        </div>
    </div>
    <div class="form-group" style="margin: 20px;">
        <label> 已有账号！<a
            href="{{url_for('home.login')}}"> 去登录 </a>
        </label>
    </div>
    </fieldset>
</form>
```

渲染模板后，访问网址 127.0.0.1:5000/register 时，会员注册页面效果如图 17.7 所示。

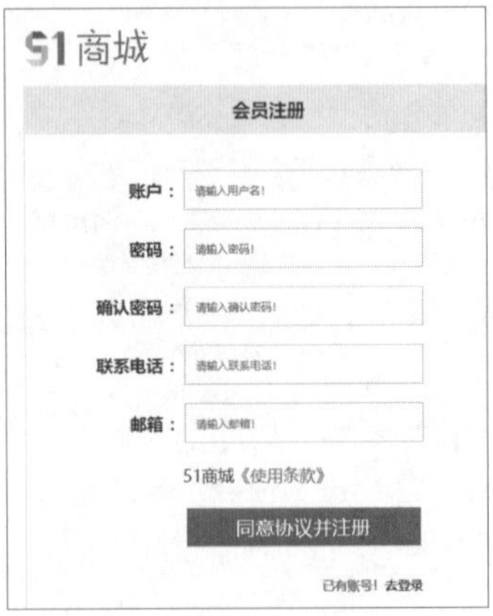

图 17.7　会员注册页面效果

> ⚡注意
>
> 　　表单中可使用 {{form.csrf_token}} 来设置一个隐藏域字段 csrf_token，该字段用于防止 CSRF
> 攻击。

17.5.3　验证并保存注册信息

　　当用户填写完注册信息，单击"同意协议并注册"按钮时，程序将以 POST 方式提交表单。提交路径是 form 表单的"action"属性值。在 register.html 中 action=""，也就是提交到当前 URL。

　　在 register() 方法中，使用 form.validate_on_submit() 来验证表单信息，如果验证失败，则在页面返回相应的错误信息。验证全部通过后，将用户注册信息写入 user 表中。具体代码如下。

　　＜代码位置：第 17 章源码 \Shop\app\home\views.py ＞

```python
@home.route("/register/", methods=["GET", "POST"])
def register():
    """
    注册功能
    """
    if "user_id" in session:
        return redirect(url_for("home.index"))
    form = RegisterForm()            # 导入注册表单
    if form.validate_on_submit():    # 提交注册表单
        data = form.data             # 接收表单数据
        # 为 User 类属性赋值
        user = User(
            username = data["username"],        # 账户
            email = data["email"],              # 邮箱
            password = generate_password_hash(data["password"]),# 对密码进行
加密
            phone = data['phone']
```

```
        )
        db.session.add(user)  # 添加数据
        db.session.commit()  # 提交数据
        return redirect(url_for("home.login"))  # 登录成功，跳转到首页
    return render_template("home/register.html", form=form) # 渲染模板
```

在会员注册页面输入注册信息，当密码和确认密码不一致时，提示图 17.8 所示的错误信息。当联系电话格式错误时，提示图 17.9 所示的错误信息。当验证通过后，则将注册用户信息保存到 user 表中，并且跳转到登录页面。

图 17.8　密码和确认密码不一致

图 17.9　联系电话格式错误

17.6　会员登录模块设计

17.6.1　会员登录模块概述

会员登录模块主要用于实现网站的会员功能。在该页面中，填写会员账户、密码和验证码（如果验证码看不清楚，可以单击验证码图片刷新该验证码），单击"登录"按钮，即可实现会员登录。如果没有输入账户、密码或者验证码，都将给予提示。另外，验证码输入错误也将给予提示。会员登录实现流程如图 17.10 所示，会员登录页面如图 17.11 所示。

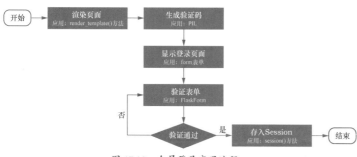
图 17.10　会员登录实现流程

图 17.11　会员登录页面

17.6.2　创建会员登录页面

在会员登录页面，需要用户填写账户、密码和验证码。账户和密码的表单字段与登录页面相同，这里不赘述，下面我们重点介绍与验证码相关的内容。

1. 生成验证码

登录页面的验证码是一个图片验证码，也就是在一张图片上显示 0 ~ 9、a ~ z 以及 A ~ Z 的随机组合。那么，可以使用 String 模块 ascii_letters 和 string.digits，其中 ascii_letters 用于生成所有字母，即 a ~ z 和 A ~ Z，string.digits 用于生成所有数字，即 0 ~ 9。最后使用 PIL（图像处理标准库）来生成图片。实现代码如下。

＜代码位置：第 17 章源码 \Shop\app\home\views.py ＞

```python
import random
import string
from PIL import Image, ImageFont, ImageDraw
from io import BytesIO


def rndColor():
    ''' 随机颜色 '''
    return (random.randint(32, 127), random.randint(32, 127), random.randint(32, 127))


def gene_text():
    ''' 生成 4 位验证码 '''
    return ''.join(random.sample(string.ascii_letters+string.digits, 4))


def draw_lines(draw, num, width, height):
    ''' 画线 '''
    for num in range(num):
        x1 = random.randint(0, width / 2)
        y1 = random.randint(0, height / 2)
        x2 = random.randint(0, width)
        y2 = random.randint(height / 2, height)
        draw.line(((x1, y1), (x2, y2)), fill='black', width=1)


def get_verify_code():
    ''' 生成验证码图形 '''
    code = gene_text()
    # 图片大小 120×50
    width, height = 120, 50
    # 新图片对象
    im = Image.new('RGB',(width, height),'white')
    # 字体
```

```
font = ImageFont.truetype('app/static/fonts/arial.ttf', 40)
# draw 对象
draw = ImageDraw.Draw(im)
# 绘制字符串
for item in range(4):
        draw.text((5+random.randint(-3,3)+23*item, 5+random.
randint(-3,3)),
                text=code[item], fill=rndColor(),font=font )
    return im, code
```

2. 显示验证码

接下来，显示验证码。定义路由"/code"，在该路由下调用 get_verify_code() 方法来生成验证码，然后生成一张 JPEG 格式的图片。最后需要将图片呈现在该路由下。为节省内存空间，返回一张 GIF 图片。具体代码如下。

< 代码位置: 第 17 章源码 \Shop\app\home\views.py >

```
@home.route('/code')
def get_code():
    image, code = get_verify_code()
    # 图片以二进制格式写入
    buf = BytesIO()
    image.save(buf, 'jpeg')
    buf_str = buf.getvalue()
    # 把 buf_str 作为 response 返回前端，并设置首部字段
    response = make_response(buf_str)
    response.headers['Content-Type'] = 'image/gif'
    # 将验证码字符串储存在 session 中
    session['image'] = code
    return response
```

访问 http://127.0.0.1:5000/code，生成验证码如图 17.12 所示。

图 17.12 生成验证码

最后，需要将验证码显示在会员登录页面上。这时，我们可以将在模板文件中的验证码图片 <img> 标签的"src"属性设置为 {{url_for('home.get_code')}}。此外，当单击验证码图片时还能够更新验证码图片，该功能可以通过 JavaScript 的 onclick 单击事件来实现，当单击图片时，使用 Math.random() 来生成一个随机数。关键代码如下。

< 代码位置: 第 17 章源码 \Shop\app\templates\home\login.html >

```
<div class="col-sm-8" style="clear: none;">
   <!-- 验证码文本框 -->
   {{form.verify_code}}
      <!-- 显示验证码 -->
         <img  class="img_checkcode"  src="{{url_for('home.get_
code')}}" width="116"
                  height="43" onclick="this.src='{{url_for('home.get_
code')}}'+'?'+ Math.random()">
</div>
```

在会员登录页面，当单击验证码图片后，将更新验证码，效果如图 17.13 所示。

图 17.13　更新验证码效果

3. 检测验证码

在会员登录页面，单击"登录"按钮后，程序会对用户输入的字段进行验证。那么对于验证码图片该如何验证呢？其实，我们可通过一种简单的方式将验证图片的过程进行简化。在使用 get_code() 方法生成验证码的时候，有如下代码。

```
session['image'] = code
```

上面代码的作用是将验证码的内容写入 session。那么我们只需要将用户输入的验证码和 session['image'] 进行对比即可。由于验证码内容包括英文大小写字母，所以在对比前，需先全部将其转化为英文小写字母再对比。关键代码如下。

＜代码位置：第 17 章源码 \Shop\app\home\views.py ＞

```
if session.get('image').lower() != form.verify_code.data.lower():
    flash(' 验证码错误 ',"err")
    return redirect(url_for("home.login"))   # 返回登录页面
```

在会员登录页面填写登录信息时，如果验证码错误，则会提示错误信息，运行结果如图 17.14 所示。

图 17.14　验证码错误运行结果

17.6.3　保存会员登录状态

当用户填写登录信息后，除了要判断验证码是否正确外，还需要验证账户是否存在，以及账户和密码是否匹配等。如果验证全部通过，需要将 user_id 和 user_name 写入 session 中，为后面判断用户是否登录做准备。此外，我们还需要在用户访问"/login"路由时，判断用户是否已经登录。如果用户之前已经登录过，那么就不需要再次登录，而是直接跳转到商城首页。具体代码如下。

＜代码位置：第 17 章源码 \Shop\app\home\views.py ＞

```python
@home.route("/login/", methods=["GET", "POST"])
def login():
    """
    登录
    """
    if "user_id" in session:          # 如果已经登录，则直接跳转到商城首页
        return redirect(url_for("home.index"))
    form = LoginForm()                # 实例化 LoginForm 类
    if form.validate_on_submit():     # 如果提交
        data = form.data              # 接收表单数据
        # 判断账户和密码是否匹配
            user = User.query.filter_by(username=data["username"]).
first()     # 获取账户信息
        if not user :
            flash(" 账户不存在！ ", "err")          # 输出错误信息
             return render_template("home/login.html", form=form) # 返回登
录页面
        # 调用 check_password() 方法，检测账户密码是否匹配
        if not user.check_password(data["password"]):
            flash(" 密码错误！ ", "err")             # 输出错误信息
             return render_template("home/login.html", form=form)  # 返回登
录页面
        if session.get('image').lower() != form.verify_code.data.lower():
            flash(' 验证码错误 ',"err")
             return render_template("home/login.html", form=form)  # 返回登
录页面
        # 将 user_id 写入 session，判断账户是否登录
        session["user_id"] = user.id
        # 将 user_id 写入 session，判断账户是否登录
        session["username"] = user.username
        return redirect(url_for("home.index")) # 登录成功，跳转到商城首页

    return render_template("home/login.html",form=form) # 渲染登录页面模板
```

17.6.4 会员退出功能

会员退出功能的实现比较简单，清空登录时 session 中的 user_id 和 username 即可。可使用 session.pop() 函数来实现该功能。具体代码如下。

＜代码位置：第 17 章源码 \Shop\app\Home\views.py ＞

```python
@home.route("/logout/")
def logout():
    """
    退出登录
    """
    # 重定向到 home 模块下的会员登录页面
    session.pop("user_id", None)
    session.pop("username", None)
    return redirect(url_for('home.login'))
```

当用户单击"退出"按钮时，执行 logout() 方法，并且跳转到会员登录页面。

17.7 首页模块设计

17.7.1 首页模块概述

当用户访问 51 商城时，首先进入的便是商城首页。商城首页的美观程度将直接影响用户的购买欲望。在 51 商城的首页中，用户不但可以查看最新上架商品、打折商品等信息，还可以及时了解大家喜爱的热门商品，以及商城推出的最新活动或者广告。商城首页实现流程如图 17.15 所示，其运行结果如图 17.16 所示。

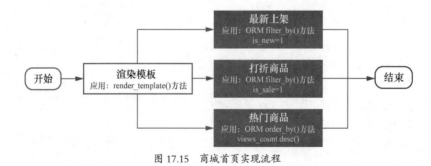

图 17.15　商城首页实现流程

图 17.16 商城首页

在商城首页中，主要有 3 个部分需要我们添加动态代码，也就是热门商品、最新上架和打折商品。
需从数据库中读取 goods（商品）表中的数据，并应用循环显示在页面上。

17.7.2 实现显示最新上架商品功能

最新上架商品数据源于 goods 表中 is_new 字段为 1 的记录。由于数据较多，所以在商城首页中，
根据商品的 addtime（添加时间）降序排序，筛选出 12 条记录。然后在模板中遍历数据，显示商品信息。

本项目中，我们使用 Flask-SQLAlchemy 来操作数据库，查询最新上架商品的关键代码如下。

＜代码位置：Code\Shop\app\Home\views.py＞

```python
@home.route("/")
def index():
    """
    首页
    """
    # 获取 12 个新品
    new_goods = Goods.query.filter_by(is_new=1).order_by(
                    Goods.addtime.desc()
                    ).limit(12).all()
    return render_template('home/index.html',new_goods=new_goods) # 渲染模板
```

接下来渲染模板，关键代码如下。

＜代码位置：第 17 章源码 \Shop\app\templates\home\index.html＞

```html
<div class="row">
    <!-- 循环显示最新上架商品 ：添加 12 条商品信息 -->
    {% for item in new_goods %}
    <div class="product-grid col-lg-2 col-md-3 col-sm-6 col-xs-12">
        <div class="product-thumb transition">
            <div class="actions">
                <div class="image">
                    <a href="{{url_for('home.goods_detail',id=item.id)}}">
                            <img src="{{url_for('static',filename='images/
goods/'+item.picture)}}" >
                    </a>
                </div>
                <div class="button-group">
                    <div class="cart">
                            <button  class="btn  btn-primary  btn-
primary" type="button"
                            data-toggle="tooltip"
                             onclick='javascript:window.location.href=
                                            "/cart_add/?goods_id={{item.
id}}&number=1"; '
                            style="display: none; width: 33.3333%;"
                            data-original-title=" 加入购物车 ">
                            <i class="fa fa-shopping-cart"></i>
                        </button>
                    </div>
                </div>
            </div>
```

```
    <div class="caption">
        <div class="name" style="height: 40px">
            <a href="{{url_for('home.goods_detail',id=item.id)}}">
                {{item.name}}
            </a>
        </div>
        <p class="price">
            价格: {{item.current_price}} 元
        </p>
    </div>
</div>
</div>
{% endfor %}
<!-- // 循环显示最新上架商品: 添加 12 条商品信息 -->
</div>
```

商城首页最新上架商品如图 17.17 所示。

图 17.17　商城首页最新上架商品

17.7.3　实现显示打折商品功能

打折商品数据源于 goods 表中 is_sale 字段为 1 的记录。由于数据较多，所以在商城首页中，根据商品的 addtime 降序排序，筛选出 12 条记录。然后在模板中遍历数据，显示商品信息。

查询打折商品的关键代码如下。

＜代码位置: 第 17 章源码 \Shop\app\Home\views.py ＞

```
@home.route("/")
def index():
    """
    首页
    """
    # 获取 12 个打折商品
```

```
    sale_goods = Goods.query.filter_by(is_sale=1).order_by(
                  Goods.addtime.desc()
                    ).limit(12).all()
    return render_template('home/index.html' ,sale_goods=sale_goods) # 渲
染模板
```

接下来渲染模板，关键代码如下。

＜代码位置：第 17 章源码 \Shop\app\templates\home\index.html＞

```
<div class="row">
    <!-- 循环显示打折商品 ：添加 12 条商品信息 -->
    {% for item in sale_goods %}
    <div class="product-grid col-lg-2 col-md-3 col-sm-6 col-xs-12">
        <div class="product-thumb transition">
            <div class="actions">
                <div class="image">
                    <a href="{{url_for('home.goods_detail',id=item.id)}}">
                            <img src="{{url_for('static',filename='images/
goods/'+item.picture)}}"
                            alt="{{item.name}}" class="img-responsive">
                    </a>
                </div>
                <div class="button-group">
                    <div class="cart">
                        <button class="btn btn-primary btn-primary" type="button"
                            data-toggle="tooltip"
                            onclick='javascript:window.location.href=
                                "/cart_add/?goods_id={{item.id}}&number=1"; '
                            style="display: none; width: 33.3333%;"
                            data-original-title=" 加入购物车 ">
                            <i class="fa fa-shopping-cart"></i>
                        </button>
                    </div>
                </div>
            </div>
            <div class="caption">
                <div class="name" style="height: 40px">
                        <a href="{{url_for('home.goods_detail',id=item.
id)}}" style="width: 95%">
                            {{item.name}}</a>
                </div>
                <div class="name" style="margin-top: 10px">
                        <span style="color: #0885B1">分类: </span>{{item.subcat.cat_
name}}
```

```
            </div>
            <span class="price"> 现价: {{item.current_price}} 元
                </span><br> <span  class="oldprice"> 原 价: {{item.original_
price}} 元
                </span>
        </div>
    </div>
  </div>
  {% endfor %}
  <!-- 循环显示打折商品 : 添加 12 条商品信息 -->
</div>
```

商城首页打折商品如图 17.18 所示。

图 17.18　商城首页打折商品

17.7.4　实现显示热门商品功能

热门商品数据源于 goods 表中 view_count 字段值较高的记录。由于页面布局限制，我们只根据 view_count 降序筛选出 2 条记录。然后在模板中遍历数据，显示商品信息。

查询热门商品的关键代码如下。

< 代码位置: 第 17 章源码 \Shop\app\Home\views.py >

```
@home.route("/")
def index():
    """
    首页
    """
    # 获取 2 个热门商品
```

```
hot_goods = Goods.query.order_by(Goods.views_count.desc()).limit(2).all()

return render_template('home/index.html', hot_goods=hot_goods)  # 渲染模板
```

接下来渲染模板，关键代码如下。

```html
<div class="box_oc">
  <!-- 循环显示热门商品：添加 2 条商品信息 -->
  {% for item in hot_goods %}
  <div class="box-product product-grid">
    <div>
      <div class="image">
        <a href="{{url_for('home.goods_detail',id=item.id)}}">
          <img src="{{url_for('static',filename='images/goods/'+item.picture)}}" >
        </a>
      </div>
      <div class="name">
       <a href="{{url_for('home.goods_detail',id=item.id)}}">{{item.name}}</a>
      </div>
      <!-- 商品价格 -->
      <div class="price">
        <span class="price-new">价格：{{item.current_price}} 元</span>
      </div>
      <!-- // 商品价格 -->
    </div>
  </div>
  {% endfor %}
  <!-- // 循环显示热门商品：添加两条商品信息 -->
</div>
```

商城首页热门商品如图 17.19 所示。

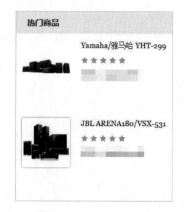

图 17.19　商城首页热门商品

17.8 购物车模块

17.8.1 购物车模块概述

在 51 商城中，购物车实现流程如图 17.20 所示。在商城首页或商品详情页单击某个商品可以进入显示商品的详细信息页面，如图 17.21 所示。在该页面中，单击"添加到购物车"按钮，即可将相应商品添加到购物车，然后填写物流信息，如图 17.22 所示。单击"结账"按钮，将弹出图 17.23 所示的支付对话框。最后单击"支付"按钮，模拟支付并生成订单。

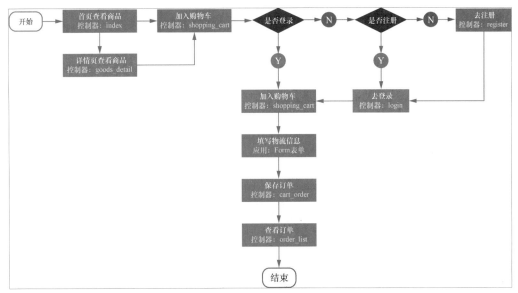

图 17.20　购物车实现流程

图 17.21　商品详细信息页面

图 17.22　填写物流信息

图 17.23　支付对话框

17.8.2　实现显示商品详细信息功能

在商城首页单击任何商品名称或者商品图片时，都将弹出该商品的详细信息页面。在该页面中，除了显示商品的信息外，还需要显示左侧的热门商品和底部的推荐商品。

对于商品的详细信息，我们需要根据商品 ID，使用 get_or_404() 方法来获取。

对于左侧的热门商品，我们需要获取该商品的同一个子类别下的商品。例如，我们正在访问的商品子类别是音箱，那么左侧热门商品就是与音箱相关的产品，并且根据浏览量从高到低排序，筛选出 5 条记录。

对于底部的推荐商品，与热门商品类似，只是根据商品添加时间先后顺序，筛选出 5 条记录。

此外，由于我们要统计商品的浏览量，所以每当进入商品详情页时，需要更新一下 goods 表中该商品的 view_count（浏览量）字段，将其值加 1。

商品详情页的完整代码如下。

< 代码位置：第 17 章源码 \Shop\app\Home\views.py >

```python
@home.route("/goods_detail/<int:id>/")
def goods_detail(id=None):  # id 为商品 ID
    """
    详情页
    """
    user_id = session.get('user_id', 0)  # 获取用户 ID, 判断用户是否登录
    goods = Goods.query.get_or_404(id) # 根据商品 ID 获取商品数据, 如果不存在返回 404
    # 浏览量加 1
    goods.views_count += 1
    db.session.add(goods)  # 添加数据
    db.session.commit()    # 提交数据
    # 获取左侧热门商品
    hot_goods = Goods.query.filter_by(subcat_id=goods.subcat_id).order_by(
                    Goods.views_count.desc()).limit(5).all()
    # 获取底部推荐商品
    similar_goods = Goods.query.filter_by(subcat_id=goods.subcat_id).order_by(
                        Goods.addtime.desc()).limit(5).all()
    # 渲染模板
    return render_template('home/goods_detail.html',goods=goods,hot_
goods=hot_goods,
    similar_goods=similar_goods,user_id=user_id)
```

商品详情页如图 17.24 所示。

图 17.24 商品详情页

17.8.3 实现添加购物车功能

在 51 商城中，有两种添加购物车的方法：在商品详情页添加购物车和在商品列表页添加购物车。它们之间的区别在于在商品详情页添加购物车可以选择购买商品的数量（大于或等于 1），而在商品列表页添加购物车则默认购买数量为 1。

基于以上分析，我们可以通过设置 <a> 标签来添加购物车。下面分别介绍这两种方法。

在商品详情页中，填写购买商品数量后，单击"添加到购物车"按钮时，需要判断用户是否登录。如果没有登录，页面将跳转到会员登录页；如果已经登录，则执行加入购物车操作。关键代码如下。

< 代码位置：第 17 章源码 \Shop\app\templates\home\goods_detail.html >

```html
<button type="button" onclick="addCart()" class="btn btn-primary btn-primary">
  <i class="fa fa-shopping-cart"></i> 添加到购物车 </button>

<script type="text/javascript">
function addCart() {
    var user_id = {{ user_id }};  // 获取当前用户 ID
    var goods_id = {{ goods.id }} // 获取商品 ID
    if( !user_id){
        window.location.href = "/login/"; // 如果没有登录，跳转到会员登录页
        return ;
    }
    var number = $('#shuliang').val();// 获取输入的商品数量
    // 验证输入的数量是否合法
    if (number < 1) {// 如果输入的数量不合法
        alert(' 数量不能小于 1！ ');
        return;
    }
    window.location.href = '/cart_add?goods_id='+goods_id+"&number="+number
    }
</script>
```

> **⚡注意**
>
> 需要判断用户填写的购买数量，如果数量小于 1，则提示错误信息。

在商品列表页，当单击购物车图标时，执行添加购物车操作，商品数量默认为 1。关键代码如下。

< 代码位置：第 17 章源码 \Shop\app\templates\home\index.html >

```html
<button class="btn btn-primary btn-primary" type="button"
  data-toggle="tooltip"
    onclick='javascript:window.location.href="/cart_add/?goods_id={{item.id}}&number=1"; '
```

```
            style="display: none; width: 33.3333%;"
            data-original-title=" 加入购物车 ">
            <i class="fa fa-shopping-cart"></i>
</button>
```

在以上两种方法下，添加购物车都执行链接 "/cart_add/" 并传递 goods_id 和 number 两个参数。然后将其写入 cart（购物车表）中。具体代码如下。

　　< 代码位置: 第 17 章源码 \Shop\app\Home\views.py >

```
@home.route("/cart_add/")
@user_login
def cart_add():
    """
    添加购物车
    """
    cart = Cart(
        goods_id = request.args.get('goods_id'),
        number = request.args.get('number'),
        user_id=session.get('user_id', 0)   # 获取用户 ID, 判断用户是否登录
    )
    db.session.add(cart)  # 添加数据
    db.session.commit()    # 提交数据
    return redirect(url_for('home.shopping_cart'))
```

17.8.4　实现查看购物车功能

在实现添加到购物车时，将商品添加到购物车后，页面将跳转到查看购物车页面，用于显示已经添加到购物车中的商品。

　　购物车中的商品数据源于 cart 表和 goods 表。由于 cart 表的 goods_id 字段与 goods 表的 ID 字段关联，所以，可以直接查找 cart 表中 user_id 为当前用户 ID 的记录。具体代码如下。

　　< 代码位置: 第 17 章源码 \Shop\app\Home\views.py >

```
@home.route("/shopping_cart/")
@user_login
def shopping_cart():
    user_id = session.get('user_id',0)
      cart = Cart.query.filter_by(user_id = int(user_id)).order_by(Cart.
addtime.desc()).all()
    if cart:
        return render_template('home/shopping_cart.html',cart=cart)
    else:
        return render_template('home/empty_cart.html')
```

上述代码判断了用户购物车中是否有商品，如果没有，则渲染 empty_cart.html 模板，购物车页面如图 17.25 所示；否则渲染购物车列表页模板 shopping_cart.html，清空购物车页面如图 17.26 所示。

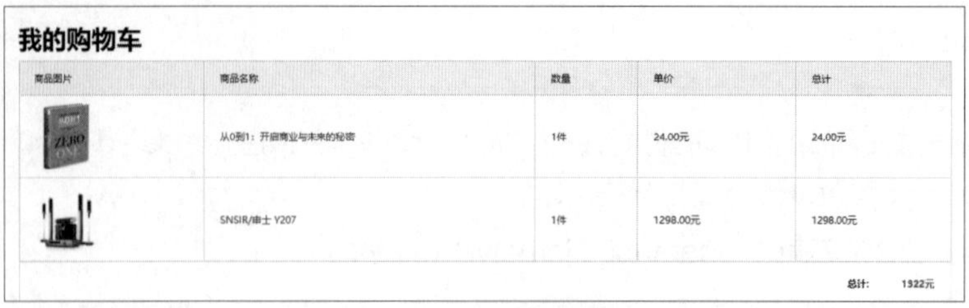

图 17.25　购物车页面

图 17.26　清空购物车页面

17.8.5　实现保存订单功能

商品加入购物车后，需要填写物流信息，包括"收货人姓名""收货人手机"和"收货人地址"等。然后单击"结账"按钮，会弹出支付二维码。由于调用支付宝接口需要注册支付宝企业账户，并且需完成实名认证，所以，在本项目中，我们只是模拟一下支付功能。单击弹窗右下角的"支付"按钮，就默认支付完成。此时，需要保存订单。

对于保存订单功能，需要通过 orders 表和 orders_detail 表来实现，它们之间是一对多的关系。例如，在一个订单中，可以有多个订单明细。orders 表用于记录收货人的姓名、电话和地址等信息，而 orders_detail 表用于记录该订单中的商品信息。所以，在添加订单时，需要将订单同时添加到 orders 表和 orders_detail 表。实现代码如下。

< 代码位置：第 17 章源码 \Shop\app\Home\views.py >

```python
@home.route("/cart_order/",methods=['GET','POST'])
@user_login
def cart_order():
    if request.method == 'POST':
        user_id = session.get('user_id',0) # 获取用户 ID
        # 添加订单
        orders = Orders(
            user_id = user_id,
            receive_name = request.form.get('receive_name'),
            receive_tel = request.form.get('receive_tel'),
            receive_address = request.form.get('receive_address'),
            remark = request.form.get('remark')
        )
        db.session.add(orders)   # 添加数据
```

```
        db.session.commit()        # 提交数据
        # 添加订单详情
        cart = Cart.query.filter_by(user_id=user_id).all()
        object = []
        for item in cart :
            object.append(
                OrdersDetail(
                    order_id=orders.id,
                    goods_id=item.goods_id,
                    number = item.number,)
            )
        db.session.add_all(object)
        # 更改购物车状态
        Cart.query.filter_by(user_id=user_id).update({'user_id': 0})
        db.session.commit()
    return redirect(url_for('home.index'))
```

上述代码中，在添加 orders_detail 表时，由于有多个数据，所以使用 add_all() 方法来批量添加。此外，值得注意的是，当添加完订单后，购物车就已经清空了，此时需要修改 cart 表的 order_id 字段，将其值更改为 0。这样，查看购物车时，购物车将没有数据。

17.8.6 实现查看订单功能

订单支付完成后，可以单击"我的订单"按钮，来查看订单信息。订单信息源于 orders 表和 orders_detail 表。实现代码如下。

<代码位置：第 17 章源码 \Shop\app\Home\views.py >

```
@home.route("/order_list/",methods=['GET','POST'])
@user_login
def order_list():
    """
    我的订单
    """
    user_id = session.get('user_id',0)
    orders = OrdersDetail.query.join(Orders).filter(Orders.user_id==user_
id).order_by(Orders.addtime.desc()).all()
    return render_template('home/order_list.html',orders=orders)
```

订单信息如图 17.27 所示。

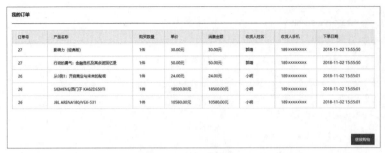

图 17.27　订单信息

17.9　后台功能模块设计

17.9.1　后台登录模块设计

在商城首页的底部提供了后台管理员入口,通过该入口可以进入后台管理系统登录页面。在该页面,管理人员通过输入正确的管理员名和密码即可登录到网站后台。当用户没有输入管理员名或密码为空时,系统都将进行判断并给予提示信息,否则将进入管理员登录处理页验证管理员信息。后台管理系统登录页面运行结果如图 17.28 所示。

图 17.28　后台管理系统登录页面运行结果

17.9.2　商品管理模块设计

51 商城的商品管理模块主要用于实现对商品信息的管理,包括分页显示商品信息、添加商品信息、修改商品信息等功能。下面分别进行介绍。

1. 分页显示商品信息

商品管理模块的首页是分页显示商品信息页面,主要用于将商品信息表中的商品信息以列表的方式进行显示,并为之添加"修改"和"删除"功能,方便用户对商品信息进行修改和删除。商品管理模块首页如图 17.29 所示。

图 17.29　商品管理模块首页

2. 添加商品信息

在商品管理模块首页中单击"添加商品信息"即可进入添加商品信息页面。添加商品信息页面主要用于向数据库中添加新的商品信息。添加商品信息页面如图 17.30 所示。

图 17.30　添加商品信息页面

3. 修改商品信息

在商品管理模块首页中单击想要修改的商品信息后面的修改图标，即可进入修改商品信息页面。修改商品信息页面主要用于修改指定商品的基本信息。修改商品信息页面如图 17.31 所示。

图 17.31 修改商品信息页面

17.9.3 销量排行榜模块设计

单击后台导航条中的"销量排行榜"即可进入销量排行榜页面。在该页面中将以表格的形式对销量排在前 10 名的商品信息进行显示，以方便管理员及时了解各种商品的销量情况，从而做出相应的促销活动。销量排行榜页面如图 17.32 所示。

图 17.32 销量排行榜页面

17.9.4 会员管理模块设计

单击后台导航条中的"会员管理"即可进入会员信息管理首页。对于会员信息的管理主要是查看会员基本信息和对经常失信的会员予以账户冻结或解冻，但对于会员密码，管理员是无权查看的。会员信息管理页面如图 17.33 所示。

图 17.33 会员信息管理页面

17.9.5 订单管理模块设计

单击后台导航条中的"订单管理"即可进入订单信息管理页面。对于订单的管理主要是显示订单列表，以及按照订单编号查询指定的订单。订单管理模块页面如图 17.34 所示。

图 17.34 订单管理模块页面

第 18 章

BBS 问答社区——Tornado+ Redis+ Bootstrap 实现

在"全民编程"的大环境下，学习编程的人数与日俱增，而为开发者提供问答的社区也逐渐流行起来，例如国外有著名技术问答社区 StackOverflow，国内有 SegmentFault 等。本章主要讲解使用 Python 轻量级异步框架 Tornado 实现的一个类似 StackOverflow 的问答社区网站的创建。

18.1　功能分析

作为一个问答类型的社区，需具备如下功能。

- ☑ 用户授权功能，包括用户注册、登录、注销等。
- ☑ 社区问答功能，包括用户发帖提问、显示问题列表、查看帖子详情、删除帖子等。
- ☑ 标签系统功能，包括用户发帖时创建标签，根据标签查看相关帖子等。
- ☑ 回复系统功能，包括用户回帖、显示回复列表、删除帖子、查看帖子状态等。
- ☑ 回复状态长轮询功能，即用户回复的状态可以第一时间展示给提问者。
- ☑ 用户排名功能，即根据用户的积分进行排名。

18.2　系统功能设计

18.2.1　系统功能结构

BBS 问答社区项目功能结构如图 18.1 所示，包括用户授权、问答系统、标签系统、回复系统和用户排名等功能。系统的回复状态采用了长轮询的设计，用户回复的状态可以第一时间展示给提问者。

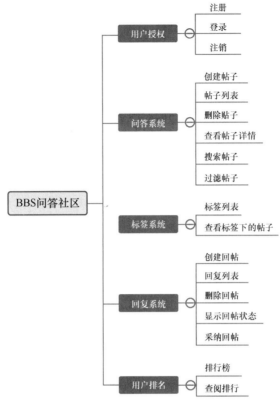

图 18.1　BBS 问答社区项目功能结构

18.2.2　系统业务流程

　　BBS 问答系统的设计主要实现了类似于 Stack Overflow 的提问和采纳功能。用户可以通过富文本编辑器对系统中其他用户提出专业问题，其他用户可以通过问题列表来读取最新提出的问题并进行回复。如果回复的答案被提问者采纳，那么该用户将获得 1 个积分的奖励，并且该答案将会呈现到回复列表的最上端。无论是否被采纳，回复者的回复都会实时地展示给提问者，便于提问者及时查看。BBS 问答系统的业务流程如图 18.2 所示。

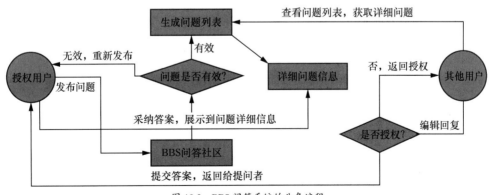

图 18.2　BBS 问答系统的业务流程

18.3　系统开发必备

18.3.1　系统开发环境

本系统的软件开发及运行环境具体如下。

◆ 操作系统：Windows 7 及以上，或 Linux。

◆ 虚拟环境：virtualenv。

◆ 数据库：MySQL。

◆ MySQL 图形化管理软件：Navicat for MySQL。

◆ 开发工具：PyCharm。

◆ Tornado 版本：5.0.2。

◆ 浏览器：谷歌浏览器。

18.3.2　项目组织结构

本项目主要使用的开发工具为 PyCharm，解释器我们使用基于 CPython 的 IPython，以便于调试。项目组织结构如图 18.3 所示。

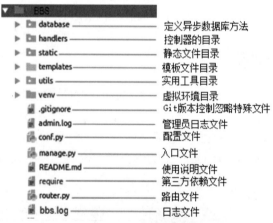

图 18.3　项目组织结构

在本项目中，我们定义了一个 manage.py 文件，所有的程序启动相关的类和方法都写进这个文件中。与此同时，我们定义了一些实用的命令以方便项目的调试和初始化。相关命令及说明如下。

```
python  manage.py  run              # 启动项目
python  manage.py  migrate          # 创建迁移文件
python  manage.py  dbshell          # 连接到数据库 cli
python  manage.py  shell            # 打开 IPython 解释器
python  manage.py  help             # 帮助文件
```

18.4 数据库设计

18.4.1 数据库概要说明

本项目采用MySQL数据库，数据库名为bbs，共有5张数据表，其表名、含义及作用如表18.1所示。

表 18.1 数据表结构

表名	含义	作用
t_group	用户组表	用于存储用户组信息
t_user	用户表	用于存储用户信息
t_tag	标签表	用于存储标签信息
t_question	问题表	用于存储问题信息
t_answer	答案表	用于存储答案回复信息

18.4.2 数据表关系

本项目中主要数据表的关系：一个用户对应一个用户组，一个问题对应一个标签和多个答案，每个用户对应多个问题和答案。其 E-R 图如图 18.4 所示。

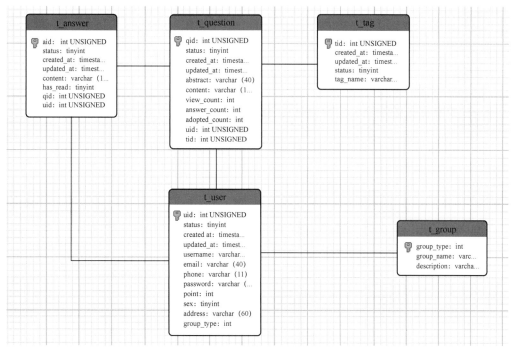

图 18.4 数据表 E-R 图

18.5　用户系统设计

18.5.1　用户注册功能

实现用户注册功能的代码在 handlers 模块下的 auth_handlers.py 文件中的 SignupHandler 类，只接受 GET 请求。

首先判断用户输入的图形验证码是否正确，图形验证码存储在 Redis 中。如果验证码正确，则校验数据库中是否存在该用户；如果不存在，则将密码使用 MD5 加密并将用户信息保存到数据库中。最后设置登录 Cookie 过期时间为 30 天。

如果上述过程出现错误或异常，则返回错误的 JSON 格式数据信息。在前端代码中，使用 AJAX 请求来完成这个请求过程，并对用户填写的表单数据进行合法校验，对错误响应进行提示。

用户注册功能实现流程如图 18.5 所示。

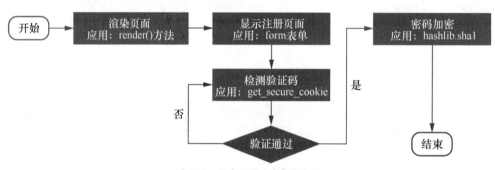

图 18.5　用户注册功能实现流程

用户注册功能实现的关键代码如下。

＜代码位置：第 18 章源码 \BBS\handlers\auth_handlers.py ＞

```python
class SignupHandler(BaseHandler):
    """
    注册控制器
    """
    @gen.coroutine
    def get(self, *args, **kwargs):    # 渲染页面
        self.render('login.html')


    @gen.coroutine
    def post(self, *args, **kwargs):                    # 提交注册数据
        username = self.get_argument('username', '')  # 接收用户名参数
        password = self.get_argument('password', '')  # 接收密码参数
        vcode = self.get_argument('vcode', '')    # 接收验证码参数
        sign = self.get_argument('sign', '')     # 接收验证码标识参数
```

```
        # 检测验证码是否正确
        if self.get_secure_cookie(sign).decode('utf-8') != vcode:
            self.json_response(*LOGIN_VCODE_ERR)
            raise gen.Return()


        data = yield get_user_by_username(username) # 根据用户名获取用户信息
        if data: # 如果用户已经存在
            self.json_response(*USER_EXISTS) # 提示错误信息
            raise gen.Return()


    password = hashlib.sha1(password.encode('utf-8')).hexdigest()  # 加密密码
    result = yield create_user(username, password) # 将用户名和密码写入数据库
      if not result: # 如果结果不存在，提示错误信息
            self.json_response(*USER_CREATE_ERR)
            raise gen.Return()


    self.set_secure_cookie('auth-user', username)          # 生成登录 Cookie
    self.set_cookie('username', username, expires_days=30) # 设置过期时间
        self.json_response(200, 'OK', {})
```

　　注册页面是通过 Tornado.web.RequestHandler 的 render() 方法来实现的。这个页面和登录功能通用，前端的校验过程是在 AJAX 请求中完成的，并且会对每一次输入数据进行合理性校验，会对所有的错误码做出正确的响应和提示。

　　前端页面主要用于显现登录和注册的 form 表单，关键代码如下。

　　< 代码位置：第 18 章源码 \BBS\templates\login.html >

```
{% extends 'base.html' %}
{% block title %} 登录 {% end %}
{% block body %}
{!-- 省略部分代码 --}
<form role="form" action="" method="post" class="registration-form">
    <fieldset>
        <div class="form-top">
            <div class="form-top-left">
                <h3> 登录 / 注册 </h3>
            </div>
            <div class="form-top-right">
                <i class="fa fa-users"></i>
            </div>
        </div>
        <div class="form-bottom">
            <div class="form-group">
                <label class="sr-only" for="form-username"> 用户名 </label>
```

```
                    <input type="text" name="username" placeholder="用户名
" class="form-control" id="form-username">
          </div>
          <div class="form-group">
            <label class="sr-only" for="form-password">密码 </label>
               <input type="password" name="password" placeholder="密码
" class="form-control"
                   id="form-password">
          </div>
          <div class="form-group">
            <div class="row">
                <div class="col-md-8">
                 <label class="sr-only" for="form-vcode">验证码 </label>
                        <input type="text" name="vcode" placeholder="验证码
" class="form-control"
                           id="form-vcode">
                </div>
                <div class="col-md-4">
                 <img id="loginVcode" src="" alt="刷新失败 " />
                </div>
            </div>
          </div>
          <button id="submitLogin" type="button" class="btn btn-info">登
录 </button>
             <button id="submitSignup" type="button" class="btn btn-
success">注册 </button>
        </div>
    </fieldset>
</form>
```

上述代码中，当单击"登录"按钮时，实现用户登录功能；当单击"注册"按钮时，实现用户注册功能。这 2 个功能都是通过 AJAX 异步提交方式来实现的。由于实现方式类似，我们只以用户注册功能为例进行讲解。实现用户注册功能的 JavaScript 关键代码如下。

＜代码位置：第 18 章源码 \BBS\static\js\login.js＞

```
$('#submitSignup').click(function () {
    let username = $('#form-username').val();  // 获取用户名
    let password = $('#form-password').val();  // 获取密码
    let vcode = $('#form-vcode').val();         // 获取验证码
    // 使用正则表达式检测用户名是否为 4 ～ 12 位
    if(!username.match('^\\w{4,12}$')) {  // 如果不是
        $('#form-username').css('border', 'solid red'); // 更改边框样式
        $('#form-username').val('');       // 设置用户名为空
```

```
        $('#form-username').attr('placeholder', '用户名长度应该在 4 ~ 12
位'); // 显示提示信息
        return false;
    }else { // 如果是
        $('#form-username').css('border', '');  // 设置用户名边框样式为空白
    }
    // 使用正则表达式检测密码是否为 6 ~ 20 位
    if(!password.match('^\\w{6,20}$')) {
        $('#form-password').css('border', 'solid red');
        $('#form-password').val('');
        $('#form-password').attr('placeholder', '密码长度应该在 6 ~ 20 位');
        return false;
    }else {
        $('#form-password').css('border', '');
    }
    // 使用正则表达式检测验证码是否为 4 位
    if(!vcode.match('^\\w{4}$')) {
        $('#form-vcode').css('border', 'solid red');
        $('#form-vcode').val('');
        $('#form-vcode').attr('placeholder', '验证码长度为 4 位');
        return false;
    }else {
        $('#form-vcode').css('border', '');
    }
    // 使用 AJAX 异步方式来提交数据
    $.ajax({
        url: '/auth/signup', // 提交的 URL
        type: 'post',           // 类型为 Post
        data: {                 // 设置提交的数据
            username: username, // 用户名
            password: password, // 密码
            vcode: vcode,       // 验证码
            sign: loginSign     // 注册标识
        },
        dataType: 'json',       // 数据类型
        success: function (res) { // 回调函数
            if(res.status === 200 && res.data) {  // 如果返回码是 200 并且包
含返回数据
                window.location.href = getQueryString('next') || '/' +
                    encodeURI('?m=登录成功 &e=success'); // 跳转到首页
            }else if(res.status === 100001) {  // 验证码错误或超时
                $('#form-vcode').css('border', 'solid red');
                $('#form-vcode').val('');
                $('#form-vcode').attr('placeholder', res.message);
```

```
        }else if(res.status === 100004) {  // 用户名已存在
            $('#form-username').css('border', 'solid red');
            $('#form-username').val('')
          $('#form-username').attr('placeholder', res.message);
        }else if(res.status === 100005) { // 用户创建失败
            $('.registration-form').prepend("<div id='regMessage'
              class='alert alert-danger'>注册失败</div>");
              setTimeout(function () {
                $('.registration-form').find('#regMessage').remove(); // 移除错误
信息
              }, 1500);
          }
        }
    })
});
```

上述代码中，我们首先对 form 表单中的用户名、密码和验证码进行验证。如果验证通过，则是用 AJAX 异步方式将其提交到"/auth/signup"路由，该路由对应 SignupHandler 类。在前面已经介绍过 SignupHandler 类，这里不赘述。注册页面如图 18.6 所示。

图 18.6 注册页面

18.5.2 用户登录功能

用户登录功能和用户注册功能共享一个页面，登录的 GET 请求用于渲染登录页面，而 POST 请求首先对用户提交的图形验证码进行校验。如果校验通过则查询用户名是否存在，如果存在则校验用户的密码的 MD5 值和数据库中是否相符。校验成功则设置 Cookie，否则返回错误信息。用户登录功能实现流程如图 18.7 所示。

图 18.7 用户登录功能实现流程

实现用户登录功能的关键代码如下。

< 代码位置：第 18 章源码 \BBS\handlers\auth_handlers.py>

```
class LoginHandler(BaseHandler):
    """ 登录控制器 """
    @gen.coroutine
    def get(self, *args, **kwargs):  # 渲染页面
```

```
        self.render('login.html')


    @gen.coroutine
    def post(self, *args, **kwargs):  # 登录数据提交
        sign = self.get_argument('sign', '')              # 接收验证码标识参数
        vcode = self.get_argument('vcode', '')            # 接收验证码参数
        username = self.get_argument('username', '')      # 接收用户名参数
        password = self.get_argument('password', '')      # 接收密码参数
        # 检测验证码是否正确
        if self.get_secure_cookie(sign).decode('utf-8') != vcode: # 如果验证码错误
# 返回 JSON 格式的错误提示
            self.json_response(*LOGIN_VCODE_ERR)
            raise gen.Return()


        data = yield get_user_by_username(username)       # 根据用户名获取数据
        if not data:                                      # 如果用户名不存在
            self.json_response(*USERNAME_ERR)             # 提示错误信息
            raise gen.Return()
        # 检测密码是否正确
            if data.get('password') != hashlib.sha1(password.
encode('utf-8')).hexdigest():
            self.json_response(*PASSWORD_ERR) # 返回 JSON 格式错误信息
            raise gen.Return()


    self.set_secure_cookie('auth-user', data.get('username', ''))     # 设置 Cookie
        # 设置过期时间为 30 天
        self.set_cookie('username', data.get('username', ''), expires_
days=30)
        self.json_response(200, 'OK', {})
```

当用户输入用户名、密码和验证码后，单击"登录"按钮。如果密码错误，运行结果如图 18.8 所示。如果验证码错误，运行结果如图 18.9 所示。如果填写信息全部正确，则进入首页。

图 18.8　密码错误　　　　　　　　　　　图 18.9　验证码错误

18.5.3 用户注销功能

用户注销功能十分简单，我们对设置的安全 Cookie 进行清除，然后进行页面的重定向即可。重定向的页面必须是用户当前所在的页面，这个实现方法是：让前端获取当前页面的 URL，然后作为注销功能的一个参数传进来，在清除 Cookie 之后，直接调用 tornado.web.RequestHandler 的 redirect() 方法即可。实现代码如下。

< 代码位置：第 18 章源码 \BBS\handlers\auth_handlers.py >

```python
class LogoutHandler(BaseHandler):
    """
    登出控制器
    """
    @gen.coroutine
    def get(self, *args, **kwargs):
        next = self.get_argument('next', '')  # 获取 next 参数
        self.clear_cookie('auth-user')         # 删除 auth_user 的 Cookie 值
        self.clear_cookie('username')          # 删除 username 的 Cookie 值
    # 拼接 URL 参数
        next = next + '?' + parse.urlencode({'m': '注销成功', 'e': 'success'})
        self.redirect(next)  # 跳转到注销页面
```

当用户单击底部导航的"用户名"后，将弹出一个注销账户的对话框。如果用户单击"注销"按钮，则退出网站。"注销账户"对话框如图 18.10 所示。

图 18.10 "注销账户"对话框

18.6 问题模块设计

18.6.1 问题列表

首页问题列表的实现是基于 AJAX 异步方式刷新的，首先进入首页会渲染所有标签，默认会根据第一个标签去请求接口获得问题数据。当用户单击某一个标签的时候，问题会随之刷新。每次刷新出来的列表会带有分页数据。首页实现代码如下。

< 代码位置：第 18 章源码 \BBS\handlers\index_handlers.py >

```
class IndexHandler(BaseHandler):
    """
    首页控制器
    """
    @gen.coroutine
    def get(self, *args, **kwargs):  # 渲染页面
        tags = yield get_all_tags()  # 获取所有标签信息
        self.render('index.html', data={'tags': tags})
```

首页问题列表是通过 QuestionListHandler() 来获取的，其实现代码如下。

< 代码位置：第 18 章源码 \BBS\handlers\question_handlers.py >

```
class QuestionListHandler(BaseHandler):
    """
    问题列表控制器
    """
    @gen.coroutine
    def get(self, *args, **kwargs): # 渲染问题列表
        last_qid = self.get_argument('lqid', None)  # 接收 lqid 参数，默认为
None
        pre = self.get_argument('pre', 0) # 接收 pre 参数，默认为 0
        if last_qid: # 如果 last_qid 存在
            try:
                last_qid = int(last_qid) # 将其转化为整型
            except Exception:  # 异常处理，返回 JSON 格式数据
                self.json_response(200, 'OK', {
                    'question_list': [],
                    'last_qid': None
                })
        pre = True if pre == '1' else False # 将 pre 转化为布尔型
            # 获取问题列表
        data = yield get_paged_questions(page_count=15, last_qid=last_
qid, pre=pre)
    # 判断 data 是否存在，并获取数据赋值给 lqid
        lqid = data[-1].get('qid') if data else None
    # 返回 JSON 格式数据
        self.json_response(200, 'OK', {
            'question_list': data,
            'last_qid': lqid,
        })
```

首页问题列表效果如图 18.11 所示。

图 18.11　首页问题列表效果

18.6.2　问题详情

当用户单击某一个问题，会跳转到问题详情页面。问题详情页面包括问题的详细内容，并且在页面下方会有该问题的所有回复，同样是以 AJAX 无刷新的请求完成的。问题详情功能的实现代码如下。

<代码位置: 第 18 章源码 \BBS\handlers\question_handlers.py >

```python
class QuestionDetailHandler(BaseHandler):
    """
    问题详情控制器
    """
    @gen.coroutine
    def get(self, qid, *args, **kwargs):  # 渲染数据
        user = self.current_user  # 获取当前用户信息
        try:
            qid = int(qid)  # 将 qid 转化为整型
        except Exception as e:  # 异常处理并返回
            self.json_response(*PARAMETER_ERR)
            raise gen.Return()
        if user:  # 如果用户信息存在
            yield check_user_has_read(user, qid)  # 获取未读信息

        data = yield get_question_by_qid(qid)  # 获取问题详情
         self.render('question_detail.html', data={'question': data})  # 渲
染页面
```

单击问题列表中的某一标题，即可查看该问题的详情。问题详情如图 18.12 所示。

图 18.12　问题详情

问题详情下方是调用接口刷新出来的回复列表。实现代码如下。

< 代码位置：第 18 章源码 \BBS\handlers\answer_handlers.py >

```python
class AnswerListHandler(BaseHandler):
    """
    答案列表控制器
    """
    @gen.coroutine
    def get(self, qid, *args, **kwargs):  # 渲染数据
        try:
            qid = int(qid)  # 将 qid 转化为整型
        except Exception as e:  # 异常处理
            self.json_response(*PARAMETER_ERR)
            raise gen.Return()
        data = yield get_answers(qid)  # 获取答案列表
        yield check_answers(qid)  # 更新未读答案
        # 返回 JSON 格式数据
        self.json_response(200, 'OK', {
            'answer_list': data,
        })
```

回复列表如图 18.13 所示。

图 18.13　回复列表

18.6.3 创建问题

创建问题前端提供了一个基于 Simditor 的开源富文本编辑器，这个富文本编辑器是轻量级的，适用于 Tornado 这种框架。创建问题的过程非常简单，实现代码如下。

< 代码位置：第 18 章源码 \BBS\handlers\question_handlers.py >

```python
class QuestionCreateHandler(BaseHandler):
    """
    创建问题控制器
    """
    @login_required
    @gen.coroutine
    def get(self, *args, **kwargs):  # 渲染页面
        tags = yield get_all_tags()  # 获取所有 tag 信息
        self.render('question_create.html', data={'tags': tags}) # 渲染模板


    @login_required
    @gen.coroutine
    def post(self, *args, **kwargs):  # 提交数据
        tag_id = self.get_argument('tag_id', '') # 接收 tag 参数
        abstract = self.get_argument('abstract', '') # 接收 abstract 参数
        content = self.get_argument('content', '') # 接收 content 参数
        user = self.current_user  # 获取当前用户信息

        try:
            tag_id = int(tag_id) # 将 tag_id 转化为整型
        except Exception as e: # 异常处理并返回
            self.json_response(*PARAMETER_ERR)
            raise gen.Return()
    # 创建所有问题列表
        data, qid = yield create_question(tag_id, user, abstract, content)

        if not data: # 如果问题列表不存在
            self.json_response(*CREATE_ERR) # 返回 JSON 格式数据，并提示创建失败
            raise gen.Return()
    # 返回 JSON 格式数据
        self.json_response(200, 'OK', {'qid': qid})
```

创建问题如图 18.14 所示。

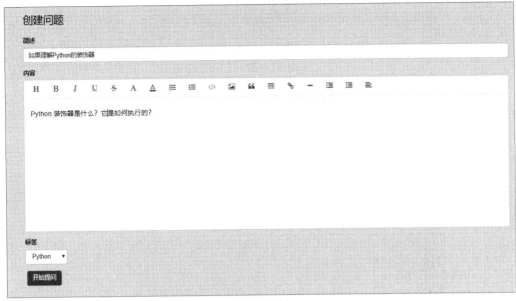

图 18.14　创建问题

在创建问题时，我们也可以使用上传图片的功能。此时，需要将图片上传到后端服务器，上传图片的实现代码如下。

<代码位置：第 18 章源码 \BBS\handlers\question_handlers.py >

```python
class QuestionUploadPicHandler(BaseHandler):
    """
    上传图片控制器
    """
    @login_required
    @gen.coroutine
    def get(self, *args, **kwargs):        # 渲染页面
        self.json_response(200, 'OK', {})


    @login_required
    @gen.coroutine
    def post(self, *args, **kwargs):  # 提交图片数据
        pics = self.request.files.get('pic', None) # 获取 pic 参数
        urls = []
        if not pics: # 如果 pic 参数不存在，提示错误信息并返回
            self.json_response(*PARAMETER_ERR)
            raise gen.Return()
        folder_name = time.strftime('%Y%m%d', time.localtime()) # 使用文件名
        folder = os.path.join(DEFAULT_UPLOAD_PATH, folder_name) # 拼接文件目录
        if not os.path.exists(folder):    # 如果目录不存在
            os.mkdir(folder)   # 创建目录
        for p in pics: # 遍历图片
```

```
        file_name = str(uuid.uuid4()) + p['filename'] # 拼接文件名
# 以二进制格式打开文件
        with open(os.path.join(folder, file_name), 'wb+') as f:
# 写入文件，即保存图片
            f.write(p['body'])
        web_pic_path = 'pics/' + folder_name + '/' + file_name
# 拼接路径
        urls.append(os.path.join(DOMAIN, web_pic_path))
# 追加到列表
# 返回 JSON 格式数据
    self.write(json.dumps({
        'success': True,
        'msg': 'OK',
        'file_path': urls
    }))
```

单击富文本编辑器的"上传图片"图标，选择"上传图片"，从计算机中选择一张图片上传，如图 18.15 所示。单击"开始提问"按钮，提交问题如图 18.16 所示。

图 18.15　上传图片

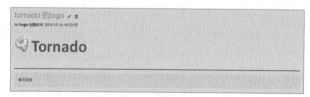

图 18.16　提交问题

18.7　答案长轮询设计

创建答案的过程和创建问题大同小异。我们重点了解如何实现创建答案之后，提问者能立刻看到答案消息提示。对创建答案功能不做过多叙述，实现代码如下。

< 代码位置：第 18 章源码 \BBS\handlers\answer_handlers.py >

```python
class AnswerCreateHandler(BaseHandler):
    """
    创建答案控制器
    """
    def initialize(self):                    # 初始化 Redis 数据库
        self.redis = redis_connect()    # 配置 Redis
        self.redis.connect()                 # 连接 Redis


    @gen.coroutine
    @login_required
    def post(self, *args, **kwargs):   # 提交数据
        qid = self.get_argument('qid', '')  # 获取 qid 参数，默认为空
        content = self.get_argument('content', '')  # 获取 content 参数，默认
为空

        user = self.current_user  # 将当前用户信息赋值给 user 变量


        try:
            qid = int(qid)  # 将 qid 转化为整型
        except Exception as e:  # 异常处理
            self.json_response(*PARAMETER_ERR)
            raise gen.Return()


        if not user:  # 如果用户不存在，返回错误信息
            self.json_response(*USER_HAS_NOT_VALIDATE)
            raise gen.Return()
        data = yield create_answer(qid, user, content)  # 创建答案
        answer_status = yield get_answer_status(user)   # 获取答案状态


        if not data:  # 如果创建答案不存在，提示创建失败
            self.json_response(*CREATE_ERR)
            raise gen.Return()
        yield gen.Task(self.redis.publish, ANSWER_STATUS_CHANNEL,
                       json.dumps(answer_status, cls=JsonEncoder))  # 更
新到 channel
        self.json_response(200, 'OK', {})  # 返回 JSON 格式数据
```

上述代码中，调用了 gen_Task() 方法，代码如下。

```python
yield gen.Task(self.redis.publish, ANSWER_STATUS_CHANNEL, json.
dumps(answer_status, cls=JsonEncoder))
```

该方法会利用 Tornado-Redis（Redis 异步客户端）写入一个 CHANEL，并将答案的状态写入
Redis，而提问者的客户端会做一次长轮询来监测是否有人回答了问题，并在接收到 Redis 中的回调之后，

立刻在客户端做出响应。实现代码如下。

< 代码位置：第 18 章源码 \BBS\handlers\answer_handlers.py >

```python
class AnswerStatusHandler(BaseHandler):
    """
    答案状态长轮询控制器
    """
    def initialize(self):  # 初始化 Redis 数据库
        self.redis = redis_connect()
        self.redis.connect()

    @web.asynchronous
    def get(self, *args, **kwargs):  # 请求到来订阅到 Redis
        if self.request.connection.stream.closed():
            raise gen.Return()
        self.register()  # 注册回调函数

    @gen.engine
    def register(self):  # 订阅消息
        yield gen.Task(self.redis.subscribe, ANSWER_STATUS_CHANNEL)
        self.redis.listen(self.on_response)

    def on_response(self, data):  # 响应到来返回数据
        if data.kind == 'message':  # 类型为消息
            try:
                self.write(data.body)
                self.finish()
            except Exception as e:
                pass
        elif data.kind == 'unsubscribe':  # 类型为取消订阅
            self.redis.disconnect()

    def on_connection_close(self):  # 关闭连接
        self.finish()
```

上述代码中编写了一个注册函数，订阅了一个 Redis 的通道，并且服务器与客户端建立了一个较长时间的连接。这个通道用来接收上一段代码中创建问题之后写入通道的数据，如果数据被写入了通道，服务器会根据绑定的回调函数立即做出响应，而这个响应的回调函数就是 on_response()。这样，就已经完成了一次长轮询的机制。

当用户的提问得到回复时，在顶部导航栏用户名右侧，会出现一个数字图标，如图 18.17 所示。

图 18.17　用户得到其他用户编写的回复

第 19 章

甜橙音乐网——
Flask+MySQL+jPlayer 实现

随着生活节奏的加快，人们的生活压力和工作压力也不断增加，网络也因此成为人们排解压力的重要渠道。网络提供给人们许多娱乐项目，如网络游戏、网络电影和在线音乐等。听音乐可以放松心情，减轻生活或工作带来的压力。目前大多数的音乐网站都能提供在线视听、音乐下载、在线交流、音乐收藏等功能。本章，我们使用 Flask 开发一款在线音乐网站——甜橙音乐网。

19.1　功能分析

为实现用户在甜橙音乐网上在线听音乐、收藏音乐的需求，甜橙音乐网需要具备如下功能。

- ☑ 用户管理功能，包括用户注册、登录和退出等。
- ☑ 分类的功能，根据曲风、地区和歌手类型等对音乐进行分类。
- ☑ 在线听音乐的功能，用户单击选中的音乐后即可播放该音乐。
- ☑ 排行榜功能，根据用户单击音乐的播放次数进行排行。
- ☑ 搜索音乐的功能，用户可根据音乐名称等搜索音乐。
- ☑ 收藏音乐功能，用户登录后可以收藏音乐。收藏完成后，单击"我的音乐"，可以查看全部收藏的音乐。
- ☑ 添加歌手的功能，管理员可以添加歌手。
- ☑ 添加音乐的功能，管理员可以添加音乐。

19.2 系统功能设计

19.2.1 系统功能结构

　　甜橙音乐网分为前台和后台两部分。前台管理主要包括"首页""排行榜""曲风分类""歌手分类""我的音乐""发现音乐"等功能模块。后台管理主要包括"登录""音乐管理""歌手管理"等功能模块。系统功能结构如图 19.1 所示。

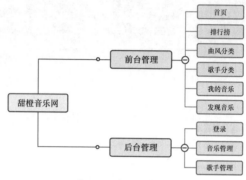

图 19.1　系统功能结构

19.2.2 系统业务流程

　　普通用户使用浏览器进入甜橙音乐网的首页，可以查看排行榜、曲风分类、歌手分类、我的音乐和发现音乐等内容。

　　甜橙音乐网系统管理员进入登录页面，进行系统登录操作。如果登录失败，则继续停留在登录页面；如果登录成功，则进入网站后台的管理页面，可以进行音乐管理和歌手管理。

　　系统业务流程如图 19.2 所示。

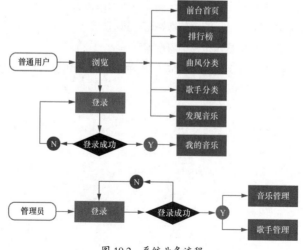

图 19.2　系统业务流程

19.2.3 系统预览

甜橙音乐网首页如图 19.3 所示，在该页面中用户可以浏览轮播图、热门歌手和热门音乐。通过单击导航栏中的"歌手"超链接，可以进入歌手列表页面，如图 19.4 所示，在该页面中，可以分页查看全部歌手信息，也可以按曲风查看相关歌手。

图 19.3　甜橙音乐网首页

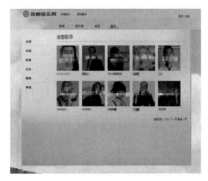

图 19.4　歌手列表页面

在甜橙音乐网中，单击顶部的"登录"超链接，将显示登录页面，如图 19.5 所示，通过该页面可以实现登录功能。在导航栏中，单击"排行榜"超链接，将显示音乐排行榜页面，如图 19.6 所示。

图 19.5　登录页面

图 19.6　音乐排行榜页面

在甜橙音乐网中，管理员可以通过账号、密码登录进入后台。在后台导航栏中，单击"歌手"超链接，可以对歌手信息进行管理，如图 19.7 所示。单击"音乐"超链接，可以对音乐信息进行管理，如图 19.8 所示。

图 19.7　后台歌手管理

图 19.8　后台音乐管理

19.3 系统开发必备

19.3.1 系统开发环境

本系统的软件开发及运行环境具体如下。

◆ 操作系统：Windows 7 及以上。

◆ 虚拟环境：virtualenv。

◆ 数据库：PyMySQL 驱动和 MySQL。

◆ 开发工具：PyCharm / Sublime Text 3。

◆ Python Web 框架：Flask。

19.3.2 项目组织结构

本项目我们采用的是 Flask 微型 Web 框架进行开发。由于 Flask 的灵活性，我们可任意组织项目结构。项目组织结构如图 19.9 所示。

图 19.9 项目组织结构

在图 19.9 所示的项目组织结构中，有 3 个顶级文件。

☑ app：Flask 程序的包文件，一般都命名为 app。该文件夹下还包含两个包，即 home（前台文件）和 admin（后台文件）。每个包下又包含 3 个文件，即 __init__.py（初始化文件）、forms.py（表单文件）和 views（路由文件）。

☑ migrations：迁移文件。

☑ Venv Library root：Python 虚拟环境。

同时还创建了如下一些新文件。

☑ requirements.txt：依赖包文件，用于列出所有依赖包，便于在其他计算机中重新生成相同的虚拟环境。

☑ config.py：配置文件，用于存储配置。

☑ manage.py：启动文件，用于启动程序以及其他的程序任务。

19.4 数据库设计

19.4.1 数据库概要说明

本项目采用 MySQL 数据库，数据库名称为 music。其中包含 4 张数据表，数据表名称、含义及作用如表 19.1 所示。

表 19.1 数据表信息

表名	含义	作用
user	用户表	用于存储用户的信息
song	音乐表	用于存储音乐信息
artist	歌手表	用于存储歌手信息
collect	收藏表	用于存储收藏表信息

19.4.2 数据表模型

本项目中使用 Flask-SQLAlchemy 操作数据库，将所有的模型放置到一个单独的 models 模块中。models.py 文件代码如下。

<代码位置：第 19 章源码 \OnlineMusic\app\models.py >

```
from . import db

# 用户表
class User(db.Model):
    __tablename__ = "user"
    id = db.Column(db.Integer, primary_key=True)         # 编号
    username = db.Column(db.String(100))                 # 用户名
    pwd = db.Column(db.String(100))                      # 密码
    flag = db.Column(db.Boolean,default=0)               # 用户标识，0 表
示普通用户 ，1 表示管理员

    def __repr__(self):
        return '<User %r>' % self.name

    def check_pwd(self, pwd):
        """
        检测密码是否正确
        :param pwd: 密码
        :return: 返回布尔值
```

```
            """
            from werkzeug.security import check_password_hash
            return check_password_hash(self.pwd, pwd)


# 歌手表
class Artist(db.Model):
    __tablename__ = 'artist'
    id = db.Column(db.Integer, primary_key=True)              # 编号
    artistName = db.Column(db.String(100))                    # 歌手名
    style = db.Column(db.Integer)                             # 歌手类型
    imgURL = db.Column(db.String(100))                        # 头像
    isHot = db.Column(db.Boolean,default=0)                   # 是否热门


# 音乐表
class Song(db.Model):
    __tablename__ = 'song'
    id = db.Column(db.Integer, primary_key=True)              # 编号
    songName = db.Column(db.String(100))                      # 音乐名称
    singer = db.Column(db.String(100))                        # 歌手名称
    fileURL = db.Column(db.String(100))                       # 音乐图片
    hits = db.Column(db.Integer,default=0)                    # 点击量
    # 音乐类型， 0表示全部, 1表示华语, 2表示欧美, 3表示日语, 4表示韩语, 5表示其他
    style = db.Column(db.Integer)
    collect = db.relationship('Collect', backref='song')      # 收藏外键关
系关联


# 音乐收藏
class Collect(db.Model):
    __tablename__ = "collect"
    id = db.Column(db.Integer, primary_key=True)              # 编号
    song_id = db.Column(db.Integer, db.ForeignKey('song.id')) # 所属音乐
    user_id = db.Column(db.Integer)                           # 所属用户
```

19.5　网站首页模块的设计

19.5.1　首页模块概述

当用户访问甜橙音乐网时，首先进入的就是网站首页。在甜橙音乐网的首页中，用户可以浏览轮播图、热门歌手和热门音乐，同时通过单击菜单上的超链接也可以跳转到"排行榜""曲风""歌手"等页面。

网站首页模块的实现流程如图 19.10 所示，甜橙音乐网首页如图 19.11 所示。在这些功能模块中，我们将重点介绍"热门歌手""热门音乐"和"播放音乐"这 3 个主要功能模块。

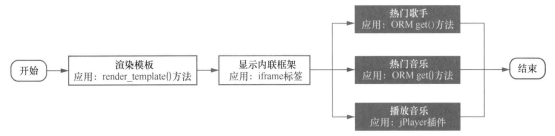

图 19.10　网站首页模块实现流程

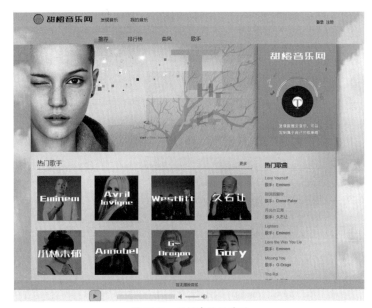

图 19.11　甜橙音乐网首页

19.5.2　实现热门歌手列表功能

1. 获取热门歌手数据

热门歌手数据源于 artist（歌手）表，该表中有 isHot（是否热门）字段。如果 isHot 字段的值为 1，则表示这条记录中的歌手是热门歌手；如果为 0，则表示这条记录中的歌手是非热门歌手。根据首页布局，我们从 user 表中筛选 12 条 isHot 为 1 的记录。我们使用 contentFrame() 方法来获取热门歌手数据，关键代码如下。

＜代码位置：第 19 章源码 \OnlineMusic\app\home\views.py＞

```
@home.route("/contentFrame")
def contentFrame():
    """
```

```
    主页面
    """
    hot_artist = Artist.query.filter_by(isHot=1).limit(12).all()  # 获取热门
歌手数据
    return render_template('home/contentFrame.html',hot_artist=hot_
artist) # 渲染模板
```

2. 渲染热门歌手页面

在 contentFrame() 方法中，使用 render_template() 函数渲染模板，并将 hot_artist 变量赋值到模板，接下来，需要在 contentFrame.html 模板文件中展示数据。hot_artist 是所有热门歌手信息的集合，在模板中可以使用 {%for%} 标签来遍历数据，关键代码如下。

< 代码位置：第 19 章源码 \OnlineMusic\app\templates\home\contentFrame.html>

```
<div class="g-mn1">
  <div class="g-mn1c">
    <div class="g-wrap3">
      <div class="n-rcmd">
        <div class="v-hd2">
          <a href="#" class="tit f-ff2 f-tdn">热门歌手 </a>
              <span class="more"><a href="{{url_for('home.
artistList')}}"
              class="s-fc3">更多 </a><i class="cor s-bg s-bg-6"> 
</i> </span>
        </div>
        <ul class="m-cvrlst f-cb">
          {% for artist in hot_artist %}
          <li>
            <div class="u-cover u-cover-1">
              <a href="{{url_for('home.artist',id=artist.id)}}">
                    <img src="{{url_for('static',filename='images/
artist/'+artist.imgURL)}}">
              </a>
            </div>
          </li>
          {% endfor %}
        </ul>
      </div>
    </div>
  </div>
</div>
```

热门歌手列表的页面效果如图 19.12 所示。

图 19.12　热门歌手列表的页面效果

19.5.3　实现热门音乐功能

1. 获取热门音乐数据

热门音乐数据源于 song（音乐）表，该表中有 hits（点击次数）字段。每当用户点击一次音乐，该音乐的 hits 字段值加 1。根据首页布局，我们在 user 表中根据 hits 字段值由高到低排序筛选 10 条记录。用 contentFrame() 方法来获取热门音乐数据，关键代码如下。

＜代码位置：第 19 章源码 \OnlineMusic\app\home\views.py＞

```
@home.route("/contentFrame")
def contentFrame():
    """
    主页面
    """
    hot_song = Song.query.order_by(Song.hits.desc()).limit(10).
all()    # 获取音乐数据
    return render_template('home/contentFrame.html', hot_song=hot_
song)  # 渲染模板
```

2. 渲染热门音乐页面

在 contentFrame() 方法中，使用 render_template() 函数渲染模板，并将 hot_song 变量赋值到模板。接下来，需要在 contentFrame.html 模板文件中展示数据。hot_song 是所有热门音乐信息的集合，在模板中可以使用 {%for%} 标签来遍历数据，关键代码如下。

＜代码位置：第 19 章源码 \OnlineMusic\app\templates\home\contentFrame.html＞

```
<div class="g-sd1">
    <div class="n-dj n-dj-1">
        <h1 class="v-hd3">
            热门音乐
        </h1>
        <ul class="n-hotdj f-cb" id="hotdj-list">
            {% for song in hot_song %}
            <li>
                <div class="info">
                    <p>
                     <a onclick='playA("{{song.songName}}","{{song.id}}");'
                        style="color: #1096A9">{{song.songName}} </a>
                        <sup class="u-icn u-icn-1"></sup>
                    </p>
                    <p class="f-thide s-fc3">
                        歌手：{{song.singer}}
                    </p>
                </div>
            </li>
            {% endfor %}
        </ul>
    </div>
</div>
```

热门音乐的页面效果如图 19.13 所示。

图 19.13　热门音乐的页面效果

19.5.4 实现播放音乐功能

1. 播放音乐

本项目使用 jPlayer 插件来实现播放音乐的功能。jPlayer 是一个 JavaScript 的完全免费和开源（MIT 许可证）的 jQuery 多媒体库插件（现在也是一个 Zepto 插件）。jPlayer 可以迅速编写一个跨平台的支持音频和视频播放的网页。

使用 jPlayer 前，需要先引入相应的 jPlayer 的 JavaScript 文件和 CSS 文件。然后根据需求，编写相应的 JavaScript 代码。关键代码如下。

＜代码位置：第 19 章源码 \OnlineMusic\app\templates\home\contentFrame.html＞

```
<link href="{{url_for('static',filename='css/jplayer.blue.monday.min.
css')}}"
rel="stylesheet" type="text/css" />
<script type="text/javascript"
    src="{{url_for('static',filename='js/jplayer/jquery.jplayer.min.
        js')}}"></script>
<script>
// 定义播放音乐的方法
function playMusic(name, id) {
    addMyList()                                    // 调用添加播放次数方法
    $("#jquery_jplayer").jPlayer( "destroy" );     // 销毁正在播放的音乐
    $("#jquery_jplayer").jPlayer({                 // 播放音乐
        ready: function(event) {                   // 准备音频
        $(this).jPlayer("setMedia", {
                    title: name,                   // 设置音乐标题
            mp3: "static/images/song/53.mp3"       // 设置播放音乐
            }).jPlayer( "play" );                  // 开始播放
            },
        swfPath: "dist/jplayer/jquery.jplayer.swf",// IE8 下的兼容播放
        supplied: "mp3",                           // 音乐格式为 mp3
        wmode: "window",                           // 播放模式 "window"
        useStateClassSkin: true,                   // 设置默认样式
        autoBlur: false,                           // 不支持模糊
        smoothPlayBar: true,                       // 支持图标
        keyEnabled: true,                          // 支持键盘
        remainingDuration: true,                   // 支持动画
        toggleDuration: true                       // 支持进度条
    });
}
```

上述代码中，首先需要把所有正在播放的音乐销毁处理，然后引入需要播放的音乐文件，设置播放音乐标题，另外还需要设置整个播放组件的相关参数信息，比如是否支持图标、动画、进度条等。最后

播放音乐。

进入网站的首页后，任意单击热门音乐中的一首，将会播放该音乐。音乐组件播放效果如图 19.14 所示。

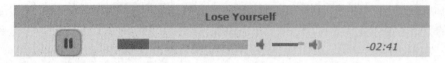

图 19.14　音乐组件播放效果

2. 统计播放次数

每次点击音乐后，音乐的点击次数都应该自动加 1。那么，在调用 playMusic() 播放音乐时，我们可以调用一个自定义的 addMyList() 方法，该方法使用 AJAX 异步方式更改 song 表中 hits 字段的值。具体代码如下。

<代码位置: 第 19 章源码 \OnlineMusic\app\templates\home\contentFrame.html>

```javascript
// 添加播放次数
function addMyList(id){
    $.ajax({
        url: "{{url_for('home.addHit')}}",        // 提交地址
        type: "get",                              // 提交类型
        data: {id: id},                           // 提交数据
        success: function(res) {                   // 回调函数
                console.log(res.message)
        }
    });
}
```

上述代码中，使用 AJAX 将 ID（音乐 ID）提交到 home 下的 addHit() 方法。所以，需要在 addHit() 方法中更改相应音乐的点击次数。关键代码如下。

<代码位置: 第 19 章源码 \OnlineMusic\app\home\views.py>

```python
@home.route('/addHit')
def addHit():
    '''
    点击次数加 1
    '''
    id = request.args.get('id')
    song = Song.query.get_or_404(int(id))
    if not song:
        res = {}
        res['status'] = -1
        res['message'] = '音乐不存在'
    # 更改点击次数
```

```
else:
    song.hits += 1
    db.session.add(song)
    db.session.commit()
    res = {}
    res['status'] = 1
    res['message'] = '播放次数加1'
return jsonify(res)
```

上述代码中，根据音乐 ID 查找音乐信息，如果音乐存在，则令 hits 字段的值自动增加 1。最后使用 jsonify() 函数返回 JSON 格式数据。

19.6　排行榜模块的设计

19.6.1　排行榜模块概述

音乐排行榜是音乐网站非常普遍的一个功能。从技术实现的原理来看，根据用户点击某音乐的次数多少进行排序，即形成了甜橙音乐网的音乐排行榜。音乐排行榜实现流程如图 19.15 所示，音乐排行榜页面效果如图 19.16 所示。

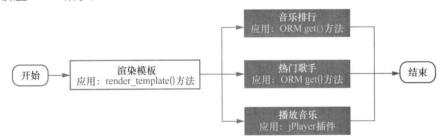

图 19.15　音乐排行榜实现流程

图 19.16　音乐排行榜的页面效果

19.6.2 实现音乐排行榜的功能

1. 获取排行榜数据

音乐排行榜功能和首页的热门音乐功能类似，区别在于首页热门音乐只显示点击次数前 10 的音乐名称和歌手，而排行榜要显示排名前 30 的音乐的详细信息。关键代码如下。

<代码位置：第 19 章源码 \OnlineMusic\app\home\views.py>

```python
@home.route("/toplist")
def toplist():
    top_song = Song.query.order_by(Song.hits.desc()).limit(30).all()
    hot_artist = Artist.query.limit(6).all()
    return render_template('home/toplist.html', top_song=top_song, hot_artist=hot_artist)
```

2. 渲染热门音乐页面

在 toplist() 方法中，使用 render_template() 方法渲染模板，并将 hot_song 变量赋值到模板。接下来，需要在 toplist.html 模板文件中展示数据。hot_song 是所有热门音乐信息的集合，在模板中可以使用 {%for%} 标签来遍历数据，关键代码如下。

<代码位置：第 19 章源码 \OnlineMusic\app\templates\home\toplist.html>

```html
<div class="j-flag" id="auto-id-o5oRUwylt22S4fpC">
    <table class="m-table m-table-rank">
        <thead>
            <tr>
                <th>
                    <div class="wp">
                        音乐
                    </div>
                </th>
                <th class="w2-1">
                    <div class="wp">
                        类别
                    </div>
                </th>
                <th class="w3">
                    <div class="wp">
                        歌手
                    </div>
                </th>
            </tr>
        </thead>
        <tbody>
```

```
    {% for song in top_song %}
      <tr class=" ">
        <td class="">
          <div class="f-cb">
            <div class="tt">
              <span
              onclick='playA("{{song.songName}}","{{song.id}}");'
                class="ply "> </span>
              <div class="ttc">
               <span class="txt"><b>{{song.songName}} </b> </span>
              </div>
            </div>
          </div>
        </td>
        <td class="s-fc3">
          <span class="u-dur">
              {% if song.style == 1%}
              华语
              {% elif song.style == 2%}
              欧美
              {% elif song.style == 3%}
              日语
              {% elif song.style == 4%}
              韩语
              {% elif song.style == 5%}
              其他
              {% endif %}
          </span>
          <div class="opt hshow">
              <span onclick='addShow("{{song.id}}")' class="icn icn-
fav" title=" 收藏 ">
              </span>
          </div>
        </td>
        <td class="">
          <div class="text">
            <span>{{song.singer}} </span>
          </div>
        </td>
      </tr>
      {% endfor %}
    </tbody>
  </table>
</div>
```

上述代码中，由于音乐类型存储在数据库中的是数字，所以需要使用 {%if%} 标签判断。音乐排行榜的页面效果如图 19.17 所示。

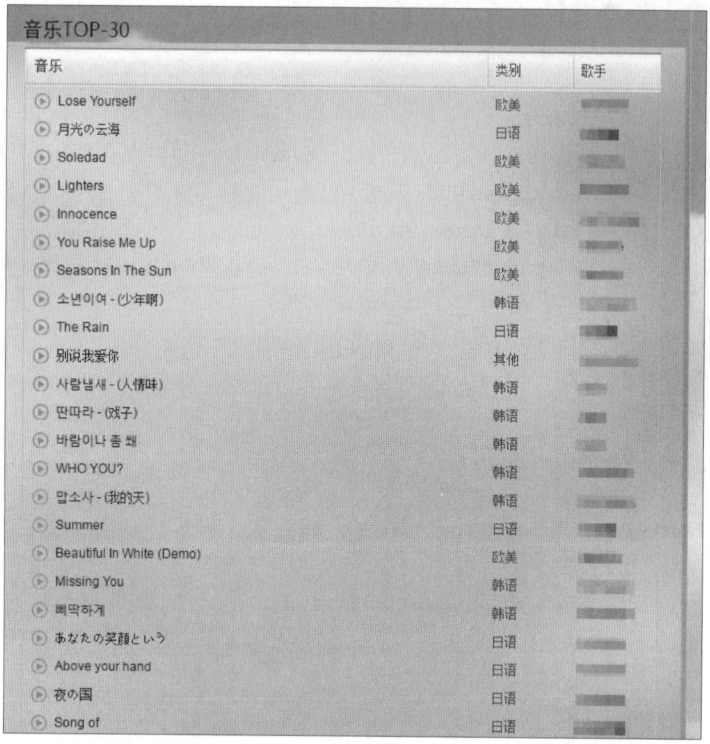

图 19.17　音乐排行榜的页面效果

19.6.3　实现播放音乐的功能

在音乐排行榜页面，单击音乐名称左侧的"播放"图标，即可播放音乐。由于在首页，我们已经实现了音乐的播放功能，所以在其他页面，可以共用首页的播放功能。所以可在音乐排行榜页面中，使用自定义函数 playA() 来调用父页面的播放功能。关键代码如下。

＜代码位置：第 19 章源码 \OnlineMusic\app\templates\home\toplist.html＞

```
<script>
function playA(name,id){
    window.parent.playMusic(name,id);
}
</script>
```

上述代码中，playA() 函数接收了 2 个参数，name 表示音乐名称，用于在播放时显示播放音乐名称；id 表示音乐 ID，用于点击播放音乐时更改音乐的点击次数。playA() 函数通过调用父页面的 playMusic() 函数，继而实现播放音乐的功能，如图 19.18 所示。

图 19.18　播放音乐

19.7　曲风模块的设计

19.7.1　曲风模块概述

曲风模块主要是根据音乐的风格进行分类展示的一个模块。在甜橙音乐网中，音乐分类主要根据曲风进行划分，即分成"全部""华语""欧美""日语""韩语""其他"6 个子类。根据此分类标准，实现曲风模块的功能。曲风模块实现流程如图 19.19 所示，曲风模块的页面效果如图 19.20 所示。

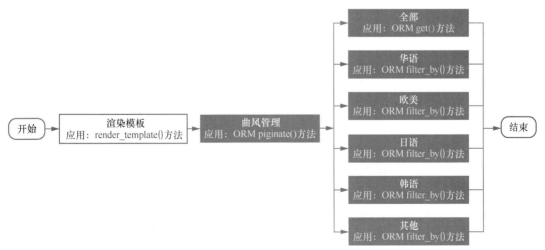

图 19.19　曲风模块实现流程

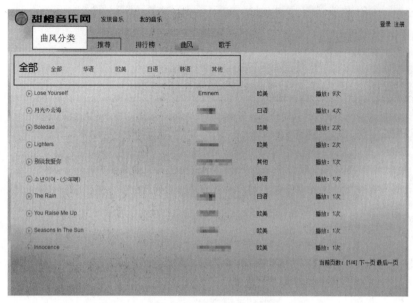

图 19.20　曲风模块的页面效果

19.7.2　实现曲风模块数据的获取

曲风模块功能和排行榜模块功能类似，区别在于排行榜模块只显示点击次数前 30 的音乐信息，而曲风模块要显示所有的音乐信息。为了更好地展示所有音乐，还需要对音乐进行分页。此外，还可以根据音乐类型查找相应的音乐。关键代码如下。

< 代码位置：第 19 章源码 \OnlineMusic\app\home\views.py>

```python
@home.route('/style_list')
def styleList():
    """
    曲风
    """
    type = request.args.get('type',0,type=int)    # 获取音乐类型参数值
    page = request.args.get('page',type=int)    # 获取 page 参数值
    if type:
        page_data = Song.query.filter_by(style=type).order_by(
                        Song.hits.desc()).paginate(page=page, per_page=10)
    else:
        page_data = Song.query.order_by(Song.hits.desc()).
paginate(page=page, per_page=10)
    return render_template('home/styleList.html', page_data=page_
data,type=type)    # 渲染模板
```

上述代码中，首先判断 type 参数是否存在。如果 type 参数存在，则要筛选所有该类型的音乐，否则筛选所有类型的音乐。

19.7.3 实现曲风模块页面的渲染

在 styleList() 方法中，使用 render_template() 函数渲染模板，并将 page_data 变量赋值到模板。接下来，需要在 styleList.html 模板文件中展示数据。page_data 是分页对象，page_data.items 则是所有音乐信息的集合，在模板中可以使用 {%for%} 标签来遍历数据，关键代码如下。

＜代码位置：第 19 章源码 \OnlineMusic\app\templates\home\styleList.html＞

```
<div class="ztag j-flag" id="auto-id-oRFIQkCKNyCtcR5R">
   <div class="n-srchrst">
      <div class="srchsongst">
         {% for song in page_data.items %}
         <div class="item f-cb h-flag even ">
            <div class="td">
               <div class="hd">
                  <a class="ply " title=" 播放 "
                           onclick='playA("{{song.songName}}","{{song.
id}}");'></a>
               </div>
            </div>
            <div class="td w0">
               <div class="sn">
                  <div class="text">
                     <b title="Lose Yourself "><span
                           class="s-fc7">{{song.songName}} </span></b>
                  </div>
               </div>
            </div>
            <div class="td">
               <div class="opt hshow">
                  <span onclick='addShow("{{song.id}}")' class="icn icn-
                     fav" title=" 收藏 "></span>
               </div>
            </div>
            <div class="td w1">
               <div class="text">
                  {{song.singer}}
               </div>
            </div>
            <div class="td w1">
               {% if song.style == 1%}
                  华语
                  {% elif song.style == 2%}
                  欧美
                  {% elif song.style == 3%}
```

```
                      日语
                   {% elif song.style == 4%}
                      韩语
                   {% elif song.style == 5%}
                      其他
                {% endif %}
             </div>
             <div class="td">
                播放：{{song.hits}} 次
             </div>
          </div>
       {% endfor %}
    </div>
  </div>
</div>
```

曲风列表的页面效果如图 19.21 所示。

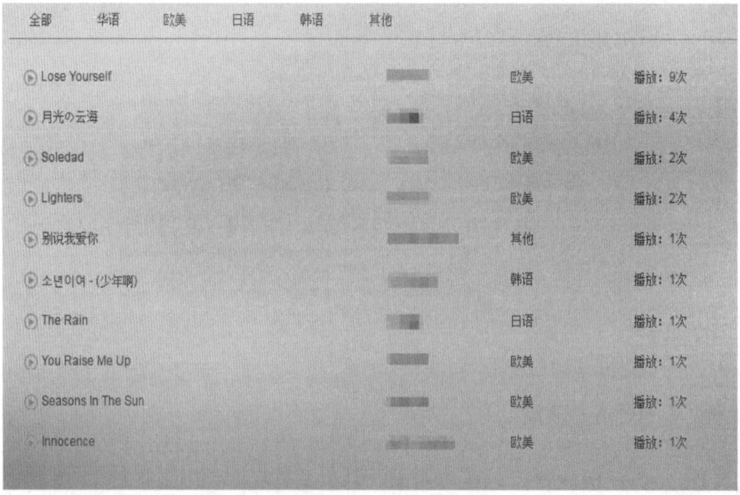

图 19.21 曲风列表的页面效果

19.7.4 实现曲风列表的分页功能

在曲风列表中，由于音乐数量较多，所以我们使用分页的方式展示音乐数据。对于分页的处理，有两种情况：一种是当前页大于第一页的情况，那么，此时分页组件显示的超链接是"第一页"和"上一页"；另一种是当前页大于第一页而小于最大分页数的情况，此时分页组件显示的超链接则是"下一页"和"后一页"。实现曲风列表的分页功能的关键代码如下。

＜代码位置：第 19 章源码 \OnlineMusic\app\templates\home\styleList.html＞

```
<table width="100%" border="0" cellspacing="0" cellpadding="0">
   <tr>
```

```
<td height="24" align="right">
    当前页数: [{{page_data.page}}/{{page_data.pages}}] 
  <a href="{{ url_for('home.styleList',page=1,type=type) }}">第一页</a>
        {% if page_data.has_prev %}
            <a href="{{ url_for('home.styleList',page=page_data.prev_
num,type=type) }}">
          上一页</a>
        {% endif %}
        {% if page_data.has_next %}
          <a href="{{ url_for('home.styleList',page=page_data.next_
num,type=type) }}">
          下一页</a>
        {% endif %}
            <a href="{{ url_for('home.styleList',page=page_data.
pages,type=type) }}">
        最后一页</a>
    </td>
  </tr>
</table>
```

上述代码中，使用了 page_data 分页类的相关属性。其常用属性及说明如下。

- ☑ page_data.page: 当前页数。
- ☑ page_data.pages: 总页数。
- ☑ page_data.prev_num: 上一页页数。
- ☑ page_data.next_num: 下一页页数。

此外，在分页的链接中，我们传递了 type 参数，从而实现了根据曲风类型进行分页。单击"曲风"菜单，曲风列表分页组件的页面效果如图 19.22 所示。

图 19.22　曲风列表分页组件的页面效果

19.8　发现音乐模块的设计

19.8.1　发现音乐模块概述

发现音乐模块，实际上就是一个搜索音乐的模块。在一般的音乐网站中，会提供根据歌手名、专辑名、音乐名等检索条件进行搜索的功能。本模块主要讲解根据"音乐名"进行音乐搜索的功能，其他搜索条件请读者自己尝试，实现原理都是相似的。发现音乐模块实现流程如图 19.23 所示，发现音乐的页面效果如图 19.24 所示。

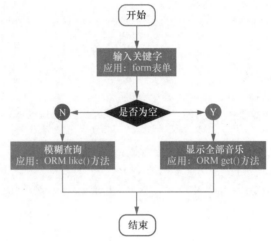

图 19.23　发现音乐模块实现流程

图 19.24　发现音乐的页面效果

19.8.2　实现发现音乐的搜索功能

当用户在搜索栏中输入音乐名字并单击"搜索"按钮时，程序会根据用户输入的音乐名进行模糊查询，这就需要使用 SQL 语句中的 like 语句。实现模糊查询功能的关键代码如下。

<代码位置：第 19 章源码 \OnlineMusic\app\home\views.py>

```
@home.route('/search')
def search():
    keyword = request.args.get('keyword') # 获取关键字
    page = request.args.get('page', type=int)   # 获取 page 参数值
    if keyword :
        keyword = keyword.strip()
        page_data = Song.query.filter(
                        Song.songName.like('%'+keyword+'%')).order_by(
                        Song.hits.desc()).paginate(page=page, per_page=10)
    else:
            page_data = Song.query.order_by(Song.hits.desc()).
paginate(page=page, per_page=10)
    return render_template('home/search.html',keyword=keyword,page_
data=page_data)
```

上述代码中，首先接收用户输入的关键字 keyword，然后去除 keyword 的左右空格，防止用户误输入空格。接着，使用 like 语句并结合分页功能实现搜索功能。

19.8.3　实现发现音乐模块页面的渲染

发现音乐模块的主要功能是搜索音乐。对于搜索文本框，这里使用一个 form 表单，只包含一个 keyword 字段，当单击"搜索"按钮时，以 GET 方式提交表单。最后将获取到的结果显示在该页面。渲染页面的关键代码如下。

<代码位置：第 19 章源码 \OnlineMusic\app\templates\home\search.html>

```
<div class="g-bd" id="m-disc-pl-c">
   <div class="g-wrap n-srch">
   <div class="pgsrch f-pr j-suggest" id="auto-id-ErvdJrthwDvbXbzT">
      <form id="searchForm" action="" method="get">
         <input  type="text" name="keyword" class="srch j-flag" value=""
         placeholder=" 请输入音乐名称 ">
            <a  hidefocus="true"  href="javascript:document.
getElementById('searchForm').submit();"
         class="btn j-flag"
         title=" 搜索 " >搜索 </a>
      </form>
   </div>
   </div>
   <div class="g-wrap p-pl f-pr">
      <div class="u-title f-cb">
         <h3>
            <span class="f-ff2 d-flag">搜索结果 </span>
         </h3>
```

```
        </div>
        <div id="m-search">
            <div class="ztag j-flag" id="auto-id-oRFIQkCKNyCtcR5R">
                <div class="n-srchrst">
                    <div class="srchsongst">
                        {% for song in page_data.items%}
                        <div class="item f-cb h-flag even ">
                            <div class="td">
                                <div class="hd">
                                    <a class="ply " title=" 播放 "onclick='playA("{{song.
songName}}","{{song.id}}");'></a>
                                </div>
                            </div>
                            <div class="td w0">
                                <div class="sn">
                                    <div class="text">
                                        <b title="{{song.songName}}"><span
                                            class="s-fc7">{{song.songName}} </
span></b>
                                    </div>
                                </div>
                            </div>
                            <div class="td">
                                <div class="opt hshow">
                                    <span onclick='addShow("{{song.id}}")' title=" 收
藏 "></span>
                                </div>
                            </div>
                            <div class="td w1">
                                <div class="text">
                                    {{song.singer}}
                                </div>
                            </div>
                            <div class="td w1">
                                {% if song.style == 1%}
                                    华语
                                {% elif song.style == 2%}
                                    欧美
                                {% elif song.style == 3%}
                                    日语
                                {% elif song.style == 4%}
                                    韩语
                                {% elif song.style == 5%}
```

```
                          其他
                          {% else %}
                          全部
                          {% endif %}
                    </div>
                    <div class="td">
                        播放：{{song.hits}} 次
                    </div>
                </div>
            {% endfor %}
            </div>
        </div>
      </div>
    </div>
  </div>
</div
```

在搜索文本框内，输入音乐名的关键字"love"，然后单击"搜索"按钮，将会筛选出所有音乐名字中包含"love"关键字的音乐信息。搜索页面运行结果如图 19.25 所示。

图 19.25　搜索页面运行结果

19.9　歌手模块的设计

19.9.1　歌手模块概述

歌手模块，是指根据歌手分类，显示相应的音乐列表的模块。在甜橙音乐网中，"歌手"又根据"区域"属性被划分成"全部""华语""欧美""日语""韩语""其他"等类型，更加方便用户根据歌手查询相应的音乐。歌手模块实现流程如图 19.26 所示，歌手列表页面和歌手详情页面分别如图 19.27 和图 19.28 所示。

图 19.26　歌手模块实现流程

图 19.27　歌手列表页面

图 19.28　歌手详情页面

19.9.2　实现歌手列表的功能

获取歌手列表数据

歌手模块功能和曲风模块功能类似，可以根据歌手的类型查看相关歌手。所以在获取歌手信息时，需要传递歌手类型参数。关键代码如下。

＜代码位置：第 19 章源码 \OnlineMusic\app\home\views.py＞

```python
@home.route('/artist_list')
def artistList():
    '''
    歌手列表
    '''
    type = request.args.get('type',0,type=int)
    page = request.args.get('page',type=int)  # 获取 page 参数值
    if type:
            page_data = Artist.query.filter_by(style=type).
paginate(page=page, per_page=10)
    else:
        page_data = Artist.query.paginate(page=page, per_page=10)
    return render_template('home/artistList.html', page_data=page_
data,type=type)  # 渲染模板
```

歌手列表模板与区分模块类似，这里不赘述。音乐列表的页面效果如图 19.29 所示。

图 19.29 音乐列表的页面效果

19.9.3 实现歌手详情的功能

获取歌手详情数据

在歌手列表页面，单击歌手图片，可以根据歌手 ID 跳转到歌手详情页面。然后，根据歌手的主键
ID，联合查询 Song 表和 Artist 表，获取该歌手的所有音乐信息。关键代码如下。

<代码位置：第 19 章源码 \OnlineMusic\app\home\views.py>

```python
@home.route("/artist/<int:id>")
def artist(id=None):
    """
    歌手页
    """
    song = Song.query.join(Artist,Song.singer==Artist.artistName).
filter(Artist.id==id).all()
    hot_artist = Artist.query.limit(6).all()
    return render_template('home/artist.html',song=song,hot_artist=hot_
artist) # 渲染模板
```

在歌手列表页，任意单击某一"歌手"，将显示图 19.30 所示的页面。

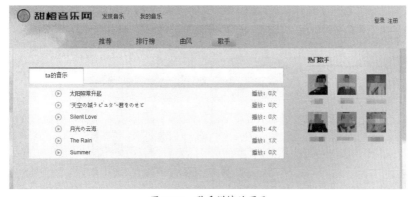

图 19.30 歌手详情的页面

19.10 我的音乐模块的设计

19.10.1 我的音乐模块概述

　　用户在使用甜橙音乐网时，如果遇到喜欢的音乐，可以单击"收藏"按钮进行收藏。程序会先判断该用户是否已经登录，如果已经登录，可以直接收藏，否则会提示"请先登录"。收藏的实现流程如图19.31 所示。

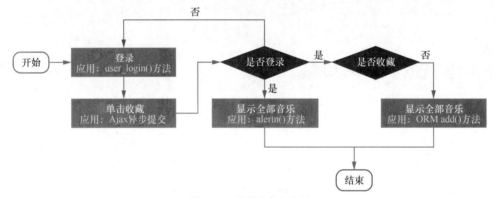

图 19.31　收藏的实现流程

　　收藏的全部音乐可以在我的音乐列表中查看，如图 19.32 所示。

图 19.32　我的音乐列表

19.10.2 实现收藏音乐的功能

　　本项目中的多个页面都可以收藏音乐，如排行榜页面、曲风页面、歌手详情页面等。在这些页面中，当鼠标指针悬浮至音乐的相应列时，即会显示"收藏"图标，如图 19.33 所示。

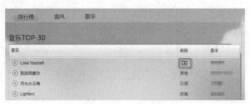

图 19.33　显示"收藏"图标

我们以排行榜页面为例，当单击"收藏"图标时，将调用 addShow() 函数，关键代码如下。

＜代码位置：第 19 章源码 \OnlineMusic\app\templates\home\toplist.html＞

```
<script>
function addShow(id){
      window.parent.addShow(id);
}
</script>
```

上述代码中，addShow() 函数接收了一个 id 参数，即收藏的音乐 ID。接下来，调用父页面的 addShow() 函数，即在父页面实现收藏功能。关键代码如下。

＜代码位置：第 19 章源码 \OnlineMusic\app\templates\home\index.html＞

```
// 添加收藏
function addShow(id){
      var username= '{{session['username']}}';
      if(username=="null" || username==""){
            layer.msg("收藏请先登录!",{icon:2,time:1000});
            return;
      }
      $.ajax({
            url: "{{url_for('home.collect')}}",
            type: "get",
            data: {
                  id: id
            },
            success: function(res){
                  if(res.status==1){
                        layer.msg(res.message,{icon:1})
                  }else{
                        layer.msg(res.message,{icon:2})
                  }
            }
      });
}
```

上述代码中，先通过 session['username'] 来判断该用户是否登录，如果没有登录，则提示"收藏请先登录!"，如图 19.34 所示。

如果用户已经登录，那么使用 AJAX 异步方式提交到 home 下的 collect() 方法，执行收藏的相关逻辑。关键代码如下。

图 19.34　登录提示

〈代码位置：第 19 章源码 \OnlineMusic\app\home\views.py〉

```python
@home.route("/collect")
@user_login
def collect():
    """
    收藏音乐
    """
    song_id = request.args.get("id", "")          # 接收传递的参数音乐 ID
    user_id  = session['user_id']                  # 获取当前用户的 ID
    collect = Collect.query.filter_by(             # 根据用户 ID 和音乐 ID 判
断是否该收藏
        user_id =int(user_id),
        song_id=int(song_id)
    ).count()
    res = {}
    # 已收藏
    if collect == 1:
        res['status'] = 0
        res['message'] = '已经收藏'
    # 未收藏进行收藏
    if collect == 0:
        collect = Collect(
            user_id =int(user_id),
            song_id=int(song_id)
        )
        db.session.add(collect)    # 添加数据
        db.session.commit()        # 提交数据
        res['status'] = 1
        res['message'] = '收藏成功'
    return jsonify(res)        # 返回 JSON 格式数据
```

在上述代码中，首先接收了音乐 ID 和用户 ID。接着，根据音乐 ID 和用户 ID 查找 collect 表，如果表中存在记录，表示该用户已经收藏了这首音乐，提示"已经收藏"，否则，会将音乐 ID 和登录用户 ID 写入 collect 表。最后使用 jsonify() 函数返回 JSON 格式数据。

登录账号后，在排行榜页面选中音乐，单击"收藏"图标，运行结果如图 19.35 所示。再次单击"收藏"图标，收藏该音乐，运行结果如图 19.36 所示。

图 19.35　提示"收藏成功"

图 19.36　提示"已经收藏"

19.10.3　实现我的音乐功能

用户收藏完音乐后，可以单击"我的音乐"查看所有收藏的音乐。收藏的音乐信息源于 collect 表，可根据当前用户的 ID 查询所有该用户收藏的音乐，关键代码如下。

＜代码位置：第 19 章源码 \OnlineMusic\app\home\views.py＞

```python
@home.route("/collect_list")
@user_login
def collectList():
    page = request.args.get('page',type=int)   # 获取 page 参数值
    page_data = Collect.query.paginate(page=page, per_page=10)
    return render_template('home/collectList.html',page_data=page_data)
```

接下来，渲染我的音乐模板页面。关键代码如下。

＜代码位置：第 19 章源码 \OnlineMusic\app\templates\home\collectList.html＞

```html
<div class="ztag j-flag" id="auto-id-oRFIQkCKNyCtcR5R">
    <div class="n-srchrst">
        <div class="srchsongst">
            {% for collect in page_data.items %}
            <div class="item f-cb h-flag even ">
                <div class="td">
                    <div class="hd">
                        <a class="ply " title=" 播放 "  onclick=
                            'playA("{{collect.song.songName}}","{{collect.song.
id}}");'></a>
                    </div>
                </div>
                <div class="td w0">
                    <div class="sn">
                        <div class="text">
                            <b title="Lose Yourself "><span
                                class="s-fc7">{{collect.song.songName}}</span></b>
                        </div>
                    </div>
                </div>

                <div class="td w1">
                    <div class="text">
                        {{collect.song.singer}}
                    </div>
                </div>
                <div class="td w1">
                    {% if collect.song.style == 1%}
                    华语
                    {% elif collect.song.style == 2%}
                    欧美
                    {% elif collect.song.style == 3%}
                    日语
                    {% elif collect.song.style == 4%}
                    韩语
                    {% elif collect.song.style == 5%}
                    其他
                    {% endif %}
                </div>
                <div class="td">
                    播放：{{collect.song.hits}} 次
```

```
                </div>
            </div>
            {% endfor %}
        </div>
    </div>
</div>
```

我的音乐页面效果如图 19.37 所示。

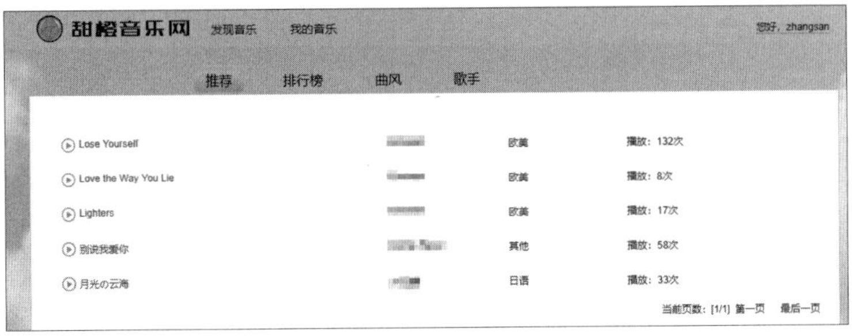

图 19.37　我的音乐页面效果